全国高职高专家具设计与制造专业“十二五”规划教材

家具涂料与实用涂装技术

刘晓红　编著

中国轻工业出版社

图书在版编目（CIP）数据

家具涂料与实用涂装技术/刘晓红编著. —北京：中国轻工业出版社，2019.6

全国高职高专家具设计与制造专业“十二五”规划教材

ISBN 978-7-5019-9318-5

Ⅰ. ①家…　Ⅱ. ①刘…　Ⅲ. ①家具－涂料－高等职业教育－教材②涂漆－高等职业教育－教材　Ⅳ. ①TQ63

中国版本图书馆 CIP 数据核字(2013)第 125884 号

责任编辑:林　媛　陈　萍

策划编辑:林　媛　　责任终审:唐是雯　　封面设计:锋尚设计

版式设计:宋振全　　责任校对:吴大鹏　　责任监印:张可

出版发行:中国轻工业出版社(北京东长安街 6 号,邮编:100740)

印　　刷:三河市万龙印装有限公司

经　　销:各地新华书店

版　　次:2019年6月第1版第4次印刷

开　　本:787×1092　1/16　　印张:13.25

字　　数:350 千字

书　　号:ISBN 978-7-5019-9318-5　　定价:39.00 元

邮购电话:010-65241695

发行电话:010-85119835　　传真:85113293

网　　址:http://www.chlip.com.cn

Email:club@chlip.com.cn

如发现图书残缺请与我社邮购联系调换

190462J2C104ZBW

作者简介：

刘晓红，女，博士，教授，硕士生导师，政协委员，担任中国家具协会科学技术委员会和设计工作委员会副主任委员，全国家具标准化技术委员会委员，广东省家具制造标准化技术委员会委员。连续多年担任中国上海国际家具展、广州国际家具展和深圳家具展的设计奖评委。主要从事家具设计与制造领域的相关教学和研究，发表文章70余篇，出版专著3部，主持十几项国家和省部级科研课题，主持制定并已发布国家行业标准4项，担任国内知名家具企业的高级顾问，担任家具行业多个报刊的专栏作家，在全行业内开办培训和讲座100余场。

出 版 说 明

本系列教材根据国家“十二五”规划的要求，在秉承以就业为导向、技术为核心的职业教育定位的基础上，结合家具设计与制造专业的现状与需求，将理论知识与实践技术很好地相结合，以达到学以致用的目的。教材采用实训、理论相结合的编写模式，两者相辅相成。

该套教材由中国轻工业出版社组织，集合国内示范院校以及骨干院校的优秀教师参与编写。经过专题会议讨论，首次推出23本专业教材，弥补了目前市场上高职高专家具设计与制造专业教材的缺失。本系列教材分别有《家具涂料与实用涂装技术》《家具胶黏剂实用技术与应用》《木质家具生产技术》《木工机床调试与操作》《家具设计》《家具标准与标准化实务》《家具手绘设计表达》《家具质量控制与检测》《家具制图与实训》《AutoCAD2013家具制图技巧与实例》《家具标书制作》《家具营销基础》《实木家具设计》《家具工业工程理论与实务》《实木家具制造技术》《板式家具制造技术》《家具材料的选择与运用》《板式家具设计》《家具结构设计》《家具计算机效果图制作》《家具材料》《家具展示与软装实务》和《家具企业品牌形象设计》。

本系列教材具有以下特点：

1. 本系列教材从设计、制造、营销等方面着手，每个环节均有针对性，涵盖面广泛，是一套真正完备的套系教材。

2. 教材编写模式突破传统，将实训与理论同时放到讲堂，给了学生更多的动手机会，第一时间将所学理论与实践相结合，增强直观认识，达到活学活用的效果。

3. 参编老师来自国内示范院校和骨干院校，在家具设计与制造专业教学方面有丰富的经验，也具有代表性，所编教材具有示范性和普适性。

4. 教材内容增加了模型、图片和案例的使用，同时，为了适应多媒体教学的需要，尽可能配有教学视频、课件等电子资源，具有更强的可视性，使教材更加立体化、直观化。

这套教材是各位专家多年教学经验的结晶，编写模式、内容选择都有所突破，有利于促进高职高专家具设计与制造专业的发展以及师资力量的培养，更可贵的是为学生提供了适合的优秀教材，有利于更好地培养现时代需要的高技能人才。由于教材编写工作是一项繁复的工作，要求较高，本教材的疏漏之处还请行业专家不吝赐教，以便进一步提高。

前　言

涂料犹如女人的化妆品，家具的外表美不美，主要看涂装效果。化妆品固然重要，化妆技术更重要，两者相辅相成，涂料与涂装技术的关系也如此。

中国家具产业在改革开放和全球化的背景下，获得了持续高速的发展，其发展速度远远高于国民经济总量的增长速度。2011 年全国家具总产值为 10 100 亿元，是 1978 年 10.8 亿元的 935 倍多，年增长率 28% 以上。2012 年总产值相当于 1 360 亿美元，占全球总产量 3 670 亿美元的 37%，已成为名副其实的全球第一家具生产大国。中国家具产业的高速发展也带动了中国家具涂装的高速发展，涂料种类和涂装技术也日新月异，品种从仅具有装饰和保护功能的通用涂料，扩展到能改变被涂物表面各种性能的特种涂料。因此，作为家具专业的职业者必须通晓两方面知识并将其很好结合，才能用好涂料，真正发挥出涂料对家具的增值价值和美化功能。本教材也是本着这个原则编写的，而且由于我们是涂料的使用者，更偏重于如何使用涂料，即涂装工艺方面。至于化工方面，只做简要介绍。

本教材以实际应用为主导，内容力求简明、实用、新颖，反映国内主要使用的涂料及其涂装技术以及未来的发展趋势，总结生产实践中广泛应用的新材料、新工艺、新技术、新设备，分析家具行业常用涂料的涂装工艺流程、工序名称、工艺技术要求（工艺规程）以及木制品涂饰的质量检验标准、涂装缺陷的原因及其处理方法等。本书的特点是以顺德职业技术学院该课程的教学过程为案例，系统地介绍了整个教学过程的流程、理论与实践教学的分配与实施以及作业设计与考核等教学内容和部分教学文件，可以给教师一个参考；另外一个亮点是增加了学生实践的案例分析，给学生一个指导和参考。纵观全文，内容深入浅出、简明扼要、通俗易懂，而且实用性强，对实践具有较强的指导意义。

本教材可作为高职高专和普通高等院校的家具设计与制造、室内设计、环境艺术设计、木材科学与工程等专业的教材或教学参考书，也可供家具企业和涂料企业从事这方面工作的专业技术人员学习使用。

本书正文有 8 章，最后有附录部分，较为系统地介绍了涂料涂装技术各方面的基础知识及其最新技术。第 1 章至第 2 章介绍涂料的发展现状、存在问题、未来趋势以及涂料的基本组成；第 3 章主要介绍家具领域常用的 7 种涂料的名词术语、化学组成、各种属性、适合的涂装对象以及优缺点；第 4 章主要介绍常用的涂装工艺和十几种具有特殊要求的涂装工艺以及注意事项；第 5 章主要介绍常用的涂装设备与技术；第 6 章主要介绍家具色彩与涂装的关系以及色彩在家具涂装中的应用；第 7 章主要介绍家具企业实用油漆质量检验标准以及各种油漆缺陷的症状与防治；第 8 章是案例分析，通过家具制造工艺专业的毕业生到家具企业涂装车间学习和实践，把家具企业真实的油漆车间所包含的各种工序、布局、流程、设备、操作和管理方面的问题归纳整理后形成报告，给学生去工厂实习时就如何学习和研究企业问题和专业知识提供参考，了解如何实习，如何观察，如何研究，以便在企业快速成长；附录主要介绍上这门课的一些教学文件、实训要求、作业指导书以及相关的一些必备知识，供教师和学生们参考，通过取长补短，在有限的课时里让学生掌握更扎实的知识和技能，并强化综合素质的培养。第8章与附录两部分内容是本教材的独特之处，构筑情景式学习环境，更具有可借鉴性。由于该课程学时有限，内容和篇幅都尽量精简。

本书的出版得到了很多人的帮助和鼓励。首先感谢中国轻工业出版社的主编林媛女士，不是她的鼓励和支持我也没有勇气和动力完成这本书。感谢金田豪迈木业机械有限公司、阿克苏诺贝尔公司（中国）、广东巴德士化工有限公司、朗法博粉末涂装科技有限公司和联德（广州）机械有限公司给我提供很多很好的学习、参观的机会，并给我在专业知识上以指导。还要感谢我的学生们，是他们与我在实践中吃苦耐劳，不断学习和钻研，有创造性地写出了很多很好的实习和研究报告，支撑我的研究。最后感谢我的先生高新和教授和我的儿子高翰生对我的大力支持和关心照顾，让我安心地完成书稿。

另外，我还要特别感谢“中国新中式文化研究院”对我的大力支持，感谢这个院的主要支持者，也是担任副院长的中山红古轩家具有限公司的吴赤宇总经理和该院的秘书长、营销总监杨晶女士对我在精神上和经费方面的支持，还有该院名誉院长朱长岭理事长、院长胡景初教授等给予我行业和专业上的指导。我也希望把这本书作为该院成立后的一个礼物献给这个研究院（该院成立于2013年3月23日）。作为执行院长，本人非常希望该院能在研究新中式文化和技术的传承与创新方面做出一些贡献。因为这个研究院，集成了一批国内外知名专家学者，包括家具、服装和建筑设计、教育、传播界的知名专家和业界精英，通过他们的努力，应该可以为新中式文化、设计以及新技术研究提供更多的支持和帮助，为振兴民族文化和经济发展作出贡献。

由于编者水平有限，也非涂装专家，书中疏漏和错误之处在所难免，恳请读者及时指正和批评，不吝赐教。

刘晓红

2013年6月于顺德

目　录

第1章　涂料概述

学习目标：了解涂料的发展历史，深刻认识涂料的作用和涂装的目的；了解涂料存在的问题和发展趋势，以便较好地应用涂料和正确选择涂料；了解家具与涂料之间的关系，以便正确处理好涂料与家具的关系。

知识要点：涂料的各种名词术语；关于涂料的各种数据；涂装的作用和目的；涂装存在的问题与发展趋势。

学习难点：开始进入一个比较陌生的与化学和环境、工艺与技术、家具与艺术相关的学科领域，完全搞懂和记忆是很困难的事情，但需要反复阅读，反复理解，反复记忆，才能对涂料与涂装的目的、意义和作用有较深的了解和理解。只有在概述部分弄懂了为什么要用涂料涂装家具，后面才有兴趣学习怎么涂装、用什么涂料涂装等由此产生的一系列问题。

很多世纪之前，人们肯定就已经使用某种类型的涂料了。史前人类为了让他们的工具更光滑、更加闪闪发亮就已经开始有目的地使用树木和植物的汁液。但是真正发明涂料生产技术的是中国人。实际上，对于那个时代的中国人来说，不管是最简单的碗碟，还是天下无双的越王宝剑，都使用了涂装技术。

我国使用涂料的历史可以追溯到7 000年前，在浙江余姚县出土的河姆渡文化遗址中（距今7 000年）发现了涂有大漆（漆树产的一种乳液，干燥后可成漆膜）的木碗；我国在至今2 500年前已开始从桐树油树籽榨取桐油，用于涂料生产。但中国最早有文献记载的涂料技术，出现在公元前280年左右的中国著名的法家学派的著作《韩非子》，远远滞后于中国人使用涂料的历史。印度人使用漆片制漆的历史也已有数千年。漆片是一种在一些树木或灌木丛上寄生的昆虫的分泌物，溶于醇类，可做涂料；希腊产乳香脂也可溶于醇类，其溶液可为涂料。

制造那些曾经出土或仍被埋在地下的真正珍品的工艺复杂性和对时间的消耗，大大超过人们的想象。很薄的清漆涂层每涂装一次，要等到完全干燥之后，进行精心打磨，然后才能再涂装下一层。这个工序反复进行，直到最终得到光滑和闪亮的表面。据说，为了制造顶级的漆器，需要在远洋的船只上进行涂装，以免任何灰尘的污染。

在欧洲，运气就没有那么好，一直没能找到合适的涂料原材料。据说，一个名叫西奥费留斯（Theophilus）的僧侣写下了最早的一个清漆配方，它是基于亚麻籽油的，那时是12世纪。从那以后，一定有一些无与伦比的涂料配方曾经被开发出来，并被应用于各类器皿上。例如，斯特拉底瓦里和阿马迪家族制作的小提琴，其美妙的音色，很大程度上应该归功于小提琴使用的涂料。然而，这些清漆的秘密从来没有被披露过。在那个时候，生产涂料的技艺仅仅掌握在个别工匠手中，也仅仅用在他们自己的产品上。

在英国，大约是1790年，英国人建立了第一个真正的涂料工厂，成功地制造出了高质量的涂料。在很长一段时间里，英国清漆成为最好质量产品的代名词。其涂料的配方仍然是基于天然的材料——各种油脂和硬质树脂。

大约第二次世界大战之前，清漆和油漆大量出现，新的、合成的木器涂料蜂拥而出，极大地推动了涂料业的发展。醇酸树脂和硝基纤维素涂料开始取代传统的涂料体系。对于家具涂料来说，硝基纤维素单独或与一定比例的合成（硬质）树脂合并使用成为当时的涂料标准。在很多年里，情况一直是这样。没有其他体系具有相同的由于溶剂快速挥发带来的快干性能。但是硝基涂料体系低固含量的缺点也是很难克服的。对于这个问题，实际上需要最理想的木器涂料需要达到以下性能：

- 干燥速度快
- 透明性好（对于透明清漆来说）
- 高固体含量
- 高光泽（如果需要的话）
- 容易流平（如果需要的话）
- 不易变色，耐化学品腐蚀
- 环保

为了找到更好固含量的产品，氨基塑料、醇酸树脂复合体系在市场上出现了。这些涂料达到了与硝基纤维素涂料一样的干燥性能，但是具有更好的耐用性，这是由于氨基树脂自缩合产生交联而造成的。如果需要干燥得更快一点，甚至可以和硝基涂料复合使用。市场上的其他新涂料包括不饱和聚酯，使用过氧化物固化，优点是具有很高的固含量，这是市场一直在寻找的。另一种高质量的涂料体系是基于双组分聚氨酯的涂料，稍后一些时候，则是羟基丙烯酸体系。

在欧洲，不断增长的对于表面质量的关注，以及日益严格的环保法规，导致对涂料辐射固化体系的研发。大约 1970 年，意大利的家具制造商就已经在使用紫外固化的不饱和聚酯涂料了，但是固化的速度比较慢，用作反应溶剂的苯乙烯还会挥发到空气中。因此，新一代的紫外固化体系在市场上出现了紫外光固化的丙烯酸体系。辐射固化体系研发的速度非常快。特种丙烯酸寡聚物很快达到了现在的需求，比如高速固化、高强度的薄膜以及很低或者零 VOC（挥发性有机化合物）排放。如图 1－1 所示，在欧洲已经有 12% 的木器涂料体系采用紫外固化涂料。这个比例还在继续上升。有趣的是，目前硝基涂料仍然在木器涂料市场上占有重要份额，但是从大约 30 多年前开始，据说硝基涂料会很快从市场上消失，但到今天，依然有它的市场。

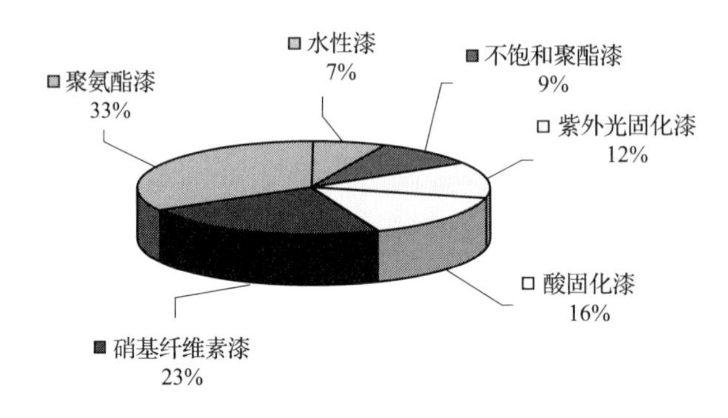

图 1－1　欧洲各种木器涂料所占的份额

我国近代的涂料工业始于 1915 年在上海建立的上海开林造漆厂，经过近百年的发展，也发生了巨大的变化。从 20 世纪 50 年代开始使用酚醛清漆、醇酸清漆、磁漆和硝基漆，到 60 年代末期，聚氨酯涂料开始用于家具，使家具的涂装提高了一个档次，其代表作为“685”，盛行了近 30 年，至今在西部地区及不发达的农村仍在使用；70 年代，硝基、聚氨酯、醇酸漆仍为主导产品；80 年代末期，港、澳、台地区的“聚酯漆”（实为聚氨酯与不饱和聚氨酯）传入大陆的沿海地区，由港、台合资企业生产，家具涂装的档次有了新的突破；90 年代，广东珠江三角洲地区合资企业、民营“聚酯漆”生产企业如雨后春笋般发展，甚至到了“遍地开花”的地步，并迅速发展延伸到了沿海内地，如上海、江苏、浙江、山东、四川、湖南等省。这个时期无论是品种、结构还是数量，都是发展最快的。

如不饱和聚酯漆有“3388”、“6688”为代表，聚酯漆发展到外观颜色水白，品种由初期的黑白灰实色面到闪光、闪采、闪银等美术漆，发展到透明清漆（亮、亚光）、彩色透明系列（亮、亚光），再到功能漆，如仿皮漆、裂纹漆，由面着色到底着色、面修色等。

近20年，是我国涂料发展的高峰期，数量和技术上都有了翻天覆地的变化。据统计，国内的涂料生产企业多达2万家，另据中商情报网最新数据显示：2012年1月—11月，中国涂料产量为1141.31万吨。

就涂料的种类和应用的比例在不同的国家和地区也有很大的差异。目前木器涂料（包括家具和室内装饰装修涂料）的主要品种有硝基漆（NC）、聚氨酯涂料（PU）、不饱和聚酯涂料（PE）、氨基酸固化涂料（AC）、紫外光固化涂料（UV）和水性涂料等，由于这些涂料性能不同，用途上也各有侧重，加之各国的经济、技术、生活习惯、消费水平不同，各国的木器涂料的品种及所占比例有所区别。

东欧与北欧基本相似，80%为酸固化涂料；德国、意大利、西班牙以聚氨酯涂料、不饱和聚酯涂料为主，德国的硝基漆也占大部分，西班牙、意大利的不饱和聚酯涂料与紫外光固化涂料居次要地位，水性涂料占5%。欧洲木器涂料约40万吨，其比例居工业涂料之首。意大利木器涂料居欧洲之首，据称意大利木器涂料年用量达14万吨，与其称“家具之都”是相称的，以双组分聚酯涂料占主导，而硝基漆占8%。美国市场与欧洲市场大相径庭，硝基漆占75%，居首位，其次为酸固化漆占11%，其他品种仅占14%。

亚洲地区的消费结构与欧美又有所不同。中国以75%以上的聚氨酯涂料为绝对优势，硝基漆为辅；日本和韩国的结构与意大利的相似，日本的聚氨酯涂料与氨基酸固化涂料要高于韩国，而韩国的紫外光固化涂料与不饱和聚酯涂料之和占55%，远远超过日本；东南亚地区的消费与中、韩、日完全不同，其硝基漆和氨基酸固化涂料各占40%，居首位。而聚氨酯涂料与不饱和聚酯居次，各占10%，这与其特殊的气候条件和消费水平、生活习惯有关。综合各国木器涂料品种及消费观念，总体的发展方向是向低污染、省能源、无公害、功能化、高固体分、辐射固化、水性化发展。

综上所述，涂料是将高分子化合物（树脂类高分子）以连续膜的形式涂敷于物体表面达到对物体进行保护、防水、美化等目的的一种高分子材料的应用方式。涂料工业是现代化高分子产业的一个重要部分，它和胶黏剂是除塑料、纤维、橡胶三大产业外的两类较小的高分子产业。涂料有鲜明的属性，因此，各国家和地区在涂料的选择上都有自己的偏好。但无论怎样，环保涂料是未来唯一的选择。

1.1 涂料存在的问题及发展趋势

1.1.1 涂料存在的问题

随着人们生活水平的不断提高，人们开始越来越重视自己赖以生存的环境。因此，在世界各国，对家装涂料的要求也越来越严，特别是限制涂料中的有机挥发物的含量的指标日益严格，这将意味着有毒的溶剂型涂料的使用将逐渐受到限制，并会被新的产品所取代。

传统涂料一般是由油脂、树脂、颜料、溶剂和助剂等组成的，溶剂和助剂中，常含有挥发性有机化合物——Volatile Organic Compound，简称 VOC，它们大部分有毒，而溶剂型涂料的溶剂含量一般超过涂料总质量的 40%，使用时还要加入部分助溶剂调整黏度，涂料施工时有机溶剂绝大部分不参与反应而释放到空气中。除溶剂挥发外，如氨基醇酸和氨基丙烯酸等高温固化涂料，在烘烤固化过程中，由于氨基树脂的自缩反应还会释放一般占涂料总质量的 3% ~ 5% 的甲醇、甲醛等，烘烤温度提高、时间延长，挥发量还会进一步增加，造成对空气和环境的污染。

1.1.2 涂料的发展趋势

据统计，目前，全球对大气层所排出碳氢化合物约 2 000 万吨/年。其中汽车所排的废气占 50%。而涂料加工和生产释放出来的 VOC 总量占其排放总量的 20% ~25%，即 400 万 ~ 500 万吨，仅次于汽车尾气的排放而位居 VOC 排放量第二位，所以对碳氢化合物的污染防治，是涂料与涂装工业一个重要的任务。涂料生产与涂装作业中对环境污染的主要物质为碳氢化合物（有机溶剂），由涂料工业所排放出的碳氢化合物等物质，包含含氧碳化氢、含氮碳化氢及含硫碳化氢，由于它们性质的不同所以对环境的影响也有所不同。

人们已形成了共识，现在世界各国政府与人民对人类赖以生存的生态环境的保护十分关注，只有绿色产业才是可持续发展的产业，否则会受到人类的抵制而被淘汰。因此，控制涂料 VOC 的排放越来越受到世界各国的重视，形成了良好的社会氛围，在以经济（Economy）、效率（Efficiency）、生态（Ecology）和能源（Energy）为发展涂料工业的 4E 原则下，全球涂料市场正朝着更适应环境要求的水性、高固体和无溶剂的涂料方向迅速发展。

世界油漆与涂料工业协会（WPCIA）日前发布世界十大涂料品牌公司 2012 年度报告。荷兰阿克苏诺贝尔以年销售额 182.9 亿美元位列第一，美国 PPG 工业、宣伟威廉、杜邦、德国巴斯夫名列二至五名。

WPCIA 称，全球建筑业的快速发展是涂料市场增长的关键因素之一，而新型环保涂料将是发展的新趋势。

全球涂料的涂布量在 2012 年依然增长了 10%。同时由于原材料（钛白粉、丙烯酸树脂等）供应不足和价格的不断上涨，涂料价格上涨更是达到了约 4.5%。2012 年全球涂料消费量的销售总额达到 1 200 亿美元，产量 3 982 万吨。

WPCIA 表示，亚太地区依然是全球最大的涂料消费市场，在 2012 年以 42% 的产量位居首位。中国占亚洲地区一半以上的消费，但快速扩张势头放缓。目前，印度占亚洲地区 15% 左右，并继续增加其市场份额。欧洲是第二大市场，占全球涂料市场 27%。北美地区占全球涂料量五分之一。南美洲和中美洲地区为 8%，预计在未来将实现温和增长。

1.1.3 绿色涂料成为主流

由于世界人口不断增加，经济社会活动不断扩大，对于能源的大量应用、资源过度开发浪费，使得人类赖以生存的地球受到空前的浩劫：资源枯竭、温室效应、空气污染、臭氧层被破坏、酸雨侵蚀及海洋污染……人类对地球环境的破坏随着经济快速的增长逐年显著。

2013 年初，北京空气质量已连续多天严重超标，市环境监测中心数据显示，截至 1 月 14 日 10 时，城区和南部地区直径小于 2.5μm 的颗粒物（简称 PM2.5）小时浓度仍在每立方米 250μg 以上，远超过 2012 年颁布、2016 年实施的《环境空气质量标准》规定每立方米 35μg

（一级天）和 75μg（二级天）。

其他多地区也持续受到雾霾天气困扰。环保部在 2013 年 1 月 14 日紧急发出通知，要求各地在继续强化火电、钢铁、水泥等行业二氧化硫、氮氧化物总量控制基础上，突出抓好工业烟粉尘、施工扬尘、挥发性有机物和机动车尾气污染治理工作。多位专家接受《经济参考报》记者采访时表示，治理 PM2.5 超标，应尽快在工业结构、能源结构、城市规划等方面采取措施，顶层设计治本之策。

当日，亚洲开发银行和清华大学发布《中华人民共和国国家环境分析》报告称，中国 500 个大型城市中，只有不到 1% 达到世界卫生组织空气质量标准；世界上污染最严重的 10 个城市之中，仍有 7 个位于中国。

中国的环境问题也使世界各国猛然觉醒，并大声疾呼，共同为环境的保护贡献力量。自 1972 年国际环境开发会议（UNCED）始，各种国际性的环境保护活动也陆续在世界各地展开。

“地球渴望绿色，人类需要森林”。人们一改过去的消费习惯，崇尚绿色食品、绿色服装、绿色住宅区、绿色电器、绿色涂装、绿色家居……追求回归大自然的情趣成为人类消费的新时尚。作为家具和家装产业的一个重要组成部分，绿色涂料和绿色涂装技术将成为 21 世纪涂料业发展的主流。

1.1.4 绿色涂料的市场需求

世界各工业发达国家很重视环保涂料的开发，而环保涂料的开发成果要占其全部涂料总成果的 20%。在 2005 年世界涂料的需求中，溶剂型涂料占 57%，环保涂料为 20%，高固体涂料占 10%，粉末涂料为 8%，辐射固化涂料为 2%，其他为 3%，环保涂料正呈现强劲的上升趋势。

目前，世界各国对环保型“绿色”涂料的开发都在加强，有资料显示，在发达国家，绿色环保装饰材料的利用率在 80% ~90%，而我国仅占 12%。而市场上许多打有“绿色、环保”的装饰材料，价格就要比普通的材料贵 2 ~5 倍，由此也可见，绿色环保涂料存在着巨大的市场需求。

1.1.4.1 国际市场

目前，世界各国环保型“绿色”涂料的开发及应用呈强劲上升趋势，美国是涂料生产大国，年产量占世界涂料总年产量的 25%。美国 1994 年的环保型“绿色”水性涂料占涂料总产量的比例为 51%，1999 年提高到了 61.1%，2002 年更进一步提高到了 73%，而同期欧洲“绿色”涂料比例由 1992 年的 51% 到 2002 年提高到了 74% 左右，亚太地区则由 1992 年的 18% 到 2002 年提高到了 32%。

可见，环保涂料发展迅速，已占到世界涂料总产量的 30% 以上。在涂料工业的三个应用领域中，环保涂料在最大的两个应用领域中占有相当的比例。例如在建筑涂料领域里，环保涂料在工业发达国家中占绝对优势，比如在德国占到 93%，即使在西欧发展最慢的挪威也有 47% 份额。1999 年，欧洲的环保工业涂料已超过 50 万吨，2010 年达到 100 万吨。

工业涂料在世界工业涂料中已占 20% 左右，到 2010 年达到 30% 以上。现在欧洲环保型工业涂料已占到 30%；在其他专用涂料领域，环保型涂料还是以前所未有的速度向汽车修补涂料、防腐蚀涂料、道路标示涂料等所占比重较大领域渗透。各国也都相继出台了有关减少涂料有机挥发物的法规、政策等，如表 1 -1 所示。

表 1-1　　部分国家和地区出台的一些关于减少 VOC 排放的法规及其目标

国家或地区	法规	生效日期	目标	目标行业
欧盟	溶剂排放指令 1999/13/EC；家装指令 2004/42/EC	2001 年 1 月；2007 年 1 月 1 日	在 2010 年达到 VOC 排放与 1990 年相比下降 60% ~70%	涂料、油墨和胶黏剂（家装和工业领域）
日本	在 2004 年修订空气污染控制法规	2006 年 4 月	在 2010 年达到 VOC 排放与 1990 年相比下降 30%	喷涂涂料、干燥或烘烤过程
中国香港	控制空气污染	2007 年 4 月	在 2010 年达到 VOC 排放与 1997 年相比下降 55%	涂料、印刷油墨和包含 VOC 的消费产品
中国大陆	国标 GB 18581—2009；国标 GB 24410—2009	2010 年 6 月 1 日	不断减少 VOC 排放	家装木器涂料

1.1.4.2　国内市场

据专家估计，现在国内木器涂料市场 95% 以上都是溶剂型涂料。水性木器涂料销量仅占整个木器涂料销量的 1% 左右。

2001—2003 年美国进口中国家具 166 亿美元。占美国家具总进口的份额分别为 2001 年占 33%，2002 年占 40%，2003 年占 44%。2004 年进口中国家具达 90 亿美元。美国每进口 1 美元的家具，中国大陆约占 44 美分。截至 2012 年 11 月，中国家具出口总额已达到 441.71 亿美元以上。根据国家统计最新发布的数据，2012 年 1 月—5 月，全国涂料的产量达 446.1 万吨，同比增长 10.70%。从各省市的产量来看，2012 年 1 月—5 月，广东省涂料的产量达 86.3 万吨，同比增长 10.16%，占全国总产量的 19.35%。紧随其后的是上海市、江苏省和浙江省，分别占总产量的 12.85%、12.10% 和 8.73%。

从图 1-2 的数据就可以看出我国涂料行业近两年发展的态势，同时也可以预测到我国环保涂料的份额也将快速提升。

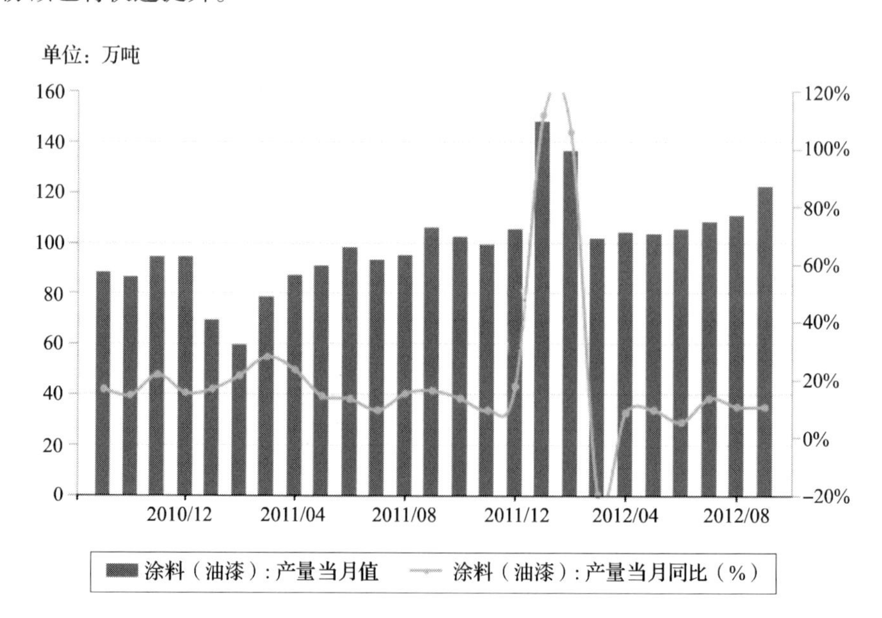

图 1-2　2010 年 12 月—2012 年 8 月我国涂料（油漆）产量及同比增速

1.2 我国涂料行业的现状

20 年来，随着中国家具业的飞速发展，中国木用涂料也紧跟其后，在科研、生产、销售、服务等方面得到了长足的进步，在我国涂料制造业中占据重要位置。在全世界 3 000 万吨涂料总量中，木用涂料占有 235 万吨，比例为 7.83% 。而在中国，全国涂料总量 380 万吨，木用涂料有 60 万吨，比例为 15.8% ，是世界同比的两倍多，与欧洲 70 万吨的总量相差不多。

这个数字说明几个问题：

（1）说明我国家具业对木用涂料需求的高速增长。

（2）说明木用涂料业能够跟上家具业的步伐，基本满足了国内家具业，特别是传统家具对涂料及涂装的需求。

（3）说明我国家具业以及由此带动的涂料、涂装业仍然是“朝阳行业”，具有无限的蓬勃生机。

（4）“是世界同比两倍多”的这个数字，与我国“世界第一大家具出口国”的地位相符。

涂料是家具制造业中重要的原辅料，全球木用涂料六大品种，我国基本都有。涂料的制造工艺、施工性能及物化指标也已达到相当水平。十几年来，全国各地相继涌现了一大批以木用涂料为主的专业生产厂家。其中，以华润、大宝、嘉宝莉和巴德士涂料为龙头的一批民营企业在技术研发、仪器设备、生产规模、市场运作等方面，都在全国涂料业中跻身前列。另外，木用涂料在中国的崛起，完全不同于其他品种涂料。它的工业化生产、市场化运作，均体现出自己鲜明的特色和管理水平。正是这样一大批民营涂料企业，与家具业一起经历发展的艰辛、一起享受合作的乐趣，在给予家具业全力支持的同时、在与家具业共同发展的过程中也成就了自己，达到共存共荣的目的。

1.3 我国涂料产业发展新亮点

2008 年以来，涂料行业无论是政策环境层面、市场竞争层面，还是企业主体层面，都发生了重大的变化。这些变化也向我们显示了涂料行业的竞争形态发生了巨大的变化，涂料行业的竞争已从传统的有形竞争向无形竞争形态发展。在这样的变化中，我国涂料产业发展表现出了新的亮点：

（1）绿色装修助推水性漆发展　众所周知，家居装饰涂料由于与家居生活环境的密切关联而倍受消费者关注，水性漆主要以水为稀释剂，比起传统的硝基漆、聚氨酯漆等溶剂性涂料以有毒的挥发性物质如甲醛、芳香类碳氢化合物为溶剂，其有害物质大大降低，受到众多关注家居装饰健康的消费者的青睐。同时，水性漆具有不易燃烧、气味小、低毒、施工简便、应用面广等特点，也让越来越多的装修油漆工、家装公司乐于将其作为第一环保涂料推荐给消费者。

（2）涂料领域持续并购风暴　荷兰化工集团阿克苏诺贝尔于 2008 年 1 月 3 日完成对英国涂料生产商——帝国化学工业（ICI）作价 80 亿英镑（约合 158.8 亿美元）的收购，ICI 从伦敦证交所下市；皇家帝斯曼公司（DSM）成功收购聚氨酯树脂公司 Soluol；麦可门收购 Hydrosize 完善聚氨酯类涂料；朗盛公司并购中国最大的氧化铁颜料生产厂——金山颜料生产厂；美国宣伟公司收购新加坡 Inchem 涂料公司等；在全球范围内，并购已经成为企业扩大规模、增强实力、提高效率的重要手段，尤其是并购中国企业成为欧美企业减少甚至是免受经济危机波及的一个途径。放眼中国涂料市场近几年的收购、并购情况，无疑中国涂料市场这块“肥肉”已经被全球各大涂料生产商紧紧盯住。

（3）国内外涂料市场发生转移　从国际涂料来看，拜耳材料科学公司预测，2010—2015年，全球工业涂料需求将以每年3%的速度继续增长，中国、日本和韩国等亚洲国家将成为增长动力。从今后的产业发展方向来看，具有高功能、高附加值的工业涂料是涂料行业的一个发展方向。近几年区域化日益明显，随着环保要求的提高，广东、深圳的一些涂料企业已经搬到了偏远的山区，另有一些企业迁到了江西。业内人士分析，这主要是产业结构不断调整的结果，形成了“内移”的趋势。因为原来的涂料企业已经不可能在市区建新厂和扩大规模，企业只能异地扩张，加之西部开发的带动，相对来说工艺比较简单、易于开拓的项目在向中西部转移，中部地区涂料企业开始崛起。

（4）涂料价格战硝烟再起　2008年涂料市场销售总量比2007年同期减少33%。日益萎缩的市场、微利化时代的来临都让业内人士普遍感到涂料行业“洗牌”的时刻已经来临。然而，大品牌在“价格战”中虽然举步维艰，但仍可以承受一定的市场压力，对于现金流较小的涂料企业就难以在低利润环境下继续生存下去。随着新标准对安全环保的要求越来越高，这类企业将会被逐渐淘汰。

1.4　木用涂料的涂装

木用涂料的涂装，是把涂料这个半成品成功涂布于家具上，是使家具成为终端产品极重要的一环。对涂装设备而言，已有一大批家具厂具有世界一流水平的木工设备，半自动、全自动涂装生产线及涂装设备，如德国豪迈公司（HOMAG），意大利拉瑞斯公司（LARIUS）和赛福莱（CEFLA）等，极大地提高了涂装质量及涂装效率。涂装工艺日渐成熟，使涂料的使用趋于合理，使高要求的涂装效果成为现实。而保证实现这一切的前提，是这20年来在艰难探索及实际磨练中成长起来的一大批涂装管理人员，一大批能工巧匠。通过他们的心智与劳动，使我国家具涂装的总体水平位于世界前列。

木用涂料与涂装的进步，是使我国家具业飞速发展、继而成为世界第一大家具出口国的一个强有力的支撑点。

1.5　家具与涂料的关系

家具与涂料应该怎样结合，结合得好的标准又是什么？这是一个非常值得讨论的问题。涂料专家认为：家具向涂料提供前提，涂料向家具保证结果。家具是涂料表演的舞台，是涂料发展的基础。家具自身的市场价格和定位，决定了对涂料成本及涂装成本的选择；家具体现的设计效果和风格，决定了对涂料品种及涂装工艺的选择，为此，家具应该为涂料提供以下几个必要的条件：

（1）家具应当提供有利于涂装的几何结构。

（2）家具应当提供有利于涂装的漆前处理。

（3）家具应当提供有利于涂装工业化进程的条件。

（4）家具应当提供有利于涂料与家具表里合一的前提。

反过来，涂料对家具主要应提供功能性及装饰性两大主要结果以及其他功能，即：

（1）功能性（实用效果）　达到各种理化指标，如耐划伤、耐黄变、耐老化、附着力等。

（2）装饰性（表面效果）　首先是视觉效果：光泽度、透明度等；其次是触觉效果：光滑度、手感等。

（3）努力加强对家具设计理念的诠释。

（4）强化家具功能作用，表现家具设计精髓。

（5）延长使用寿命，附加经济价值。

（6）最终实现对家具整体价值的提升。

家具与涂料只有做到这种对应的结合，它们才能达到互为促进、表里合一、共存共荣的高境界。

1.6　家具涂装的作用和特点

所谓涂装，就是在制品的表面涂一层涂料，使之固化成光滑、美观、牢固的薄膜，将制品的表面与空气、阳光、水分、酸碱、油盐等外界物质隔绝开来，以防止外界物质对制品的损坏与污染，从而起到保护制品与美化制品的作用。

涂装技术发展经历是由漫长的手工涂装逐步过渡到机械化涂装，现正朝着自动化涂装的方向发展。现代涂装工业生产中制造出许多涂装机械设备，如气压喷涂、高压喷涂、静电喷涂、淋涂、辊涂、电泳涂饰等专用设备，不少工厂还建立起机械化涂装生产流水线，还有很多单位采用远红外线与紫外线干燥涂层新技术。从而使涂装由小手工业生产进入到现代大工业化生产的行列，有力推进了涂装技术的发展。

长期以来，不管制品的涂装经历了多少次演变，涂装的方法如何改变，涂装的色彩如何千变万化，其目的始终是为了保护和美化制品。对于不同材质的制品，尚有其自身的涂装特点，须分别进行探索研究。现就涂装的保护与美化作用予以分析。

1.6.1　涂装的保护作用

未经涂装的制品多数有一定的天然缺陷，会影响其使用价值。但经涂装后，就会修饰或消除这些缺陷，提高制品表面的理化性能，从而起到保护制品的作用。涂膜对制品的保护作用主要体现在以下方面：

（1）减少空气湿度对制品的影响　如潮湿的空气易使金属制品锈蚀，会使木制品与皮革制品湿胀变形。若空气过于干燥又会使一些制品发生干缩、干裂现象。所以空气的湿度变化会破坏一些制品（特别是木制品）的结构。

（2）防止菌类的侵蚀　有的制品，如木材、竹藤、皮革等制品的材质含有淀粉、蛋白质等有机物，是一些虫类和菌类寄生的好场所，会使产品遭到严重破坏。据有关资料报道，海洋轮船的外壳若不涂饰防海洋微生物的涂层，海洋生物就会寄生在船的外壳，其质量将会超过轮船自身的质量，还会造成严重的腐蚀现象。

（3）使制品表面免受外界物质的污染　木材、竹材、人造板材、皮革等制品表面有微细管孔，外界的油腻、有色物质很容易浸入，并难以清除掉。金属制品若未涂装，表面极易锈蚀而形成很多微细孔，故同样容易被外界物质所污染。

（4）减少阳光和氧气对制品的破坏作用　金属制品未经涂装易跟空气中的氧气发生化学反应而锈蚀；而未经涂装的竹木、皮革、塑料等制品在阳光与氧气的长期作用下，不仅使色彩变得灰暗陈旧，而且会早期老化，特别是塑料会很快脆裂；现在不少涂料中有防紫外线剂，能更有效地防止阳光的破坏作用。

（5）提高制品表面的理化性能　金属制品力学性能较好，但化学性能差，不耐外界物质的腐蚀。竹木、皮革等制品的力学性能较差些，如硬度较低，耐化学腐蚀性也不强。而现在不少涂料的涂膜耐化学腐蚀性都较强，光泽度高，且耐磨、耐热、耐候性能好，故一般制品经涂装后，能提高表面的理化性能。

1.6.2　涂装的美化作用

一般制品经涂装后能提高其美观性，增加外表美观。主要表现如下：

（1）更好地渲染制品材质的天然美　木制品的材质种类繁多，并各自具有独特美丽的天然花纹和色彩。若经透明涂装，定会使其天然花纹和色彩被渲染得更为清晰悦目，增强其艺术性和装饰性。

（2）使制品获得各种新颖艳丽的色彩　对于黑色金属制品（如钢家具）、刨花板和纤维板制品，表面颜色并不好看，只有通过不透明涂装才能获得各种各样艳丽的色彩，成为美丽的制品，以满足用户对制品色彩的要求。木制品虽具有天然色彩，但很单调，且不艳丽，也只有通过各种涂装，才能使之重新获得人们所喜爱的色彩。

（3）能调整制品表面的光泽度　无论什么制品经涂装后都可以获得像镜面一样平整光亮的表面，光彩夺目；也能做到制品表面平整光滑而无耀眼的光线反射出来。总之，能使得制品表面光泽度满足人们的不同需求。

（4）能修饰、掩盖制品表面的缺陷　木制品表面可能有虫眼、裂缝、节疤及工艺钉眼，金属制品难免有凹陷、锈斑等缺陷。通过涂装完全可以把这些缺陷修饰好或掩盖掉，以提高其美观性。

（5）使制品表面获得新的秀丽花纹或优美的图案　如在纤维板、刨花板制品表面上模拟名贵木材的花纹，也可在金属制品表面喷涂大理石图案。若用裂纹漆、锤纹漆、珠光漆、爆花漆、闪光漆等彩色涂料涂装制品，也可使制品表面获得各种变幻莫测的花纹，使本来不好看的制品变得非常优美。

综上所述，通过涂装不仅能保护制品、提高制品的使用价值，而且还能使制品获得艳丽且美观的花纹，提高其艺术性。

1.6.3　木制品涂装的特点

木材应用十分广泛，有家具、玩具、乐器、房屋建筑、交通工具、机器等，到处都可以见到。木材跟其他材料（如金属）相比较，又有许多独特的性能。

（1）木制品涂装以透明涂装为主流　所谓透明涂装就是指涂膜是透明的，能使制品的基底更清晰地显现出来；因为多数木制品的表面有美丽的自然花纹与材质，通过透明涂装能得到更好地渲染，更引人注目，所以木制品常采用透明涂装。只有那些材质很差，又没有美丽花纹的木制品，才采用不透明涂装。对于黑色金属、纤维板、刨花板等制品，由于表面很不美观，只能进行不透明涂装来提高其美观性。

（2）砂掉木毛　木材是纤维构成的，在切削加工过程中，虽经刨光、砂光，但其表面上仍有细微的木毛存在；在制品未经涂装时，这种木毛很柔软，吸附在制品表面上，肉眼看不出，手也摸不着。但进行涂装时，这种木毛吸收了液体涂料，就会变粗变硬，而一根根地竖起来，若不事先砂掉，就会严重地影响涂装着色的均匀，并产生很多白点，形成所谓“芝麻白”，还会降低涂膜的附着力，所以在制品涂装时应先除木毛，以获得较好的涂装质量。

（3）清除树脂　一些木制品表面局部含有树脂，会严重影响木制品的着色及涂膜的附着力，因此，在制品涂装时应先清除树脂，以保证涂装的质量。

（4）填纹孔　木材本身有很多微细管孔，除了大的导管分子、木纤维之外，还有大量用于水分交换的通道——纹孔，存在于导管和纤维的细胞壁上，它们是形成天然纹理的主要细胞；木材经切削加工后，各种大小的孔眼就暴露无遗。如果在涂装前不把这些纹孔填平，那么液体涂料就会从纹孔渗入到导管中去。若要求在制品表面形成一定厚度的涂膜，就会增加涂料的消耗；另外，若不先填平纹孔，则涂装后，导管中的空气有可能进入到涂层中，而使涂层中产生气泡，从而影响涂装的质量；所以在制品涂装时，先要把表面的纹孔封闭好。

（5）制品染色后尚需拼色　一般木制品经染色处理后，其表面难以获得均匀协调的色彩，这是由于木材本身具有各向异性，即不同部位的物理性能差异很大，同一根木材的心材与边材、早材与晚材的组织结构及颜色的深浅是有差异的，硬度也不相同，所以，各部位对染色的染料溶液的吸收量也不同。虽然同样染色，其色彩仍难一致，尚需进行补色，才能使制品获得均匀一致的色彩。

在实际生产中，一般制品往往是用不同树种的木材混合制造的，经染色后存在的色差会更明显，因此拼色这道工序显得更为重要。但遗憾的是，现在不少生产单位由于没有掌握拼色的技术，制品着色后不再进行拼色，致使制品色彩无法协调一致，严重影响制品的美观性和产品的档次。

1.7　涂装中存在的问题

（1）同质化问题　同质化是我国木用涂料产品的一个大问题，要解决好这个问题，木用涂料产品在配方设计的合理性、加工的精细程度、施工性能的提高等方面，必须有切实的个性化改进。但也由于这个问题的存在，使得涂装工艺及涂装管理的价值得到极大的提升；如果在同质化的家具上使用同质化的涂料，我们依然可以通过别具匠心的涂装工艺及科学精细的涂装管理而使产品具有竞争力。

（2）服务问题　对木用涂料的产品服务而言，我们首先必须做好产品的应用服务——着眼于怎样使家具厂用好油漆，有问题马上得到解决。除此之外，我们还必须把服务前移——前移至调色、打板、出工艺建议；还必须把涂料、涂装的各种元素提前在家具设计的阶段就结合进去。涂料与涂装如果真正能这样与家具设计结合、与家具设计师结合，那么，涂料业对家具业的服务质量——最终体现在家具质量上，将会有一个质的改变。

（3）过快的涂装速度　木用涂料在涂装中遇到的问题，很多是由于片面追求过快的漆膜干燥而引起的。过快的干燥就是在各种非正常因素的影响下得到不正常的干速，如：添加过量催干剂、随意改变固化剂与油漆的比例、从油漆配方着手增加反应基团、多用快干溶剂等都可达到这目的，但后果堪忧。过快的干燥速度将会引起干膜收缩过大、离层、气泡、暗泡、假干、光泽不匀、龟裂等问题，真要加快干速，最好的办法就是采用干燥设备，如烘炉、烘道等，而不是听天由命。不采用干燥设备，只要求油漆本身快干，这是一个误区，其结果是不合格率、返工率的上升，得不偿失。就算是采用干燥设备，在涂装和干燥过程中，也必须维护涂装工艺过程的合理性，也必须按正确的干燥曲线去做，才能达到好的结果；因此，专家呼吁业界："统一干燥条件，控制干燥速度"，用科学、合理的手段去追求最真、最终的高效率。

（4）环境问题　这是家具、木用涂料及涂装共同面对的一个重要问题，是生产安全及环境保护问题，这是在产品设计、生产制造、销售应用的全过程中都必须切实做好的问题。

涂料产品的环保方向，是努力提高固体含量，降低有机溶剂的挥发量，节能低毒，努力减少固化剂中游离单体的含量。木用涂料要大力发展不饱和聚酯涂料（PE）、紫外光固化涂料（UV）、水性涂料（W）等环保型涂料。

只有家具界与涂料界的双赢，才是两个行业永远的最终目标。因此，作为专业人员，只有通晓家具与涂料两个行业，才能把家具涂装做好。

思考题：

（1）简述涂料的历史，并通过查资料，说明涂料在历史上发生转折的几个关键点分别是什么。

（2）目前涂料发展的趋势是什么？为什么会形成这样的趋势？

（3）家具为什么要涂装？

（4）家具涂装的特点是什么？

（5）家具与涂装存在什么样的关系？正确认识这种关系，对做好家具和涂装各有什么意义？

（6）以表格的方式，设计一个资源包，通过调查和查询，列出 10 个与涂料和家具紧密相关的网站并分别说明各网站的特点；列出 5 本中外关于涂料的杂志，并注明杂志的名称，出版地，出版单位和刊物的特点；列出 10 本涂料与家具有关的书籍，列出作者名字，出版时间，出版社等一些情况。

第2章　涂料的成分

学习目标：掌握涂料的定义，从科学的角度认识涂料；掌握涂料的组成，学习各个成分的作用；了解涂料的基本名称，学习命名原则和方法；了解涂料分类的原则。

知识要点：组成涂料各种成分的名词术语；涂料的命名原则；涂装的分类方法。

学习难点：涂料的组成是本章的难点。这一部分是涂料知识的基础部分，有大量的名词术语需要记忆，尤其是每一个组成里面又有很多具体的物质，其作用都不同，比较难懂，比如颜料与染料的区别，各种腻子的区别与联系等，需要结合生活常识，去理解和掌握。其他基础名称、分类和命名相对容易理解一点。

2.1　涂料的定义及作用

2.1.1 定义

涂料一般为黏稠液体或粉末状物质，可以用不同的施工工艺涂覆于物体表面，干燥后能形成黏附牢固、具有一定强度、连续的固态薄膜，赋予被涂物以保护、美化和其他预期的效果。也可以说涂料为各种涂装于物体表面起装饰及保护作用的材料统称，包括各种乳胶漆、水性漆等。

2.1.2　作用

（1）装饰作用　目的首先在于遮盖家具表面的各种缺陷，又能与材料本身特点相协调。

（2）保护作用　能阻止或延迟空气中的氧气、水分、紫外线及有害物对建筑物的破坏，延长建筑物及被涂物的使用寿命。

（3）特殊功能　例如，防火、防水、防辐射、隔音、隔热等。

（4）标志作用　例如，对各种化学品、危险品、交通安全等进行标示，目前应用涂料做标志的颜色在我国和国际上已逐步标准化。

2.2　涂料的组成

涂料由主要成膜物质、次要成膜物质和辅助成膜物质三大组成部分。涂料组成成分如图2－1所示。

（1）主要成膜物质　它包含油脂和树脂，能够单独形成涂膜，也能黏结颜料共同形成涂胶。它是决定涂膜性能的主要因素，可以单独成膜，也可以黏结颜料等成膜物质，又称基料。

（2）次要成膜物质　它包含颜料、填料和增韧剂；

（3）辅助成膜物质　它包含各种溶剂和助剂。辅助成膜物质不能单独成膜，只是对涂料形成涂膜的过程或涂膜性能起辅助作用，溶剂（或水）是调节涂料的黏度及固体分含量。

把这三种成膜物质提炼出来，主要就是四种成分，即：成膜物质（油脂和树脂），颜料，溶剂和助剂。下面分别介绍它们的性质和作用。

2.2.1 主要成膜物质

主要成膜物质是组成涂料的基础，它们是涂料牢固地黏附在物体表面成为涂膜的主要物质。成膜物质大体可分为两大类：一类是油脂，包括各种干性油（如桐油，亚麻油）、半干性油（如豆油，向日葵油）和不干性油（在空气中不能氧化干燥形成固态膜的油类，如橄榄油、蓖麻油等）。它们主要是由于分子中含有共轭双键，经空气氧化而形成固体薄膜；另外一类是树脂，分别为天然树脂（如生漆，虫胶，松香脂漆）和合成树脂（如酚醛树脂，醇酸树脂，环氧树脂，聚乙烯醇，过氧乙烯树脂，丙烯酸树脂等）。其中除了生漆的主要成分是漆酚外，其他树脂均是高分子化合物，涂布后进一步发生交联，聚合反应形成固体薄膜，这是目前用得最多的成膜物质。一般将油脂和天然树脂合用作为成膜物质的涂料，称作油基涂料或油基漆；用合成树脂作为成膜物质的涂料，称作树脂涂料或树脂漆。

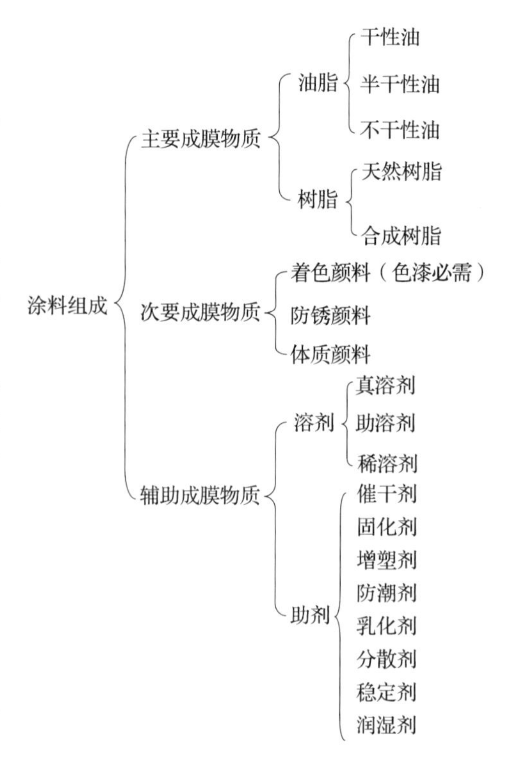

图 2－1　涂料的组成成分

2.2.2 次要成膜物质

次要成膜物质是指颜料，它是有颜色的涂料——色漆的一个主要组分。因为单用油或树脂制成的涂料，在物体表面生成的涂膜是透明的，它不能把物体表面的缺陷遮盖起来，不能使物体表面有鲜艳的色彩，也不能阻止因紫外线直射对物体表面产生的破坏。颜料的加入可以克服上述缺点，使涂料成为不透明、绚丽多彩又有保护作用的硬膜。此外，颜料的加入可增加涂膜的厚度，提高机械强度、耐磨性、附着力和耐腐蚀性能；还可以赋予涂料某些特定功能，如导电、阻燃等。

颜料一般为微细的粉末状的有色物质，通过涂料生产过程中的搅拌、研磨、高速分散等加工过程，使其均匀分散在成膜物质及其溶液中。

2.2.2.1 涂料中的颜料分类

涂料中的颜料有很多分类方法，如按照来源可分为天然颜料和合成颜料；按照化学成分可以分为有机颜料和无机颜料；最常用的分类方法是按照颜料在涂料中所起的作用分，可以分为着色颜料、防锈颜料和体质颜料三类。以下就重点介绍这三种颜料。

（1）着色颜料　主要起显色作用，可分为白、黄、红、蓝、黑五种基本色，并通过这五种基本色调配出各种颜色。通常使用的着色颜料如下：

白色——钛白（TiO_2），锌白（ZnO），锌钡白（$ZnS-BaSO_4$），锑白（Sb_2O_3）等；黑色——炭黑，松烟怠，石墨，铁黑，苯胺黑，硫化苯胺黑等；黄色——铬黄（$PbCrO_4$），铅铬黄（$PbCrO_4+PbSO_4$），镉黄（CdS），锶黄（$SrCrO_4$），耐光黄等；蓝色——铁蓝，华蓝，普鲁士蓝，群青，酞青蓝，孔雀蓝等；红色——朱砂（HgO），银朱（HgS），铁红，猩红，大红粉，对位红等；金色——金粉，铜粉等；银白色——银粉，铅粉，铝粉等。

（2）防锈颜料　根据其防锈作用机理可以分为物理防锈颜料和化学防锈颜料两类。物理防锈颜料的化学性质较稳定，它是借助其细微颗粒的充填提高涂膜的致密度，从而降低涂膜的可渗透性，阻止阳光和水的透入，起到了防锈作用。这类颜料有氧化铁红、云母氧化铁、石墨、氧化锌、铝粉等。化学防锈颜料则是借助于电化学的作用，或是形成阻蚀性络合物以达到防锈的目的。这类颜料如红丹、锌铬黄、偏硼酸钡、铬酸锶、铬酸钙、磷酸锌、锌粉、铅粉等。

（3）体质颜料　又称填料，是基本上没有遮盖力和着色力的白色或无色粉末，因其折射率与基料接近，故在涂膜内难以阻止光线透过，也不能添加色彩，但它们能增加涂膜的厚度和体质，提高涂料的物理化学性能。常用作体质颜料的有碱土金属盐、硅酸盐等，如重晶石粉（天然硫酸钡）、石膏（硫酸钙）、碳酸钙、碳酸镁、石粉（天然石灰石粉）、瓷土粉（高岭土）、石英粉（二氧化硅）等。

2.2.2.2　颜料的通性

颜料的通性系指颜料的分散度、遮盖力、着色力、吸油量、耐光、耐溶剂、耐酸碱、粉化性等性能，现分别予以介绍。

（1）分散度　颜料分散度是其颗粒的聚集体在漆基中分散难易的程度和分散后的状态。颜料的分散度跟其本身的性能（如极性）及制造方法、颗粒大小等因素有关。颜料的分散度越高，其着色力和遮盖力就越强，涂膜的附着力与光泽度也就越好，其色漆也不易产生絮凝、结块、沉淀、悬浮等缺陷，但其吸油量会有所增加。

（2）遮盖力　是指色漆涂膜中的颜料遮盖被涂物表面而不使其透过涂膜显露出来的能力，常用涂膜遮盖被涂物单位面积所消耗颜料的重量（克数）来表示；颜料的遮盖力越强，用量就越少，也就越经济；

（3）着色力　是指某一种颜料与另一种颜料混合后形成颜色强弱的能力。如用铬黄与铁蓝混合生产各种色调的铬绿，若生产相同色调的铬绿，铁蓝的用量就取决于它的着色力，着色力强，用量就越少，所以颜料的着色力越强就越好。同一种颜料，由于生产方法不同，储存时间不一，不仅颜色有差别，而且着色力也不一样。一般来说，颜色的颗粒小、分散性好、储存期短，其着色力就强。

（4）吸油量　是指对100g的颜料一滴一滴地加入亚麻仁油，并边滴边用刮刀混合，随油滴不断滴入，颜料由松散状而逐步捏合成粘连状，直到使颜料刚好全部捏成团而所消耗油的克数，即为该颜料的吸油量，也就是一定量的颜料用同一种油料调成相同黏度时对油的吸收量。调配色漆或油性腻子时，吸油量大的颜料则耗油也就多，经济性就差。

（5）耐光性　指颜料对光作用的稳定性。任何颜料在光线长期作用下，其颜色与性能将会发生变化；耐光性强的颜料，保色性强，难以褪色。颜料耐光性直接影响制品的美观性，特别是室外制品的涂装更要选择耐光性好的颜料或色漆。

（6）耐溶剂性　指颜料与溶剂接触时是否产生褪色现象的一种性能。耐溶剂性强的颜料在色漆中难以褪色，保色性强；耐溶剂性差的颜料不宜作色漆用，否则影响色漆的颜色；一般无机颜料的耐溶剂性比有机颜料的要好，多数有机颜料跟溶剂混合在一起都有不同程度的褪色现象。

（7）耐酸碱性　指颜料跟酸、碱性物质混合在一起是否产生褪色或分解现象的一种性能。如铁蓝或铬黄遇碱会分解成别的物质，而群青不耐酸，遇酸就变为无色。所以颜料的耐酸碱性应好，实际应用时须特别注意这一特性。

（8）粉化性　指颜料（如钛白粉）制成色漆成膜后，经过一定时间的暴晒，涂膜中的主要成膜物质被破坏，涂膜中的颜料就不能牢固地继续留在涂膜里而形成粉层往外脱落的一种性能。颜料的粉化性大，影响涂膜的使用寿命，故在生产中须加以改善，减少粉化性。

2.2.2.3 颜料与染料

（1）颜料　颜料不同于染料在于一般染料能溶解于水或溶剂，而颜料一般不溶于水。染料主要用于纺织品的染色，不过这种区分也不十分准确，因为有些染料也可能不溶于水，而颜料也有用于纺织品的涂料印花及原液着色。有机颜料的化学结构同有机染料有相似之处，因此通常将其视为染料的一个分支。

颜料从化学组成来分类，可分为无机颜料与有机颜料两大类；就其来源又可分为天然颜料和合成颜料。天然颜料以矿物为来源有朱砂、红土、雄黄、孔雀绿、重质碳酸钙、硅灰石、滑石粉、云母粉、高岭土等，以生物为来源有来自动物的胭脂虫红、天然鱼磷粉等以及来自植物的藤黄、茜素红、靛青等。合成颜料通过人工合成，如钛白、锌钡白、铅铬黄、铁蓝、铁红、红丹等无机颜料，以及大红粉、偶氮黄、酞青蓝、喹吖啶酮等有机颜料。以颜料的功能可分为防锈颜料、磁性颜料、发光颜料、珠光颜料、导电颜料等。以颜色分类是方便而实用的方法，颜料可分为白色、黄色、红色、蓝色、绿色、棕色、紫色、黑色等，而不必顾及其来源或化学组成。以颜色分类的着色颜料组成及品种如表 2 -1 所示。

表 2 -1　常用着色颜料的化学组成及品种

颜色	化学组成	品种
黄色颜料	无机颜料	铅铬黄（铬酸铅 $PbCrO_4$）、铁黄［$FeO(OH)\cdot nH_2O$］
	有机染料	耐晒黄、联苯胺黄等
红色颜料	无机颜料	铁红（F_2O_3）、银朱（HgS）
	有机染料	甲苯胺红、立索尔红等
蓝色颜料	无机颜料	铁蓝、钴蓝（$CoO\cdot Al_2O_3$）、群青
	有机染料	酞青蓝 $Fe(NH_4)Fe(CN)_5$
白色颜料	无机颜料	钛白粉（TiO_2）、氧化锌（ZnO）、立德粉（$ZnO+BaSO_4$）
金色颜料	—	铝粉（Al）、铜粉（Cu）

（2）染料　染料与颜料不同，它是能溶于水、醇、油或其他溶剂等液体中的有色物质。染料溶液能渗入木材，与木材的组成物质（纤维素、木质素与半纤维素）发生复杂的物理化学反应，能使木材着色而又不致模糊木材的纹理，能使木材染成鲜明而坚牢的颜色。三大基本色料的比较如表 2 -2 所示。

表 2 -2　三大基本色料的比较

项目	无机颜料	有机颜料	染料
来源	天然或合成	合成	天然或合成
比重	3.5 ~ 5.0	1.3 ~ 2.0	1.3 ~ 2.0
在有机溶剂及聚合物中的溶解情况	不溶	难溶或不溶	溶
在透明塑料中	不能成透明体	一般不能成透明体，低浓度时少数能成透明体	能成透明体

续表

项目	无机颜料	有机颜料	染料
着色力	小	中等	大
颜色的亮度	小	中等	大
光稳定性	强	中等	差
热稳定性	大多在500℃以上分解	200～260℃分解	175～200℃分解
化学稳定性	高	中等	低
吸油量	小	大	—
迁移现象	小	中等	大

染料的品种虽多，但能用于木材染色的却不多，常用的只有以下几种：

（1）直接染料　这类染料因不需依赖其他药剂而可直接给木材及棉、麻、丝、毛等纤维染色而得名。染法简单，色谱齐全，成本低廉。

（2）分散性染料　这类染料在水中溶解度很低，但可均匀地分散在水中。能溶于有机溶剂，染色力强，稳定性好、耐光、耐热，是木材染色的最佳染料。如图2－2所示。使用较普遍的品种有：分散红3B、分散大红SBWFL、分散黄棕、分散黄RGFL、分散蓝HBGL。

（3）酸性染料　酸性染料的分子结构中含有酸性基因，色谱齐全，可在酸性或中性介质中进行染色，易溶于水，微溶于乙醇。最适用于木材染色，染料溶液能渗入木材深处，进行深层染色。其特点是染色力强、透明性好、色泽鲜艳、耐光性能好，故应用广泛。常用品种有：酸性橙、酸性红3B、酸性红B、酸性嫩黄、酸性黑ATT、酸性棕、酸性蓝NBL、酸性红G、黑钠粉和黄钠粉。

图2－2　分散性染料

（4）碱性染料　其分子结构含有碱性基因，属于碱类有机化合物。易溶于酸性水与乙醇，但不宜用沸水溶解，以防分解变质。这类染料具有鲜艳的色彩，分散度高，染色力强，适合于木材深度染色，尤其是对硬质木材染色效果更好，缺点是耐光性较差。常用品种有：碱性淡黄、碱性金黄、碱性品红、碱性绿。

（5）油溶性染料　这一类染料不溶于水，而溶于油（煤油、熟桐油等）、蜡或其他有机溶剂（松节油、松香水、环己酮、醋酸丁酯、二甲苯等），其分子结构为偶氮、芳甲烷、醌亚胺等类型。主要用于调配油性色浆加入各种清漆，制成带色的半透明涂料；或直接喷在制品表面上进行所谓面着色。采用这类染料调制出来的色浆及带色半透明涂料涂饰木制品，可获得均匀协调的色彩，但涂膜透明度较差，木材的纹理难以清楚地呈现出来。常用的品种有油溶烛红（俗称烛红）、油溶橙（又称油溶黄）、油溶黑等。

（6）醇溶性染料　是一种能溶于乙醇或其他性质类似的有机溶剂而不溶于水的染料。分子结构为偶氮、醌亚胺等类型。染色牢度高，耐光、耐热性能好。常用品种醇溶耐晒火红B、醇溶晒黄GR、醇溶黑等。尤其是醇溶黑是木家具涂饰深色拼色不可缺少的染料。外观呈灰黑色粉状，溶于乙醇呈浅蓝黑色，故常称之为黑蓝，具有饱和的黑色和较强的着色力，对光、酸、碱的稳定性很好。在木家具涂装施工中，常将它跟其他醇溶性染料配合溶于虫胶涂料中，给家具染色或拼色，可获得较好的着色效果。如图2-3所示。

2.2.2.4 腻子的作用和分类

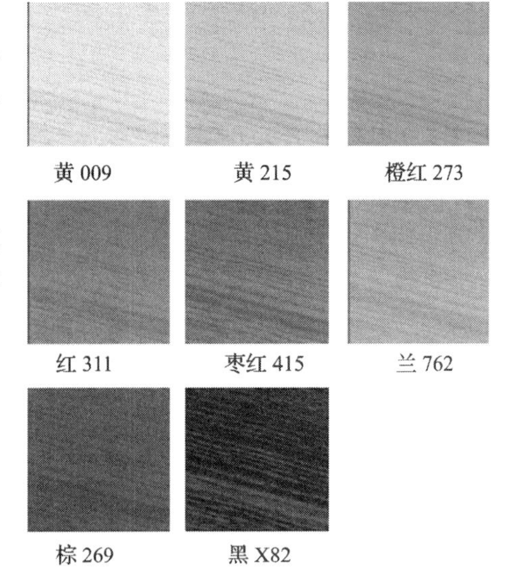

图2-3 醇溶性染料着色

腻子涂料是一种基础涂料，主要用于填塞木材的纹孔、裂缝及洞眼。若是对木制品进行透明涂饰时，填孔涂料对木材还需起到基础着色作用，所以要求填孔涂料的颜色跟木制品要求的颜色基本相同，或略浅一些。如果对制品进行不透明涂饰，则对填孔涂料没有颜色的要求，可以为任何色，以经济为准。

对于木制品透明涂饰的填孔涂料，一般都是由涂饰单位自行配制的。涂料的组成成分可分为：填充剂（也称填料，系指各种体质颜料）、着色剂（系指各种着色剂）、黏结剂（系指各种清油、清漆、胶黏剂或有胶黏作用的物质）、稀释剂（系指各种有机溶剂或水）等。

不透明涂饰的填孔涂料则不需要用着色剂，其他成分基本相同。根据填孔涂料所用的原料不同，可分为水性腻子、油性腻子、树脂色浆三大类。

（1）水性腻子 水性腻子的特点是所用的稀释剂是水，无毒、无刺激气体，施工简便，价廉，应用广泛。常用的水性腻子有：水老粉腻子、水溶性胶性腻子、羟甲基纤维腻子、聚乙烯醇腻子、猪血腻子、复合水性腻子、水性涂料腻子等。

（2）油性腻子 油性腻子是以各种清油或清漆作黏结剂，以相应的有机溶剂做稀释剂，用硫酸钙、碳酸钙等体质颜料作填充剂，用各种着色颜料进行配色。应用较多的品种有：虫胶腻子、硝基腻子、油老粉腻子、油性腻子等。

（3）树脂色浆 树脂色浆是以树脂涂料为黏结剂，以所用树脂的溶剂为稀释剂，染料和颜料为着色剂，并用滑石粉（或掺入少量轻体碳酸钙）作填充剂，有的树脂涂料尚需要微量助剂（固化剂、消泡剂等）组合而成。在木制品涂饰中用于填纹孔与着色。

研究结果表明，用低VOC聚氨酯树脂清漆作为木制品表面涂层来对几种不同的腻子进行对比试验，各种腻子表现出不同的性能，具体内容见表2-3。

表2-3 各种腻子的性能比较

性能	油性腻子	水性腻子	聚氨酯腻子	尿醛腻子
干燥性	慢	快	慢	快
打磨性	易	易	难	易
填孔性	较好	差	较好	较好
与木材附着力	好	好	好	好
与虫胶附着力	一般	一般	一般	一般
对面漆的影响	漆膜平整丰满	漆膜不够平整	漆膜平整丰满	漆膜平整丰满
耐久性	好	一般	好	好
耐工性	方便	方便	不方便	不方便

根据表 2－3 所示和木材种类复杂的情况以及目前工厂实际使用的情况，认为油性腻子无论是在干燥性、打磨性、附着力还是在漆膜表面丰满度和耐久性方面都比较出色，因此选用油性腻子。其配比见表 2－4。

在研究中同时也发现油性腻子的含油量在 25% 左右为宜（油性物质占总质量比例）。清油过多，超过 25% 影响干性以至漆膜呈油花状；清油太少，对附着力等有影响。

表 2－4　油性腻子的配比

名　称	成　分
清油	18.5%
氧化铁红	5.5%
200 溶剂汽油	2.5%
黑油	6.5%
石膏粉	55%
水	9.5%
钴锰催干剂	2.5%
合计	100%

2.2.3　辅助成膜物质

2.2.3.1　溶剂

溶剂是一种能溶解涂料的主要成膜物质（油和树脂）使之成为具有一定黏度的液体涂料。

（1）溶剂的主要性能

涂料中的溶剂其主要性能如下：

① 在涂料中使用溶剂为的是降低成膜物质的黏稠度，便于施工，得到均匀而连续的涂膜；溶剂最后并不留在干结的涂膜中，而是全部挥发掉，所以又称挥发组分。

② 油漆溶剂的重要性质有：溶解力、蒸发速度、沸点和蒸馏范围、闪点和易燃性、毒性。在使用中，每种溶剂的价格也是重点考虑的因素，挥发性慢的溶剂价格高，挥发性快的溶剂价格低。

③ 溶剂的一些不同性质可以用溶解度来举例：把两种液体 A 和 B 放在一起时，A 分子能自由地在 B 分子中游动，两种液体才能互溶。如果 A 与 A 或 B 与 B 之间的吸引力大于 A 与 B 之间的吸引力时，A 与 B 就会分层，这两种液体就不互溶。

④ 对于挥发性漆及含有稀释剂的混合溶剂油漆品种，所用的溶剂可分为三类：真溶剂，就是具有溶解此类油漆所用高聚物能力的溶解；助溶剂（或叫潜溶剂），此溶剂本身不能溶解所用的高聚物，但在一定限制数量内，与真溶剂混合使用，可以提供一定程度的溶解能力，并可影响漆的其他性能，这种溶剂为助溶剂；稀释剂，此种溶剂不能溶解所用高聚物，也无助溶作用，但在一定限制数量内，可以和真溶剂及助溶剂混合使用。此种溶剂在这类油漆溶剂中，价格比所用真溶剂、助溶剂低，它只能起到稀释作用，达到降低成本的目的，因此叫稀释剂。

⑤ 真溶剂、助溶剂、稀释剂的划分：酮类、酯类、醚类、酯醇类等有机溶剂为真溶剂；醇类为助溶剂；芳烃类为稀释剂。

⑥ 溶剂的纯度检验有两种：纯溶剂在一定气压下的沸点是固定的，可以用以检验纯度。但工业用溶剂很少是纯的。用 100ml 标准仪器蒸馏时，沸点一直上升，这个沸点的幅度就是溶剂蒸馏的范围。如果把一小块纯铜片放在蒸馏瓶中，蒸馏后，如铜片变黑，表示溶剂中含有硫化物质。

（2）溶剂的使用注意事项

① 溶剂的平衡问题：油漆作为挥发成分的溶剂，有多方面的要求。对于油漆溶解力方面，要求对油漆中所有不挥发的组分要有很好的溶解性和互溶性，具有较强的降低黏度能力，在挥发过程中，不应出现某一成膜物质不溶析出现象；对于溶剂的蒸发速度方面，要求溶剂的挥发量应随着漆膜的干燥而均匀地减少，不可忽多忽少，使漆膜黏度应缓慢增长，不能突然增稠，

以致引起漆膜表面病态；对于溶剂本身，要求色浅透明、化学性质稳定、无刺激和难闻气味、毒性小、安全性较高、价格便宜、来源充足、容易供应。

② 流平性问题：油漆施工中漆膜的流平性是一个很重要的问题。若漆膜黏度突然变黏，流动性不良，将导致干后漆呈现橘皮、麻点、丝纹、皱纹、针孔、起泡等问题。在这些方面都是配方中溶剂的配比平衡问题，有些也有施工方面的问题。

在溶剂的配比平衡中，溶剂的挥发率和溶解力以及漆膜黏度的变化是影响流平的因素。而在施工操作过程中也有影响流平的因素。对于人为原因，在发生流平不良的情况时可以增加挥发性慢的溶剂用量来解决。

③ 漆膜泛白的问题：在油漆施工中，由于溶剂挥发快或溶解力强的溶剂大量挥发，有时会使漆膜表面有一层白色晦暗无光薄膜，在漆膜干燥后会自然消失，但也有永久不消失的，此种现象叫“漆膜泛白”。“漆膜泛白”根据有关原因和性质，可分为“潮湿泛白”、“纤维泛白”和“树脂泛白”。

a. “潮湿泛白”：由于在潮湿天气的环境下，漆膜中溶剂大量挥发，造成施工中漆膜温度降低过甚，空气中潮气、水分在漆膜表面凝结并渗透到漆膜中所致。夏季高温高湿天气最容易发生“潮湿泛白”现象，解决办法为用含有多量挥发率较慢的真溶剂、防潮剂来进行施工。

b. “纤维泛白”或“树脂泛白”：是指油漆施工后，由于溶剂的挥发，真溶剂、助溶剂和稀释剂的比例失调，剩余的稀释剂过量，超过了稀释比值，引起（硝酸）纤维酯或树脂的析出，而漆膜表面泛白。这可以从溶剂平衡方面来考虑，增加挥发力较低的真溶剂用量来解决。无论哪一种泛白现象，都将使干燥漆膜均匀性和连续性遭到破坏，导致漆膜没有良好保护性能和装饰性能。

④ 溶剂释放（挥发）问题：油漆施工后，溶剂应全部挥发出去。干燥后的漆膜应不含有溶剂，不然会给以后漆膜带来许多弊病，如漆膜软、耐候性差、耐水性低等缺点，但一般油漆都是使用溶剂以降低黏度，便于施工。从溶剂释放性方面考虑：挥发力越低的溶剂，其释放力越差，溶解高聚物能力最强的溶剂，也是释放性最差的溶剂，这类溶剂均宜少用。这也是溶剂平衡的问题之一。

综上所述，涂料中的溶剂最终要全部挥发到大气中去，很少残留在漆膜里。有机溶剂大多为易燃易爆物，而且有一定的毒性。从某种意义上来说，涂料中的溶剂既是对环境的极大污染，也是对资源的很大浪费。因此，在选用溶剂时要考虑安全性、经济性和低污染性。现代涂料行业正在努力减少溶剂的使用量，开发出了高固体分涂料、水性涂料、乳胶涂料、无溶剂涂料等环保型涂料。

2.2.3.2 助剂

在涂料的组分中，除主要成膜物质、颜料和溶剂外，还有一些用量虽小，但对涂料性能起重要作用的辅助材料，统称助剂。形象地说，助剂在涂料中的作用，相当于维生素和微量元素对人体的作用一样，用量很少，作用很大，不可或缺。助剂的用量在总配方中仅占百分之几，甚至千分之几，但它们对改善性能、延长储存期限，扩大应用范围和便于施工等常常起很大的作用。助剂通常按其功效来命名和区分，主要有以下几种：

（1）对涂料生产过程发生作用的助剂　如消泡剂、润湿剂、分散剂、乳化剂等。

（2）对涂料储存过程发生作用的助剂　如防沉剂、稳定剂，防结皮剂等。

（3）对涂料施工过程起作用的助剂　如流平剂、消泡剂、催干剂、防流挂剂等。

（4）对涂膜性能产生作用的助剂　如增塑剂、消光剂、阻燃剂、防霉剂等。

每种助剂都有其独特的功能和作用，有时一种助剂又能同时发挥几种作用。各种涂料所需要的助剂种类是不一样的，某种助剂对一些涂料有效，而对另一些涂料可能无效甚至有害。因此，正确地、有选择地使用助剂才能达到最佳效果。

2.2.4 小结

综上所述，涂料的成分及其作用比较复杂，为了便于学习和记忆，将这些零散的内容通过归纳，制成表格来对涂料的组成成分进行详解，如表 2－5 所示。

表 2－5　涂料的组成成分详解

序号	涂料组成	成分	中/英	解释	举例
1	主要成膜物质	油脂	干性油 drying oil	在空气中能氧化固化的油脂	亚麻籽油、葵花籽油等
			半干性油 semi－drying oil	介于两者之间的油脂	棉籽油、大豆油（如图 2－4 所示）、芝麻油等
			不干性油 non－drying oil	在空气中不能氧化固化的油脂	橄榄油、椰子油、蓖麻油、花生油等
		树脂	天然树脂 elemi	主要来源于植物渗（泌）出物的无定形半固体或固体有机物	生漆、虫胶、松香脂漆、阿拉伯胶（如图 2－5 所示）
			合成树脂 synthetic resin	是由人工合成的一类高分子聚合物。在外力作用下可呈塑性流动状态，某些性质与天然树脂相似	酚醛树脂、醇酸树脂、环氧树脂、聚乙烯醇、过氧乙烯树脂、丙烯酸树脂等
2	次要成膜物质	着色颜料	—	主要起显色作用，可分为白、黄、红、蓝、黑五种基本色，并通过这五种基本色调配出各种颜色	如：钛白（TiO_2），锌白（ZnO），锌钡白（$ZnS-BaSO_4$），锑白（Sb_2O_3）等
		防锈颜料	—	可分为物理和化学两类。物理防锈颜料是借助其细微颗粒的填充提高涂膜致密度，从而降低涂膜可渗透性，阻止阳光和水的透入，起到防锈作用。化学防锈颜料则是借助电化学作用或是形成阻蚀性络合物以达到防锈目的	物理防锈颜料如云母氧化铁、石墨、氧化锌、铝粉等。化学防锈颜料如红丹、锌铬黄、偏硼酸钡等
		体质颜料	—	又称填料，是基本上没有遮盖力和着色力的白色或无色粉末	碱土金属盐、硅酸盐等

续表

序号	涂料组成	成分	中/英	解释	举例
3	辅助成膜物质	溶剂	真溶剂 solvent	凡能单独溶解涂料中主要成膜物质的溶剂	如丙酮、环乙酮、醋酸乙酯、醋酸丁酯等
			助溶剂 cosolvent	在涂料中不能溶解涂料中主要成膜物质，但能帮助真溶剂加速溶解主要成膜物质的溶剂	乙醇、丁醇等醇类溶剂
			稀释剂 thinner	在涂料中既不能溶解主要成膜物质又不能帮助真溶剂加速溶解主要成膜物质，仅对该涂料起稀释作用的溶剂	甲苯与二甲苯等煤焦溶剂
		助剂	催干剂 drier	催干剂又称干料、燥液、燥油。主要用于油脂与油基涂料，以促进油的氧化聚合反应，加速其涂层固化成膜	钴、锰、铅、铁、锌、钙等金属的氧化物、盐类及皂类物质等
			固化剂 curing agent	用合成树脂制造的涂料，有的涂料可在室温下固化成膜，有的涂料须经高温烘烤才能干燥成膜，有的涂料须加入固化剂才能固化成膜	胺类固化剂、过氧化物固化剂、酸类固化剂等
			增塑剂 plasticizer	增塑剂又称增韧剂、软化剂。主要用于树脂涂料中，以克服涂膜的硬脆性，增加韧性和弹性，并能提高漆膜的附着力	不干性油、苯二甲酸酯、磷酸酯等
			防潮剂 anti - blushing agent	防潮剂又称防发白剂。是由沸点较高而挥发速度较慢的酯类、醇类及酮类等有机溶剂混合而成的无色透明液体	生石灰干燥剂、硅胶干燥剂、矿物干燥剂
			乳化剂 emulsifier	能降低互不相溶的液体间的界面张力，使之形成乳浊液的物质	肥皂、阿拉伯胶、烷基苯磺酸钠等
			分散剂 dispersing agent	是一种在分子内同时具有亲油性和亲水性两种相反性质的界面活性剂	脂肪酸类、石蜡类、金属皂类、低分子蜡类等
			稳定剂 stabilizing agent	能增加溶液、胶体、固体、混合物的稳定性能的化学物都称为稳定剂	铅盐类、金属皂类、有机锡类、亚磷酸脂类及环氧类等
			润湿剂 wetting agent	通过降低其表面张力或界面张力，使水能展开在固体物料表面上或透入其表面，而把固体物料润湿	磺化油、肥皂、拉开粉 BX 等

图 2-4　大豆油（半干性油）

图 2-5　阿拉伯胶（天然树脂）

把涂料中的三种成膜物质提炼出来，涂料的配方主要就是四种成分，即：成膜物质（油脂和树脂），颜料，溶剂和助剂（如图 2－6 所示）。

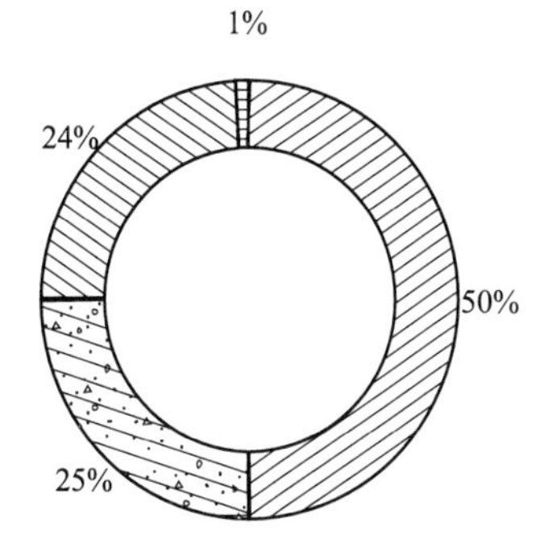

图 2－6　涂料配方

2.3　涂料的基本名称

涂料的基本名称大多是根据涂料的特性、功能及使用范围等来命名的。由于涂料的基本名称在涂料生产、经营、使用及技术交流中都会用到，所以国家标准 GB 2705—1992 已将常用的每一种基本名称都予以编号分类。详见表 2－6。

表 2－6　　涂料基本名称及代号表

代号	基本名称	代号	基本名称	代号	基本名称
00	清油	30	（浸渍）绝缘漆	65	卷材涂料
01	清漆	31	（覆盖）绝缘漆	66	光固化涂料
02	厚漆	32	抗弧（磁）漆、互感器漆	67	隔热涂料
03	调和漆	33	（黏合）绝缘漆	71	工程机械用漆
04	磁漆	34	漆包线漆	72	农机用漆
05	粉末涂料	35	硅钢片漆	73	发电、输配电设备用漆
06	底漆	36	电容器漆	77	内端涂料
07	腻子	37	电阻漆、电位器漆	78	外端涂料
08	水溶漆、乳胶漆	38	半导体漆	79	屋面防水涂料
09	大漆	40	防污漆	80	地板漆
11	电泳漆	41	水线漆	82	锅炉漆
12	乳胶漆	42	甲板漆、甲板防滑漆	83	烟囱漆
13	水溶（性）漆	43	船壳漆	86	标志漆、路标漆、马路划线漆
14	透明漆	44	船底漆	87	汽车漆（车身）
15	斑纹漆、裂纹漆、橘纹漆	45	饮水舱漆	88	汽车漆（底盘）
16	锤纹漆	46	油舱漆	89	其他汽车漆
17	皱纹漆	47	车间（预涂）底漆	90	汽车修补漆
18	金属（效应）漆、闪光漆	50	耐酸漆	93	集装箱漆
20	铅笔漆	51	耐碱漆	94	铁路车辆用漆
22	木器漆	52	防腐漆	95	桥梁漆、输电塔漆及其他（大型露天）钢结构漆
23	罐头漆	60	耐火漆		
24	家电用漆	61	耐热漆	96	航空、航天用漆
26	自行车漆	62	示温漆	98	胶液
27	玩具漆	63	涂布漆	99	其他
28	塑料用漆	64	可剥漆	—	—

注：表 2－6 是按照国家标准 GB 2705—1992 的涂料基本名称及代号来编写的。

涂料的基本名称采用00～99两位数字表示。

00～09代表基础名称，例如：01代表清漆，04代表磁漆；

10～19代表美术漆，例如：15代表斑纹漆、裂纹漆、橘纹漆；

20～29代表轻工用漆，例如：24代表家电用漆，27代表玩具漆；

30～39代表绝缘漆，例如：34代表漆包线漆，38代表半导体漆；

40～49代表船舶漆，例如：42代表甲板漆，44代表船底漆；

50～59代表防腐蚀漆，例如：50代表耐酸漆，52代表防腐漆；

60～99代表其他漆类，例如：86代表标志漆、路标漆、马路划线漆。

（1）清油　不含颜料呈透明状的可直接作为涂料用的油的统称。熟桐油、亚麻油、苏子油等。

（2）清漆　不含颜料呈透明状的所有液体涂料的统称。酚醛清漆、醇酸清漆、硝基清漆等。

（3）色漆　含有颜料呈不透明浑浊液涂料的统称。如脂胶色漆、丙烯酸色漆、硝基色漆等。

（4）调和漆　主要成膜物质仅为油料的色漆。即在清油中加入各种颜料制成的呈不透明状态的涂料。耐水性强，装饰性差，属低档漆。

（5）挥发性涂料　涂层固化成涂膜仅依靠溶剂挥发而无化学反应的涂料。其涂膜具有可逆性，即固体涂膜仍能被它的溶剂溶解，故涂膜损坏后，能较好地修复而不留痕迹。如虫胶涂料、硝基涂料等属于此类涂料。

（6）纯化学涂料　涂层固化成涂膜仅会发生化学反应的涂料。不饱和聚酯涂料与热固性粉末涂料的涂层固化成膜时，只有化学反应而无溶剂挥发，故被称为无溶剂型涂料。

（7）既有溶剂挥发又有化学反应　如酚醛树脂、聚氨酯涂料。

（8）粉末涂料　以树脂粉末作为主要成膜物质的涂料。没有溶剂，常跟各种颜料混合成色漆。其涂层靠加热熔融固化成坚硬的涂膜，现广泛用于金属制品的涂饰。

（9）水性涂料　采用水作为溶剂和稀释剂的涂料。这种涂料不仅经济，且无毒。

2.4　涂料的分类

在过去，涂料主要有以下几种分类方法：一是按是否透明分，可分为色漆和清漆两大类；二是按用途分，可分为家具涂料、建筑涂料、船舶涂料、汽车涂料等；三是按施工方法分，可分为喷漆、烘漆、电泳漆等；四是按在施工中的作用分，可分为底漆、面漆、防锈漆、耐温漆等；五是按涂膜外观分，可分为大红漆、灰色漆、亮光漆、消光漆、皱纹漆、锤纹漆等。

涂料有很多分类方法，如可以以成膜物质分类、以功能分类、以应用对象分类、以干燥形式分类、以颜色分类、以透明度分类、以光泽分类等。如：

（1）以功能分类　可以分为封闭底漆，腻子，透明底漆，中涂，面漆，着色剂，稀释剂，固化剂等。

（2）以应用对象分类　可以分为家具漆，汽车漆，自行车漆，地板漆，船用漆，塑料漆等。

（3）以干燥形式分类　可以分为自干漆（单组、双组），烤漆，UV漆等。

（4）以颜色分类　可以分为白漆，黑漆，红漆等。

（5）以透明度分类　可以分为实色漆，半透明漆，清漆等。

（6）以光泽分类　可以分为亚光漆，半亚光漆，亮光漆，高光漆等。

（7）以包装形式分类　可以分为单组分涂料，双组分涂料（K、K），多组分涂料等。

（8）以施工中的作用分类　可以分为底漆、面漆、防锈漆、耐温漆等。

（9）以涂膜外观分类　可以分为大红漆、灰色漆、亮光漆、消光漆、裂纹漆等。

以上的分类方法，人们早已经习惯，但不科学，也不确切，给使用、销售和生产都带来混乱。为此，在2003年正式颁布了国家标准GB/T 2705—2003《涂料产品分类和命名》，统一了涂料的分类与命名方法。该标准分类的基本原则是以涂料中的主要成膜物质为基础，若涂料中含有多种成膜物质，则按在涂料中起决定作用的一种为基础。结合我国涂料生产的实际情况，将主要成膜物质分为17大类，也就是将涂料分为17大类。如表2－7所示。

表2－7　以成膜物质分涂料的种类

序号	代号	涂料类别	序号	代号	涂料类别	序号	代号	涂料类别
1	Y	油性树脂	7	Q	硝基纤维素	13	H	环氧树脂
2	T	天然树脂	8	M	纤维素	14	S	聚氨酯
3	F	酚醛树脂	9	D	过氯乙烯树脂	15	W	元素有机聚合物
4	L	沥青	10	X	乙烯基树脂	16	J	橡胶
5	C	醇酸树脂	11	B	丙烯酸树脂	17	W	其他
6	A	氨基树脂	12	Z	聚酯树脂	18	—	辅助材料

2.5　涂料的命名

根据GB/T 2705—2003《涂料产品分类和命名》中对命名的规定如下：

涂料的命名原则一般是由颜色或颜色名称加上成膜物质名称，再加基本名称（特性或专业用途）组成。对于不含颜料的清漆，其全名一般是由成膜物质名称加上基本名称组成。

颜色名称通常由红、黄、蓝、白、黑、绿、紫、棕、灰等，有时再加深、中、浅（淡）等词构成。若颜料对漆膜性能起显著作用，则可用颜料的名称代替颜色的名称，如铁红、锌黄、红丹等。

成膜物质名称可做适当简化，例如聚氨基酸酯简化成聚氨酯；环氧树脂简化成环氧；硝酸纤维素（酯）简化为硝基等。漆基中含有多种成膜物质时，选取起主要作用的一种成膜物质名称在后，例如环氧煤沥青防锈底漆。

基本名称表示涂料的基本品种、特性和专业用途，例如清漆、磁漆、底漆、锤纹漆、罐头漆、甲板漆、汽车修补漆等。在标准中仅作为一种资料性材料供参阅。

在成膜物质名称和基本名称之间，必要时可插入适当词语来标明专业用途的特性等，例如白硝基球台漆、铁红环氧聚酯酚醛烘干绝缘漆。如名称中无“烘干”词，则表面该漆是自然干燥，或自然干燥、烘干均可。

凡双（多）组分的涂料，在名称后应增加“（双组分）”或“（三组分）”等字样，例如聚氨酯木器漆（双组分）。

注：除稀释剂外，混合后产生化学反应或不产生化学反应的独立包装的产品，都可认为是涂料组分之一。

2.6 涂料的型号

为了区别同一类型的各种涂料，须在涂料名称的前面再标注涂料的型号。涂料型号由三部分组成，第一部分是成膜物质，用汉语拼音字母表示；第二部分是基本名称，用两位数字表示；第三部分是序号，以表示同类品种间的组成、配比或用途的不同。这样组成的一个型号就只表示一个涂料品种而不会重复。

也就是说，涂料型号只表示某一具体的涂料品种，而涂料名称是一种类型的涂料总称。因此，购买涂料时，一定要记清楚涂料的型号，才能保证购回的涂料才是你需要的那种。

2.7 辅助材料

辅助材料的型号分两个部分，第一部分是辅助材料种类，第二部分是代号。其名称代号如表 2 –8 所示。

表 2 –8　　辅助材料的名称代号

材料名称	代号
稀释剂	X
防潮剂	F
催干剂	G
脱漆剂	T
固化剂	H

思考题：

（1）涂料是如何组成的？用框图表示，并分别说明各个组成部分的成分和作用。

（2）颜料与染料有什么区别？它们各自的组成是什么？使用的对象有什么不同？如何鉴别颜料与染料？

（3）腻子在家具涂装中有什么作用？主要有哪些种类？各自有什么特点？根据产品，如何选择合适的腻子？

（4）涂料中溶剂的作用是什么？溶剂与涂料的污染有什么关系？目前主要使用的溶剂主要有哪些成分？

（5）涂料的命名是通过什么原则进行的？了解命名原则，对熟悉涂料有什么好处？

第3章　常用木质家具涂料

学习目标： 掌握家具企业常用的7种涂料的中英文名称，基本定义，化学组成，各自的优缺点；了解这7种涂料在实际应用中的情况，并了解其中的原因；了解大漆的基本知识，学习天然漆与合成漆的异同点；了解世界涂料工业的发展趋势和各种涂料所占据的地位，以及原因；通过其他渠道学习更多的涂料种类，了解最前沿的涂料动态。

知识要点： 7种涂料的概念、中英文名称、化学组成、各种属性以及优缺点；几种常用涂料的发展现状和变化。

学习难点： 涂料的7大主要种类名称、化学组成、分子式和各种涂料的优缺点是本章的难点。

目前，家具制造企业常用的涂料品种有：硝基涂料（NC），酸固化涂料（AC），不饱和聚酯涂料（PE），聚氨酯涂料（PU），紫外光固化涂料（UV），水性涂料（W）和大漆（Chinese lacquer or Raw lacquer）。各种涂料的使用情况在全球、北美以及中国大陆占的比例如表3-1所示。

表3-1　目前全球、欧洲、中国大陆以及北美使用涂料的情况

范围	PU	PE	NC	AC	UV	W	TOTAL
全球/%	41	7	31	12	3	6	100
欧洲/%	39	8	27	11	4	11	100
中国大陆/%	70～75	2	15～18	—	3～5	<5	100
北美/%	—	—	△	△	△	—	>80

△：表示主要集中的涂料类型，不表示数值。

下面针对以上涂料品种，对产品特性与工艺情况进行一个简单的介绍。

3.1　硝基涂料（NC，Nitrocellulose Coatings）

3.1.1　硝基涂料的概述

硝基涂料是以硝化棉为主要成膜物质的一类涂料，通常称之喷漆。硝基涂料虽然品种很多，但从性能和用途上讲，可分为外用硝基涂料和内用硝基涂料两大类。由于涂料中硝化棉的比例不同，改性树脂不同，以及增塑剂的品种不同，所以性能、用途也不同。其优点是涂膜干燥快，坚硬、耐磨，有良好的耐化学品性能，耐水耐弱酸和耐汽油、酒精的侵蚀且柔韧性好。调配合适的增塑剂可制成柔韧性很好的软性硝基涂料，如硝基皮革漆。

硝酸纤维素是由纤维素加硝酸而制成的产物，俗称硝化棉。纤维素是木材、麻类、农作物茎秆及棉花的主要成分。

制造涂料用的硝化棉其含氮量约为12%，过高则溶解性差，过低则涂膜机械强度低，不适合做涂料。硝化棉的黏度常用落球法测试，即钢球在硝化棉溶液中下落254mm时的时间

（s）。涂料用硝化棉的黏度为0.5s，其黏度过高，需消耗较多的溶剂，不经济；黏度过低，涂膜的弹性、耐光及耐寒性差。硝基涂料的主要特点如表3－2所示。

表3－2　　硝基涂料的主要特点

涂料种类	硝化纤维素涂料，NC Nitrocellulose－Los Lacquer，NC
涂料构成	主要原料以硝化纤维素为主体，配合树脂、添加剂、溶剂调制而成，单液型，靠溶剂挥发干燥形成涂膜
涂料优点	干燥快速，作业效率高，单液型，没有可使用时间限制，修补不良方便，涂膜具有较好的柔软性，比较而言价格较便宜
涂料缺点	涂膜干燥后会再次被溶剂溶解，不具耐溶剂性，一次无法得到较厚膜的涂装，湿度高时易发生白化，涂膜不耐高温。硬度、光泽持久性、耐磨损性、填充性等较差

3.1.2　硝基涂料的优点

（1）干燥迅速　一般的油漆干燥时间需经过24h，而硝基涂料只要十几分钟就可干燥。这样就大大节省施工时间，提高工作效率。

（2）施工简单　硝基涂料是单组分产品，调配时只需加入适量的天那水即可进行喷涂。

（3）光泽稳定　受环境的影响较小。

3.1.3　硝基涂料的缺点

（1）丰满度不够　因硝基涂料的固含量较低，难以形成厚实的漆膜。

（2）硬度不够　硝基涂料的硬度一般在BH。

（3）漆膜表面不耐溶剂。

3.1.4　硝基涂料常见的工艺

（1）硝基涂料底、硝基涂料面　在仿古家具（美式涂装）中，应用最广，表现效果大部分为开放效果。

（2）聚氨酯涂料底、硝基涂料面　这样比较容易解决硝基涂料填充力差和丰满度、硬度不够的问题。

施工方法：

配比：漆＋天那水＝1∶（1～3）。

工艺：浸涂、喷涂（包括静电喷涂、手工喷涂、电脑自动喷涂）和辊涂。

3.1.5　硝基涂料的未来发展

（1）硝基涂料的耐黄变性相对来讲差一些，但目前已有能耐两年不变黄的硝基实色漆。

（2）硝基涂料的硬度问题　一些制漆企业正在专项研究，达到2H以上的硝基涂料面世指日可待。

（3）天那水（Thinner）　就是一种稀释剂，主要成分是二甲苯，挥发性极强，易燃易爆有毒，是危险品，因为有较浓的香蕉气味，所以又称香蕉水。

天那水主要是将乙酸乙酯、乙酸丁酯、苯、甲苯、丙酮、乙醇、丁醇按一定重量百分组成配制成的混合溶剂。纯天那水是无色透明易挥发的液体，有较浓的香蕉气味，微溶于水，能溶于各种有机溶剂，易燃，主要用作喷漆的溶剂和稀释剂。

3.2 酸固化涂料（AC，Acid Curing Varnish）

3.2.1 酸固化涂料的概述

酸固化涂料是利用酸性催化剂来加速氨基树脂和醇酸树脂的交联固化，涂料可不经烘烤，在室温下固化成膜。常用脲醛树脂和蓖麻油醇酸树脂，配以磷酸、硫酸、盐酸、对甲苯磺酸等酸性催化剂制成双组分分装酸固化氨基清漆，漆膜坚硬、光亮、耐磨性好，可制成木器清漆，用于木材表面。

3.2.2 酸固化涂料的优缺点

优点：① 漆膜坚硬耐磨；② 漆膜的耐热、耐水、耐寒性都很高；③ 透明度好；④ 耐黄变性好。

缺点：遇碱性物质会发生不良反应，配套性要求高，市场接受程度小。因漆中含有游离甲醛，对施工者身体伤害较为严重，绝大部分企业已不再使用此类产品。

3.3 聚氨酯涂料（PU，Polyurethane Paint）

3.3.1 聚氨酯涂料的概述

聚氨酯是聚氨基甲酸酯的简称，其成分中除含有相当数量的氨酯键外，尚可含有酯键、醚键、脲键、脲基甲酸酯键、三聚异氰酸酯键或油脂的不饱和双键等，只是在习惯上统称为聚氨酯，是一种性能优良、应用广泛的涂料。其涂膜外观好、硬度高、耐磨蚀、施工温度范围广及干燥耗能低等，现已获得广泛的应用，是国内外工业涂装及民用涂饰的主要涂料。

聚氨酯树脂并非由氨基甲酸酯单体聚合而成，通常是由多异氰酸酯（主要是二异氰酸酯）与多元醇结合而成。

现在涂料工业中多采用拜耳等在 1937 年所研究的异氰酸酯跟醇加成反应来制造聚氨酯树脂，因此，往往又称为多异氰酸酯树脂。

我国的聚氨酯涂料发展可喜，年增长率是所有涂料用树脂中增长最快的品种之一，已成为仅次于醇酸树脂涂料和酚醛树脂涂料的第三大涂料品种，而且有超越二者的势头。我国聚氨酯涂料从用途上看，木质家具及地板（地坪）涂料要占 80% 以上，其他用途也正在扩展，汽车修补漆及航空涂料等户外性能要求高的涂料也基本上均使用芳香族聚氨酯涂料。聚氨酯涂料中溶剂型品种要占 90% 以上，而大部分水性品种和粉末涂料类还处于研究开发阶段。

生产聚氨酯涂料的主要原材料异氰酸酯属于有毒化学品，其化学性质非常活泼，极易与其他含活泼氢原子的化合物反应。异氰酸酯对人体的最大危害是它能与人体的蛋白质反应，使蛋白质变性，它的蒸气有强烈的催泪作用，吸入后刺激呼吸系统，引起干咳、喉痛。长期吸入微量二异氰酸酯将引起头痛、支气管炎和哮喘，严重的会导致死亡。同时，聚氨酯涂料固化剂中用到的甲苯、二甲苯等有机溶剂对人体的毒害很大，它会破坏人体造血系统的功能，其他溶剂也有不同程度的毒性，危害人类的健康。

国家已对室内装潢用涂料的 VOC 以及三苯类、聚氨酯涂料的游离单体含量实施强制性卫生质量标准，消费者也正在正视这一问题，所以生产企业面临着严重的挑战。就目前看来，聚氨酯涂料的生产已到热点高峰，产量是否停滞不前抑或下降，这取决于今后聚氨酯涂料的新品种开发。

3.3.2 聚氨酯涂料的优点

（1）硬度高，耐磨、耐热、耐水性好，固含量高（50% ~70%），丰满度好。

（2）施工效率高，产品稳定性较高，涂装成本低，应用范围广，在全国家具界使用此类涂料约占 70% 左右。

（3）可以与其他油漆品种配合，做出不同的表现效果，是一款综合性能优秀的漆种。

3.3.3 聚氨酯涂料的缺点

这些传统的溶剂型木器涂料在生产过程中不可避免地使用大量挥发性有机溶剂，而在涂料成膜过程中有机溶剂及有毒性低分子化合物等物质不可避免地释放到大气中，不仅造成对人体的毒害、污染生态环境、增加涂装场所火灾及爆炸危险性，而且也造成能源和资源的浪费。其主要的有害物质就是固化剂中含有的游离 TDI。

TDI 在装修中主要存在于油漆之中，超出标准的游离 TDI 会对人体造成伤害，主要是致敏和刺激作用，出现眼睛疼痛、流泪、结膜充血、咳嗽、胸闷、气急、哮喘、红色丘疹、斑丘疹、接触性过敏等症状。国际上对游离 TDI 的限制标准是 0.5% 以下。

TDI（甲苯二异氰酸酯，Methyl Phenylene Diisicyanate）是常用的多异氰酸酯的一种，而多异氰酸酯是聚氨酯（PU）材料和重要基础原料。聚氨酯工业常用的 TDI 是 2，4 – TDI 和 2，6 – TDI 两种异构体的混合物，包括 3 种常用的牌号：TDI – 80/20，TDI – 100 和 TDI – 65/35。前面的数字表示组成中 2，4 – TDI 的含量。比如 TDI – 80/20 中的 80 表示其组成为 80% 的 2，4 – TDI 和 20% 的 2，6 – TDI；TDI – 100 中的 100 表示基本上都是 2，4 – TDI（约 98%），2，6 – TDI 的异构体很少。主要用于生产软质聚氨酯泡沫及聚氨酯弹性体、涂料、胶黏剂等。

3.3.4 应用范围

家具涂装、室内家居装修、建筑外墙涂装，另可用于水泥、塑料、金属、皮革、玻璃等表面。

3.3.5 基本配比

表 3 – 3 所示为聚氨酯涂料的基本配比。

表 3 – 3　　聚氨酯涂料的主要配比

漆的种类	漆	固化剂	稀释剂
封闭底漆	1	0.2	0.5 ~ 1
底漆	1	0.5	0.5 ~ 1
亮光面漆	1	1	0.5 ~ 1
亚光面漆	1	0.5	0.5 ~ 1

3.3.6 硝基涂料与聚氨酯涂料的比较

硝基涂料与聚氨酯涂料的优缺点比较如表3－4所示。

表3－4　　硝基涂料与聚氨酯涂料的优缺点比较

种类	优点	缺点
硝基涂料	① 干燥快速； ② 作业效率高，单液型调漆简便，无使用时间限制； ③ 遇不良修补方便； ④ 涂膜有较好柔软性	① 涂膜干燥后会再次溶解； ② 不具耐溶剂性，可清洗； ③ 一次无法得到高厚膜的涂装，且涂膜容易消陷； ④ 湿度高时易发生白化； ⑤ 不耐高温，易燃烧，耐药品性、硬度、光泽持久性较差
聚氨酯涂料	① 对各种素材表面有优良的附着性，涂膜强韧、硬度高，具有高度的耐磨性及耐撞击性； ② 涂膜硬化不会再次溶解，耐药品污染性高，涂膜受热不软化，鲜度持续性优良； ③ 透明性、厚涂及光泽度非常好； ④ 涂膜具有很好的柔软性； ⑤ 除调漆有两液型稍不便外，喷涂作业性好	① 两液型涂料含有主剂、硬化剂，调漆较不便，需按指定比例调，并有使用时间限制； ② 重涂涂膜硬化干燥时，涂层间需砂光，才不会附着力不好； ③ 涂料易发生针孔起泡，尤其高温涂装时需注意； ④ 有毒性，注意良好排气

3.4 不饱和聚酯涂料（PE，Unsaturated polyester resin）

3.4.1 不饱和聚酯涂料的概述

聚酯树脂是由多元醇与多元酸经缩聚反应而制得的一类树脂。早在1847年已用丙三醇与酒石酸相互作用制得聚酯树脂。

不饱和树脂的研究仅开始于1937年。若改变所用多贞与多元酸的品种及其相对用量，便可制得一系列不同类型的聚酯树脂：线型树脂（二元醇与不饱和二元酸制得）、交联型聚酯（用三元醇与二元酸制得）、不饱和聚酯（用二元醇与全部或部分不饱和二元酸制得）。其中以不饱和聚酯的理化性能为优。

不饱和聚酯树脂属线型分子结构，并含有不饱和双键（如—CH—CH—CH_2—CH—CH_2—等）。若溶解于某一单体（苯乙烯、丙烯酸酯、醋酸乙烯等），在引发剂（一般是过氧化物）与促进剂（一般是环烷酸钴）的作用下，在常温中能化成不溶、不熔的物质。

不饱和聚酯树脂不仅能制成固体含量高达95%以上的液体涂料，而且还能跟玻璃纤维等材料制成机械强度较高的聚酯玻璃钢材料。

不饱和聚酯树脂跟光敏物质聚合便能制成光敏树脂。用这种光敏树脂制得的液涂料称为光敏涂料，其涂层在强紫外线照射下，可在几十秒钟内固化成坚硬的涂层。

不饱和聚酯树脂还可制成由电子束固化的涂料，其涂层在电子束的作用下，仅几秒钟内即固化成膜。此种涂料现在主要用于人造板的二次加工，在家具工业中也已应用，还有待进一步推广。

3.4.2 不饱和聚酯涂料的优点

（1）具有很好的硬度，可达到3H以上。

（2）面漆能做出很高的光泽度。

（3）耐磨、耐酸碱、耐热性好。

（4）丰满度很高。

3.4.3 不饱和聚酯涂料的缺点

（1）操作性较为复杂　需加入引发剂与促进剂才能起到固化作用，引发剂、促进剂的加入量要依据气温、湿度的变化而变化。再则，引发剂与促进剂不能同时调入油漆中，否则易引起火灾与爆炸，调配油漆时有严格的要求。

（2）调好的油漆活性期很短　调好的油漆必须在25min之内用完。

（3）不饱和聚酯涂料面漆目前只有亮光产品，没有亚光产品。

3.4.4 不饱和聚酯涂料常见的工艺

（1）不饱和聚酯涂料底、不饱和聚酯涂料面　有很高的硬度，常用在乐器、工艺品、橱柜、音箱上；有高的丰满度，抗下陷性能好，常用在办公家具台面及高档套房家具上（如新古典家具系列）。

（2）常见的施工方法为手工喷涂。

3.4.5 不饱和聚酯涂料的未来发展

（1）目前不饱和聚酯涂料自动喷涂设备已在部分家具厂推广应用。

（2）不饱和聚酯涂料漆的淋涂，因活化期的问题，一直困扰着家具企业。但目前从施工工艺上，已能解决这个问题，即：让调好引发剂的混合液与促进剂的混合液在面板上进行反应，以达到流平与固化。

3.5 紫外光固化涂料（UV，Uv－Cured）

3.5.1 紫外光固化涂料的概述

紫外光固化木器涂料是光固化涂料产品中产量较大的一类。20世纪60年代初，德国Bayer公司研究成功的第一代光固化涂料即为木器涂料。紫外光固化木器涂料的特点在于优良的涂料性能、快速固化、产品在应用设备上的稳定性、低加工成本、有机挥发物的低或零排放。

紫外光固化涂料在木制品上的应用包括三个方面：即浸涂（塑木合金）、填充（密封和腻子）和罩光。按使用场合与质量要求，紫外光固化木器涂料可分为拼木地板涂料和装饰板材涂料，还可分为清漆与色漆。涂装方式绝大多数以辊涂为主，也有部分喷涂、淋涂、刮涂。

紫外光固化技术是指通过一定波长的紫外光照射，使液态的树脂高速聚合而成固态的一种光加工工艺。光固化反应本质上是光引发的聚合、交联反应。

光固化涂料是光固化技术在工业上大规模成功应用的最早范例，也是目前光固化产业领域产销量最大的产品，规模远大于光固化油墨和光固化胶黏剂。

早期的光固化涂料主要应用于木器涂装，随着技术的不断发展和市场的开拓，光固化涂料所适用的基材已由单一的木材扩展至纸张、各类塑料、金属、水泥制品、织物、皮革、石材（防护胶）等，外观也由最初的高光型发展为亚光型、磨砂型（仿金属蚀刻）、金属闪光型、珠光型、烫金型、纹理型等。适宜涂装方式包括淋涂、辊涂、喷涂、浸涂等。

3.5.2 紫外光固化涂料的优缺点

3.5.2.1 优点

① 为目前最为环保的油漆品种之一；② 固含量极高；③ 硬度好，透明度高；④ 耐黄变性优良；⑤ 活化期长；⑥ 效率高，是常规涂装效率的数十倍，涂装成本低（正常是常规涂装成本的一半）。

3.5.2.2 缺点

① 要求设备投入大；② 要有足够量的货源，才能满足其生产所需；连续化的生产才能体现其效率及成本的控制；③ 辊涂面漆表现出来的效果略差于 PU 面漆产品；④ 辊涂产品要求被涂件为平面。

3.5.3 紫外光固化涂料常见的工艺

① 紫外光固化涂料底，紫外光固化涂料面；② 紫外光固化涂料底，聚氨酯涂料面（应用最广泛）；③ 辊涂紫外光固化涂料底，喷聚氨酯涂料面（实色、透明漆皆可）；④ 辊涂紫外光固化涂料底，辊涂紫外光固化涂料面（实色、透明漆皆可）；⑤ 辊涂紫外光固化涂料底，淋涂紫外光固化涂料面（实色、透明漆皆可）；⑥喷涂紫外光固化涂料底，喷涂紫外光固化涂料面（实色、透明漆皆可）。

3.5.4 紫外光固化涂料的未来发展

（1）通过油漆新品种研发与新设备的应用，进一步提高辊涂面漆的表现效果，以求达到聚氨酯涂料面漆的表面效果。

（2）解决辊涂紫外光固化涂料产品难以做到亮光效果的技术与工艺。

（3）实色紫外光固化涂料的辊涂与淋涂已在部分先进的工厂应用，但仍需加以完善。

3.5.5 紫外光固化涂料最新技术和应用案例介绍——解读浙江圣奥集团的【U+涂饰家具技术】

浙江圣奥集团，经过近 3 年的科技攻关，终于攻破了一个涂装技术的难关，那就是紫外光固化从辊涂到喷涂、从平面到立体的涂装技术的转变，大大提高了家具企业零部件涂装的效率，突破了对异型件和三维零部件涂装的制约性，而且通过对紫外光固化涂料的改性，大大提高了漆膜的各种物理力学性能。

下面，作为该项目的参与者，笔者对这项技术发明做一些具体的解释。通过解读来了解和领会这项技术对于消费者、对于行业和对于保护地球的重要价值和重要意义。

3.5.5.1 关于紫外光固化涂料的简介

众所周知，传统涂料一般是由油脂、树脂、颜料、溶剂和助剂等组成的。在溶剂和助剂中，常含有挥发性有机化合物——Volatile Organic Compound，简称 VOC，它们大部分有毒，而溶剂型涂料的溶剂含量一般超过涂料总质量的 40%，使用时还要加入部分助溶剂调整黏度，涂料施工时有机溶剂绝大部分不参与反应而释放到空气中。

而紫外光固化涂料是以采用辐射固化技术为特征的环保节能型涂料；与传统涂料固

化技术相比，辐射固化具有节能无污染、高效、适用于热敏基材、性能优异、采用设备小等优点。辐射固化技术是一种快速发展的“绿色”新技术。紫外光固化技术就是指通过一定波长的紫外光照射，使液态的树脂高速聚合而成固态的一种光加工工艺。光固化反应本质上是光引发的聚合、交联反应。光固化涂料是光固化技术在工业上大规模成功应用的最早范例，也是目前光固化产业领域产销量最大的产品，规模远大于光固化油墨和光固化胶黏剂。

紫外光固化涂料在木制品上的应用包括三个方面：即浸涂（塑木合金）、填充（密封和腻子）和罩光。按使用场合与质量要求，紫外光木器涂料可分为拼木地板涂料和装饰板材涂料，还可分为清漆与色漆。随着技术的不断发展和市场的开拓，光固化涂料所适用于的基材已由单一的木材扩展至纸张、各类塑料、金属、水泥制品、织物、皮革、石材（防护胶）等，外观也由最初的高光型，发展为亚光型、磨砂型（仿金属蚀刻）、金属闪光型、珠光型、烫金型和纹理型等。涂装方式绝大多数以辊涂为主，也有部分喷涂、淋涂、刮涂。

3.5.5.2 【U+涂饰家具技术】研发的动因

【U+涂饰家具技术】，就是圣奥集团研发的 UV 家具涂饰新技术的别称，之所以叫【U+涂饰家具技术】，因为 U 可以代表 UV 漆，也是英文 Unique（独一无二的）这个词的第一个字母，同时也是中文“优”的发音，因而代表这种涂饰新技术的“优质，优越，优雅”性能。“+”是中文“加”的读音，代表这种家具新技术具有对漆膜质量“加强，加快，加固”的性能。因此，【U+涂饰家具技术】具有多重的、又可以识别的功能。

随着经济发展和生活水平不断提高，人们对居室的装潢或家具的制作越来越强调装饰效果和环保，并将之作为重要的衡量标准。目前市场上常用的聚氨酯漆（PU 漆）、不饱和聚酯漆（PE 漆）及硝基漆（NC 漆），在使用或施工过程中将会有近一半的溶剂，如甲苯、二甲苯、酮、酯、苯乙烯等，以及游离单体，如游离甲苯二异氰酸酯 TDI 等挥发到空气中，从而会污染环境、危害人体健康。这并不是说这些油漆的质量就不好，而是说它们对于环境和人的影响比较大。

圣奥制造部门已经有两条 UV 涂装线，但是只能采用辊涂的方法进行 UV 漆的涂饰，只能适用于平面的板件，对于三维的零部件或者板的几个边部就无法涂饰了，以致企业只能在 UV 线上涂装完平面后，再卸下来，运至手工喷涂的油漆房再涂饰边部，不仅工序复杂，工期加长，而且由于涂装方式不同往往会导致明显的色差和两种涂饰方法的界线，给质量管理带来难度。即使是辊涂的面板，往往也会在表面的漆面上留下辊涂的痕迹，影响了涂装效果，而且漆膜的硬度、光洁度和饱满度还不能达到更高的要求。

这个问题一直困扰着圣奥很多年。为了攻克这个难关，提升企业产品的品质，体现“环保健康为本，品质精良为先”的圣奥理念，真正实现圣奥“让工作成为一种享受”的目标，在南京林业大学教授、中国工程院院士张齐生先生的帮助下，圣奥专门成立了攻关小组，历经 3 年，在经历了无数次的失败之后，在国内很多涂料研究所、涂料企业和设备研究所及其涂料制造企业的联合攻关下，终于于 2008 年 9 月基本解决了漆膜的问题、二维的问题、涂饰工序复杂的问题，研发出由特种设备和特殊紫外光固化涂料为支撑的新型紫外光固化涂饰工艺，并且在当月已开始调试生产。该项技术也已经申请国家技术发明专利。

经过近半年的试用，目前圣奥几乎所有的台面板，不论是什么形状的，不论是三维还是二维的，都能在这条新上马的 UV 线上生产了，再也不用一次次搬下来，进行手工和机器的转换了，而且漆膜饱满，硬度、耐腐蚀性和光洁度都大大提高，远远要高于以前 PU 面漆的品质，极大地提高了产品的档次和质量，提高了产品的竞争性。另外，非常重要的是，由于紫外光固化涂料的固含量达到95%以上，在涂装过程中，几乎没有溶剂的挥发和释放，也无须工人手工操作，极大地保护了工人的身心健康，同时也保护了环境的洁净，实现了“清洁生产”，而且，经喷涂后流下来的紫外光固化涂料，只要未见强光，就可以再次回收使用，实现了“循环经济”的目标，为企业大大节约了成本。

3.5.5.3 研发【U＋涂饰家具技术】遇到的问题

圣奥集团在研发紫外光固化新技术的过程中遇到了很多问题，其中最关键的就是两个问题：① 特种UV漆的开发：UV以前都是辊涂，使用的UV漆比较稠，而且最后的UV面漆与PU修色面漆不能相互配合，当采用喷涂方式后，经常会出现咬底现象和橘皮等缺陷。② 漆膜烘干设备问题：这个问题也花费了研发小组很大的精力。第一代的干燥设备，由于没有很好地解决灯管高度的调节问题、传动装置润滑难的问题、降温不及时UV灯管损坏的问题，使得油漆质量很不稳定，而且紫外光发射灯老是损坏，造成生产经常停顿，设备成本上升。

为此，研发小组进行了艰苦不懈地攻关。他们从这两个瓶颈入手，一方面改性UV修色面漆，研发出一种既可以在自然条件下完成漆膜干燥，又可以经过紫外光照射后瞬间干燥固化的UV修色面漆，使得咬底和橘皮缺陷得到了根本解决，漆膜的质量达到很稳定地状态。另一方面，改造设备，加大了设备尺寸，使得宽度在160cm，厚度在20cm以内的零部件都可以生产，而且UV灯管能进行任意高度值的调节，满足了不同厚度和宽度的零部件的照射，同时增加了设备降温装置等，延长了设备的寿命。现在使用的设备是第二代产品，已经能够正常生产使用了，而且近期又更换了另外一种品牌的紫外光发射灯管，使灯的寿命能达到600h左右。

3.5.5.4 【U＋涂饰家具技术】对家具行业的重大意义

虽然这项【U＋涂饰家具技术】是圣奥办公企业研发并率先用在办公家具上面的，但它对整个家具行业都有着深远的引领作用，其意义主要体现在以下几点：

① 它攻克了制约世界木器涂饰领域的技术难关，成功实现了UV漆从辊涂、淋涂到喷涂的转变；② 完成了从二维到三维零部件涂饰的关键升级；③ 实现了异型零部件的大规模生产；④ 消除了涂装对环境的污染和对劳动者健康的影响；⑤ 提高了生产效率；⑥ 优化了产品质量，提高了产品的附加值。

3.5.5.5 【U＋涂饰家具技术】的五大性能诠释

圣奥集团研制的【U＋涂饰家具技术】，显著的功能主要体现在环保性和对消费者的人性化关怀上，深刻体现出“让办公成为一种享受”的企业理念。

（1）环保性能　【U＋涂饰家具技术】的UV面漆为单组分漆，使用过程中不需配固化剂，使用方便，而且没用完的油漆只要不暴露在强光下，可持续使用，没有可使用时间的制约。这种涂料固含量达到95%以上，不含苯和二甲苯等易挥发性物质，通过特制设备进行固化，形成致密固化膜，能够大大降低基材有害气体的排放量，同时可溶性重金属含量为零；涂料转化率高，一次可得高厚涂膜，基本是一种无污染的工艺，施工条件好，且在紫外光的照射下瞬间固化，不需等待油漆自然干燥，大大提高了生产效率，并对操作人员基本无危害，实现了清洁生产。

（2）润泽剔透的性能　在同行业中，传统的涂饰UV技术只能使用于平面辊涂，而【U＋涂饰家具技术】将UV喷涂工艺提升到360°的喷涂水平，使涂饰浑然一体，木质纹理清晰生动，漆膜更加润泽剔透，如丝绸般平滑细腻。

（3）耐刮擦性能　【U＋涂饰家具技术】使用特殊方式进行固化，漆膜固化后附着力强，漆膜硬度达到3H以上，拥有超强耐磨能力，全面抵御办公环境中各种器物的磨损。笔记本、鼠标、电话、水杯等，可以随意使用，而不用担心表面被刮花磨损，让办公更加随意轻松。

（4）耐高温性能 【U+涂饰家具技术】处理的漆膜固化迅速，使产品拥有超强的耐高温特性，即使不小心打翻热水或掉落烟头，办公桌上依然不会留下烫伤痕迹，长时间使用后，依然能保持漆面光洁如新。

（5）耐腐蚀性能 【U+涂饰家具技术】具有优良的理化性能，保证家具在潮湿环境中不发霉、不变形，经历长时间阳光照射依然不褪色。同时，还能抵御酸、碱等各种化学物品的腐蚀，即使不小心将化学物品溅落台面，漆面擦拭后也不会留下任何痕迹。

3.5.5.6 【U+涂饰家具技术】引发的思考

圣奥作为一个企业，只有具有这样的社会责任感、社会使命感，才能进行这样的前瞻性研究，才能有这样的胆识去攻破技术难关。也正是通过这样的技术突破，才使得企业拥有了真正的核心竞争力。它不仅给一个企业带来了效益，更使一个行业受益无穷；它不仅保护了劳动者的身体健康，更保护了消费者的权益和身心健康；它不仅净化了一个企业环境，也保护了我们的地球家园。

技术创新，正成为带动我们行业产业升级的关键保障。近两年，越来越多的企业认识到技术领先的重要性，都在积极投入技术改造和体制改革，在经济危机中养精蓄锐，寻找发展新机遇。

3.6 水性木器涂料（WB，Water Based）

水性木器涂料是能溶于水或其微粒能均匀分散在水中的一类树脂，为区别起见，将溶于水的称为水溶性树脂，将分散在水中的称为乳胶树脂或乳溶液树脂。水溶性树脂的研究开始于第二次世界大战期间，直到20世纪60年代初才正式开始制造。

3.6.1 水性涂料的优缺点

3.6.1.1 水性涂料的优点

（1）水性涂料以水作溶剂，节省大最资源；水性涂料消除了施工时火灾危险性；降低了对大气污染；水性涂料仅采用少量低毒性醇醚类有机溶剂，改善了作业环境条件。一般的水性涂料有机溶剂（占涂料）在10%～15%，而现在的阴极电泳涂料已降至1.2%以下，降低污染、节省资源效果显著。

（2）水性涂料在湿表面和潮湿环境中可以直接涂覆施工；水性涂料对材质表面适应性好，涂层附着力强。

（3）水性涂料涂装工具可用水清洗，大大减少清洗溶剂的消耗。

（4）水性涂料电泳涂膜均匀、平整，展平性好；内腔、焊缝、棱角、棱边部位都能涂上一定厚度的涂膜，有很好的防护性；电泳涂膜有最好的耐腐蚀性，厚膜阴极电泳涂层的耐盐雾性最高可达1200h。

3.6.1.2 水性涂料的缺点

（1）水性涂料对施工过程及材质表面清洁度要求高，因水的表面张力大，污物易使涂膜产生缩孔。

（2）水性涂料对抗强机械作用力的分散稳定性差，输送管道内的流速急剧变化时，分散微粒被压缩成固态微粒，使涂膜产生麻点。要求输送管道形状良好，管壁无缺陷。

（3）水性涂料对涂装设备腐蚀性大，需采用防腐蚀衬里或不锈钢材料，设备造价高。水性涂料对输送管道腐蚀，金属溶解，使分散微粒析出，涂膜产生麻点，也需采用不锈钢管。

（4）烘烤型水性涂料对施工环境条件（温度、湿度）要求较严格，增加了调温、调湿设备的投入，同时也增大了能耗。

（5）水性涂料水的蒸发潜热大，烘烤能量消耗大。阴极电泳涂料需在180℃烘烤，而乳胶涂料完全干透的时间则很长。

（6）水性涂料沸点高的有机助溶剂等在烘烤时产生很多油烟，凝结后滴于涂膜表面影响外观。

（7）水性涂料存在耐水性差的问题，使涂料和槽液的稳定性差，涂膜的耐水性差。水性涂料的介质一般都在微碱性（pH7.5～pH8.5），树脂中的酯键易水解而使分子链降解，影响涂料和槽液稳定性及涂膜的性能。

水性涂料虽然存在诸多问题，但通过配方及涂装工艺和设备等几方面技术的不断提高，有些问题在工艺上得到解决，有些通过配方本身得到改善。

3.6.1.3 水性木器涂料与溶剂型涂料不同的一些特点

通过对国外品牌、合资品牌与国产产品的一些分析测试，水性涂料产品性能与溶剂型涂料相比，具有以下特点：

（1）固体含量　一般在30%～45%，与溶剂型的相比要低许多。

（2）耐水性　脂肪族聚氨酯分散体、水性氨酯油比芳香族、丙烯酸乳液型要好很多。

（3）耐酒精性　其趋势基本与耐水性相同。

（4）硬度　以丙烯酸乳液型最低，其次芳香族聚氨酯为中等，脂肪族聚氨酯分散体及其双组分聚氨酯、氨酯油为最高，并随着时间的延长，其硬度会逐渐增加，尤其是双组分交联型，但硬度增加慢且较低，远不如溶剂型。铅笔硬度能达H级的很少。

（5）光泽　很难达到溶剂型木器涂料的光泽，普遍低20%左右。其中以双组分的较高，而氨酯油、聚氨酯分散体次之，丙烯酸乳液型最低。

（6）丰满度　由于固体含量的影响，差别较大（固含量越高，丰满度越好），单组分的固体含量相对较低、丰满度较差，双组分交联型比单组分好，丙烯酸乳液型较差。

（7）耐磨性　以氨酯油与双组分交联型为最好，其次为聚氨酯分散体，再次为丙烯酸乳液型。

（8）产品缺点　水性木器涂料作为一种新型的绿色环保产品进入中国市场也只不过是近几年的事情，其最大优势就是“环保”，但从性能上分析，仍然存在较多的问题，国内消费者比较注重于涂膜的丰满度、手感与硬度，对涂膜的耐热、耐烫、耐醇、耐水、耐污染性能要求较高，而这些正是水性涂料的弱点。水性涂料在施工时易产生气泡，不易打磨，受气温、湿度影响大，尤其在潮湿天气，难以干燥、易发白，表干及实干时间较长，高温回黏影响施工质量与进度，这也是其另一弱点。

3.6.2 水性木器涂料发展历程

早在1988年美国南加利福尼亚州就对木器家具厂提出了使用水性涂料的要求，经过这些年的研究发展，已获成功。目前，国内木器生产厂也已逐渐推广使用。

水性涂料的主要类型：水性聚酯、丙烯酸及聚氨酯水分散体涂料、双组分聚氨酯和丙烯酸聚氨酯涂料。水性涂料是当前发展迅速的环保型涂料，但在亚洲使用比例极低，仅为3%（欧洲为42%）。水性涂料在生产和使用中投资较高，如需要烘干室、强冷设备、生产场地温湿度控制调节设备等，但对现有设备加以改造，也是可行的。在减少污染治理费用、降低材料消耗、保障操作人员健康等方面，能在短期内得到回报。水性涂料的诞生和发展主要是受人类对环境保护重要性的逐渐认知所驱动。自1966年美国加利福尼亚州颁布实施第一个限制挥发性有机化合物（VOC）法令以来，各国对严格控制VOC排放量、限制高VOC涂料产品的生产和使用都已经提升到了法律法规的高度，水性涂料因其VOC极低且节省能源而成为现代涂料工业发展的主流方向。

据对全球各地区涂料产品生产的统计资料显示，北美地区水性工业涂料占到43%，溶剂型工业涂料占51%；西欧地区水性工业涂料占了34%，溶剂型工业涂料占52%；而在中国，水性工业涂料只占15%（在木质家具领域只占5%以下），溶剂型工业涂料则高达80.5%。由此可见，在涂料水性化领域我国与发达国家的差距还很大。所幸的是，这种局面正在改变。随着生活水平的日益提高，人们在居家装修中越来越注重环保与健康，扩大了对水性涂料的需求。近年来，我国在水性涂料的研究、生产和应用等方面正以前所未有的速度向前推进，新产品层出不穷，扩大了水性涂料的市场空间。国家在政策法规等方面积极引导，其中颁布的《ISO14020国际标准配套涂料技术标准》对规范和促进水性涂料的健康发展起到了非常积极的作用。前些年由于水性涂料在价格方面的劣势，一定程度上制约了其市场发展，而近年来，原油价格出现了大幅度上涨，导致各地溶剂型涂料的价格不断提升，有的甚至已高过一些水性涂料，这种情况从某种程度上也推动了水性涂料的发展，使有些地方的水性涂料出现了令人振奋的旺销局面，这不能不说是水性涂料发展的一个难得机遇。

目前，我国涂料业已储备了足够多、足够完备的水性木器涂料及其涂装技术。用于水性木器涂料的水性树脂市场产品丰富，底面树脂齐备，国内外公司都有生产。树脂质量可满足制取同溶剂型木器涂料性能相当的水性木器涂料，消泡剂、流平剂、润湿剂、助溶剂、成膜助剂等助剂都能很好改善涂料涂膜性能。适合水性体系的颜填料、染料也已广泛应用；家装和家具工业化用水性木器涂料的施工工艺已逐步成熟。

市场上的水性木器涂料从包装上看，有单组分与双组分之分，其中单组分占据绝大多数：从货源看，有原装进口产品，也有国外品牌在国内生产的产品，还有国内厂家自行研发生产的产品，其中以前两者居多，国内厂家自行研发生产的产品销售份额较少。

3.6.3 制约水性木器涂料市场的原因分析

由于国外品牌的进入，我国的水性木器涂料市场实现了零的突破，但其市场份额仍然很小，据估计水性木器涂料销量仅占整个木器涂料销量的1%，其原因除了以上分析的产品质量方面的问题外，还有其他方面的因素的制约，如：

（1）消费观念　消费者的传统消费观念尚未完全转变。一般都拿水性产品质量与溶剂型产品质量对比，一些性能未能满足其要求。例如：涂料成本相对较高，硬度一般，成膜性能较差、光泽差，不宜做高光漆；同时，耐磨性差，消泡困难，一般拼混使用。

（2）价格过高　进口的水性木器涂料将近100元/kg，国产便宜的也需35～40元/kg，几乎为溶剂型的2～5倍。由于中国80%～90%为中低消费群体，对此价格难以接受，因此市场推广速度极慢。

（3）制造商态度不明　从某种角度上看，水性木器涂料现还处于一种“造势”阶段，未能形成市场的浪潮。高新产品的开发需要投入大量的人力、财力，在我国现有的科研体制下，许多涂料制造商持谨慎态度，一般先投入少量的技术开发费用，做一些前期工作，而经销商更是跟着市场转，因而市场的推动力不大。

（4）政策法规的影响　国家没有明令禁止溶剂型木器涂料不能再生产，也没有硬性规定一定要使用水性木器涂料，因此使得溶剂型涂料仍然占据主要市场。

（5）技术因素　在制约水性涂料发展的各种因素中最关键的还是技术，它起决定性作用。市场销售的水性木器涂料主要用于室内装修，很少有耐候性好的，因为水的冰点是0℃，用于工业化生产家具的也还很少，这从适用范围上来说就已受到了限制，实际上工业化生产家具的涂料需求量很大，而现在几乎是95%左右为溶剂型。

综上所述，水性木器涂料的推广现在还有很大的阻力，同时，技术和成本成为制约水性木器涂料市场快速发展的瓶颈。

3.6.4　水性木器装饰涂料分类

水性木器涂料的配方技术和产品系列化更是加快了其产业化步伐。通过对市场上水性木器涂料的分析，大致有以下几类品种：

（1）丙烯酸乳液型　包括苯丙乳液和纯丙（改性）乳液，适宜做底漆和亚光面漆。这类涂料成本相对较低，硬度一般，不易产生缩孔；但成膜性稍差、光泽不高，不宜做高光涂料，一般和其他品种混合使用。

（2）聚氨酯分散体型　包括芳香族和脂肪族聚氨酯分散体，单组分自交联，后者的耐黄变性能优异，适于户外使用。这类涂料成膜性能较好，光泽较高，耐磨性好，施工不容易产生气泡和缩空；但硬度一般，价格较贵，适合做亮光面漆。

（3）聚氯酯/丙烯酸分散体型　这类涂料可自交联，也可用于双组分体系。

（4）水性氨酯油型　类似溶剂型氨酯油涂料，属单组分型。这类涂料成膜时需加入催干剂。干燥较快，光泽、硬度好，耐磨性和耐水性都好，适合做亮光面漆和地板涂料。

（5）双组分聚氨酯分散体型　组分1是带羟基的聚氨酯分散液，组分2是脂肪族的水性固化剂，两个组分混合后才能施工。这类涂料耐水性和丰满度好，硬度高，光泽也不错；涂膜不易黄变，综合性能较好，尤其适合户外涂装。

3.6.5　家具水性涂料涂装常见的工艺

家具水性涂料常用的涂装工艺为：底材打磨→涂底漆→打磨→刮腻子（2～3道，每道干燥2～3h）→打磨（600～1000#砂纸）→涂底漆→罩面漆（1～3道，每道间隔15h，前两道干燥后采用1000#砂纸打磨）→干燥（自干或低温烘干）。

水性底漆的作用是提高对木材的浸润性，增大附着力；面漆的施工可采用刷涂或喷涂，涂料经200目滤网过滤；黏度[①]为18～22s（涂－4杯）。家具涂装施工时涂膜要薄，防止流挂，采用多层薄涂，干燥时间按生产厂的规定执行。

3.6.6　水性涂料喷涂施工操作技巧

（1）用洁净的水将涂料调至适合喷涂的黏度，以涂－4黏度计测量，合适的黏度一般是20～30s。如一时没有黏度计，可用目测法：用棒（铁棒或木棒）将涂料搅匀后挑起至20cm高处停下观察，如漆液在短时间（数秒钟）内不断线，则为太稠；如一离桶上沿即断线则为太稀；要在20cm高处刚停时，漆液成一直线，瞬间即断流变成往下滴，这个黏度较为合适。

---

① 根据国家标准《GB/T 1723—1993 涂料黏度测定法》的规定，涂料黏度进行条件测量，即被测液体盛满特定容器后，在标准管孔内流出所需时间来标定液体的黏度，单位为秒（s）。

（2）空气压力最好控制在3～4MPa。压力过小，漆液雾化不良，表面会形成麻点；压力过大易流挂，且漆雾过大，既浪费材料又影响操作者的健康。

（3）喷嘴与物面的距离一般以300～400mm为宜。过近易流挂；过远漆雾不均匀，易出现麻点，且喷嘴距物面远，漆雾在途中飞散造成浪费。距离的具体大小应根据涂料的种类、黏度及气压的大小来适当调整。慢干漆喷涂距离可远一点，快干漆喷涂距离可近一点；黏度稠时可近一点，黏度稀时可远一点；空气压力大时，距离可远一点，压力小时可近一点；所谓近一点远一点是指10～50mm小范围的调整，若超过此范围，则难以获得理想的漆膜。

（4）喷枪可作上下、左右移动，最好以10～12m/min的速度均匀运作，喷嘴要平直于物面喷涂，尽量减少斜向喷涂。当喷到物面两端时，扣喷枪扳机的手要迅速的松一下，使漆雾减少，因为物面的两端往往要接受两次以上的喷涂，是最容易造成流挂的地方。

（5）喷涂时要下一道压住上一道的1/3或1/4，这样才不会出现漏喷现象。在喷涂快干漆时，需一次按顺序喷完。补喷效果不理想。

（6）在室外空旷的地方喷涂时，要注意风向（大风时不宜作业），操作者要站在顺风方向，防止漆雾被风吹到已喷好的漆膜上造成难看的粒状表面。

（7）喷涂的顺序是：先难后易，先里后外，先高处后低处，先小面积后大面积。这样就不会造成后喷的漆雾飞溅到已喷好的漆膜上，破坏已喷好的漆膜。

3.6.7 我国水性木器涂料的发展方向

环保法规的进一步健全将是大势所趋，水性木器涂料在工业用途上的应用也必将迎来一个充满生机的春天。解决水性木器涂料在工业用途上所遇到的瓶颈，使其走上产业化、走向市场的健康之路。工业水性木器涂料的发展方向主要有以下几个方面：

（1）水性木门涂料市场走向成熟和多样化。

（2）水性聚氨酯将被广泛地应用于家具行业。

（3）水性UV木器涂料将被广泛应用于木地板中。

（4）水性木器涂料开放着色涂装工艺将被应用于家具。

3.7 大漆

3.7.1 大漆的概述

大漆是天然漆的一种，它是漆树的一种生理分泌物，是漆树的树皮被割破后用漆树的液汁过滤而得，是一种乳白色或灰黄色黏稠液体，与空气接触，颜色逐渐变深，这种分泌物称为大漆（如图3－1所示）。国漆、大漆、生漆是同一事物几个不同的名称。悠久的历史、优越的性能，使它成为名副其实的“涂料之王”。大漆成分复杂，因时因地因品种而异，即使是最先进的化学检测技术，也很难明确它的具体成分和最后的效果。我国漆树资源丰富、品种繁多，有3个大类42个品种，它们具有突出的耐久性、耐腐蚀性、工艺性能、力学性能、耐热性、绝缘性，是一大财富。

图3－1 漆树分泌的漆树汁

生漆主要用于红木家具的涂饰。红木家具在我国作为高档、贵重的木质家具，既是人们日常生活用品，又是具有传统文化特征的工艺品。它比一般的普通木质家具对涂料有更高的要求，涂饰工艺也较为复杂，通常使用传统揩漆工艺（俗称“生漆工艺”）来处理家具表面。涂层成膜的机理为漆汁（含漆酚、水、有机物及漆酶等成分）中有效成分漆酚在漆酶催化作用下自然干燥成漆膜（环境条件：温度25℃左右；相对湿度80%左右，如太干燥，施工环境要喷水以增加湿度）。

在当代红木家具的制作工艺中，涂饰工艺（指生漆工艺）一般可分为两种：一种是采用纯生漆的揩漆工艺，多用于油性较大的红木，如大红酸枝、紫檀木、乌木等制作的名贵家具，现已较少使用；另一种封闭工艺采用PU漆，表面涂饰使用生漆。目前市场上所售的红木家具，漆膜成型后丰满、光泽度高、耐腐蚀、坚韧、耐磨。

大漆是我国的土特产之一，来自于原始森林和自然漆树科类中，天然生漆是用人工从漆树割取的天然漆树液，天然生漆漆液主要由高分子漆酚、漆酶、树胶质及水分等构成。素有我国“三大宝”（树割漆、蚕吐丝、蜂做蜜）誉名。天然生漆涂装应用源远流长，古今中外闻名，古老中华民族沿用至今，在涂饰化工、轻工、发电厂防腐蚀特定耐高温工程中起到了很好的作用。我国发现和使用天然生漆可追溯到公元前7 000多年，据史籍记载“漆之为用也，始于书竹简，而舜作食器，黑漆之，禹作祭器，黑漆其外，朱画其内。”《庄子・人世间》就有“桂可食，故伐之，漆可用，故割之”的记载。生漆具有防腐蚀、耐强酸、耐强碱、防潮绝缘、耐高温、耐土抗性等特点。天然生漆也有世界公认“涂料之王”的美名。

天然生漆涂在各种器物的表面上所制成的日常器具及工艺品、美术品等，一般称为漆器。漆器一般指涂以透明或不透明漆的某些木制或陶瓷、金属物件。中国从新石器时代起就认识了漆的性能并用以制器。历经商周直至明清，中国的漆器工艺不断发展，达到了相当高的水平。中国的炝金、描金等工艺品，对日本等地都有深远影响。漆器是中国古代在工艺及工艺美术方面的重要发明。

（1）新石器时期的漆器　1978年，在距今约7 000年的浙江余姚河姆渡遗址第三文化层发现此物，是目前已知最早的一件新石器时代漆器，如图3－2所示。口径9.2～10.6cm，底径7.2～7.6cm，高5.7cm，木胎，现存浙江省博物馆。碗为木质，敛口，壁较厚。造型美观，碗外壁有一层薄薄的朱红色涂料，色泽鲜艳，微有光泽。经化学方法和光谱分析鉴定为生漆。

（2）商周时期的漆器　商代中期的黄陂盘龙城遗址发现有一雕花、一面涂朱红的木椁板印痕，河北藁城台西遗址出土的漆器残片中，有的雕花涂色加松石镶嵌。在安阳侯家庄商代王陵发现的漆绘雕花木器中，还有蚌壳、蚌泡、玉石等镶嵌。可见商代的漆工艺已达到相当高的水平。2001年在成都金沙遗址发掘出土的一块漆器残片，如图3－3所示。

（3）战国时期的漆器　战国的漆工是史上有重大发展的时期，器物品种及数量大增，在胎骨做法、造型及装饰技法上均有创新。出土战国漆器的地区很广，如1978年出土于湖北随县曾侯乙墓的战国早期彩绘鸳鸯形漆盒（如图3－4所示）就是一个典型例子。此盒形制非常精巧，整个造型为一只立雕的鸳鸯，背上有带钮小盖，可注水，首颈与身体榫接，可以转动，盒身涂黑漆，以朱、金两色描绘羽纹，盒的腹部左侧绘有“钟磬作乐图”。此盒制作不晚于公元前433年，距今已有2 400多年，是战国漆器中的代表作，现存湖北省博物馆。

图 3－2　朱漆木碗

图 3－3　成都金沙遗址发掘出土的商周时期的漆器残片

（4）汉、魏晋南北朝时期的漆器　西汉漆工艺基本上继承了战国的风格，但有新的发展，生产规模更大，产地分布更广。出现了大型器物，如直径超过 70cm 的盘，高度接近 60cm 的钟等。西汉彩绘漆鱼纹耳杯，如图 3－5 所示，高 5.4cm，口径 17.5—9.2cm，连耳宽 12cm，底径 9.5—5.7cm，此耳杯出土于荆州江陵高台 28 号西汉墓。其装饰纹样简洁写实，是西汉漆器装饰纹样的新特点。同时能巧妙地把若干小件组装成一器，如盒内装 6 具顺叠、1 具反扣的耳杯，薄胎单层或双层的漆奁，内装 5 具、7 具或更多的不同大小及形状的小盒等。新兴的技法有针划填金的填金，用稠厚物质堆写成花纹的堆漆等。尤其是器顶镶金属花叶，以玛瑙或琉璃珠作钮，器口器身镶金、银扣及箍，其间用金或银箔嵌贴镂刻的人物、神怪、鸟兽形象，并以彩绘的云气、山石等作衬托，更是前所未有。西汉漆器多刻铭文，详列官员及工匠名。东汉、魏晋南北朝期间漆器的出土，比起前代显得十分稀少，这与葬俗的改变有一定的关系。

图 3－4　彩绘乐舞鸳鸯形盒

图 3－5　彩绘漆鱼纹耳杯

（5）唐代的漆器　唐代漆器达到了空前的水平，有用稠漆堆塑成型的凸起花纹的堆漆；有用贝壳裁切成物象，上施线雕，在漆面上镶嵌成纹的螺钿器；有用金、银花片镶嵌而成的金银平脱器。工艺超越前代，镂刻錾凿，精妙绝伦，与漆工艺相结合，成为代表唐代风格的一种工艺品，夹纻造像是南北朝以来脱胎技法的继承和发展。剔红漆器在唐代也已出现。唐代“九霄环佩”古琴，如图 3－6 所示，通长 124cm，最宽 21cm，现藏北京故宫博物院。此琴为伏羲式，桐木为面，杉木为底，灰胎为焙烧鹿角调制，称“鹿角胎”，髹深栗亮色漆，用朱漆补过，通身发小蛇腹断纹，十三微用蚌片镶嵌，琴面半圆形隆起。据考证，其特征与记载的唐代开元款雷氏琴相符。琴背龙池上方有“九霄环佩”四字方篆，下方有“包含”细边大印，都是制琴时刻就，其余腹款、题识等，均系后刻。紫檀木填漆护轸（琴下转弦的钮）为清代重修时所装。此琴形制古朴，肩弧而腰曲，典雅优美。而琴音纯粹温劲，为传世后琴所罕见。

（6）宋元时期的漆器　两宋曾被认为是一色漆器的时代，但发掘出土许多有高度纹饰的两宋漆器，改正了过去的认识。在苏州瑞光寺塔中发现的真珠舍利经幢，底座上的狻猊、宝相花、供养人员是用稠漆退塑的。在元代漆器中成就最高的是雕漆，其特点是堆漆肥厚，用藏锋的刀法刻出丰硕圆润的花纹。大貌淳朴浑成，而细部又极精致，在质感上有一种特殊的魅力，如故宫博物院藏的张成造栀子纹剔红盘，如图3－7所示。此盘为圆形，黄漆地上髹朱红色大漆约百道。盘正面雕刻盛开的大栀子花一朵，枝叶茂盛，花蕾点缀其间。盘背面雕阴文蔓草纹样，足内髹黄褐色漆。

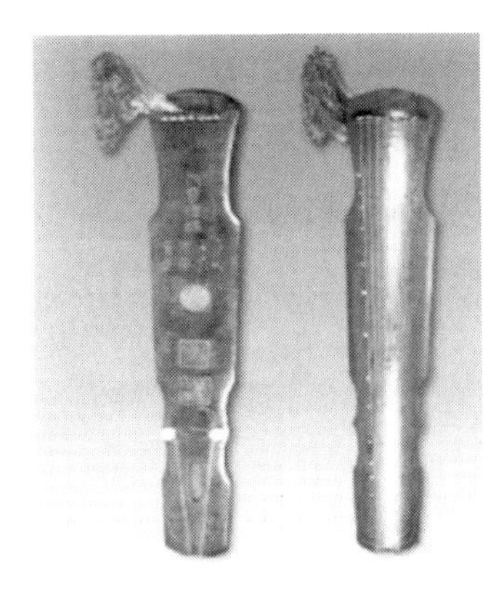

图3－6　“九霄环佩”古琴

图3－7　栀子纹剔红盘

（7）明清时期的漆器　明清漆器分为14类，有一色漆器、罩漆、描漆、描金、堆漆、填漆、雕填、螺钿、犀皮、剔红、剔犀、款彩、炝金、百宝嵌。

一色漆是不加任何纹饰的漆器，宫廷用具常用此法。罩漆是在一色漆器或有纹饰的漆器上罩一层透明漆，明清宫殿中的宝座、屏风多用罩金髹。描漆包括用漆调色描绘及用油调色描绘的漆器。描金中最常见的是黑漆描金，如北京故宫博物院藏的万历龙纹药柜。堆漆以北京故宫博物院藏的黑漆云龙纹大柜为代表。填漆是用填陷的色漆干后磨平的方法来装饰漆器。雕填是自明代以来即广泛使用，指用彩色花纹装饰漆面，花纹之上还加炝金，是一种绚丽华美的漆器，它是明清漆器中数量较多的一种，如北京故宫博物院藏的嘉靖龙纹方胜盒。明清的螺钿器厚、薄并存，镶嵌螺钿至17世纪时有了进一步发展，镶嵌更加细密如画，还采用了金、银片，如故宫博物院藏的婴戏图黑漆箱、黑漆书甲及鱼龙海水长方盒等。犀皮是在漆面做出高低不平的地子，上面逐层刷上色漆，最后磨平，形成一圈圈的色漆层次。剔红是明清漆器中数量最多的一种，其做法是在胎骨上用多层朱漆积累到需要的厚度，再施雕刻。明初承元代肥硕圆润的风格，宣德以后，堆漆渐薄，花纹渐疏，至嘉靖时磨工少而棱角见，至万历时刻工细谨而拘敛，入清以后，日趋纤巧繁琐。剔犀通称“云雕”，是在胎骨上用两三种色彩有规律的逐层积累，然后剔刻几何花纹。款彩是在漆面上刻花减地，而后着色，用来装饰大而平的漆面，常见的实物是屏风和立柜。宫廷用具多用炝金，明鲁王墓中发现的盖顶云龙纹方箱是明初炝金的标准实例。百宝嵌是用各种珍贵材料，如珊瑚、玛瑙、琥珀、玉石等做成嵌件，镶成五光十色的凸起花纹图案，明代开始流行，清初达到高峰。铜鎏金嵌百宝福寿香熏，如图3－8所示，高24.5cm，清乾隆年代，此香熏为海外回流品，鎏金浑厚、宝石众多、造型

图3－8　铜鎏金嵌百宝福寿香熏

精美、光彩夺目，为清宫御用珍品。据介绍，像这样制作精美的香熏，其使用者应该是皇帝。

（8）天然生漆现代应用概况　远古时期，早在5 000多年前，漆业在我国就已经非常昌盛，经久不衰。人们对天然生漆的应用，主要在涂饰家具及工艺品方面，对产品起到了很好的保护作用。它所涂的家具涂膜表面光亮夺目、丰满度好、耐高温、耐氧化、耐磨、耐久性佳，是任何化学合成涂料无法比拟的。天然生漆是天然漆液，在干燥成膜后，零污染、无毒性、无辐射，是追求自然与环保的最佳产品。近年来，生漆的用途越来越广，目前企业可以将天然生漆改良用于石油贮罐及管道、工业化工设备、地下工程、城市建设、煤气净化、航海舰船、纺织机械、发电厂、印染、医药、矿井、食品容器、航空、卫星、军工、民用、文物寺庙古建筑保护等机械设备的重型防腐。

随着人类科学技术的发展，利用天然生漆螯合和改性，研制了不少的特有独特性和使用性，产品直接用于化工、轻工、发电厂等国家重点大型企业和大中型企业中，如上海吴径化工厂、金山石化总厂、濮阳油田、新疆油田、高桥石化公司、大庆石化总厂、扬子石化公司、兰州炼油厂、济南炼油厂、福建炼油厂、广州石化总厂、广东沙角发电厂、黄埔发电厂、玛湾发电厂、湛江发电厂、珠江发电厂、四川二滩发电厂、山东盐厂、华北制药厂等几十个大中型企业，实践证明改性的天然生漆优于其他各类防腐蚀涂料，世界文化遗产“秦始皇兵马俑”也采取了天然生漆的涂饰就是一个最好的证明，其保护设备产生的经济效益和社会效益极其可观。

3.7.2　大漆的种类与性能

3.7.2.1　大漆的分类和品种

过去，曾把全国所产大漆按不同质量划分为四大类，每个大类都是根据漆的主要产地地名或方位来命名的，而其他地区所产生漆可按其性质归类。四大类即：毛坝漆、建始漆、西南漆、西北漆。毛坝漆性能全面，质量较高；建始漆色浅；西南漆漆色深而燥性好；西北漆较稀、燥性较差。目前一般将大漆分为大木漆、小木漆和油籽漆。

（1）毛坝漆

毛坝漆是湖北省利川、咸丰、恩施、来凤县等所产大漆的统称，利川县毛坝场产漆最著名，毛坝镇又曾是大漆的主要集散地因而得名。

毛坝漆是我国各品种大漆中质量最优者，其质粗状，米心和丝头均较细，回缩力强，其坯力、燥性、底板（黏结力、漆膜颜色）、浓板（丰满度、黏度、光泽）等各项性能均佳，能被用来单独配制各种精制漆，具有含酸柔和芳香气味，漆色浅金黄。

（2）大木漆　大漆种类可以从漆树生长源来分类，生长在高原同区的野山漆树，树身粗壮，较耐寒，皮粗，壳有裂纹，如陕西的安康漆，湖北的毛坎漆和竹溪漆，四川城口漆，贵州的毕节漆，为我国五大名漆，称为大木漆。大木漆质粗状浓，悬丝粗断得快，利爽不黏（不紧密），米心细小，漆液内米心、沙路、母水较多，转艳快燥性好，干后漆膜坚硬，漆内含自然水较多，漆桶上部颜色深的一层漆液（漆膘）较少，下部乳白色漆液层较厚。大木漆颜色呈乳白色或淡黄色，气味酸香，存放日久其表面干固层皱纹多而较粗，常呈黑褐色，其燥性比小木漆好。

（3）小木漆　由人工培植的家漆树，生长快、皮薄、光滑，产漆称为小木漆。小木漆质轻漂细腻，悬丝细长回缩力强，米心、沙路、母水较少，米心粗大明显，转艳慢燥性较差，干固后漆膜坚韧似有弹性，含自然水分较少，漆液颜色呈深谷黄、褐色或紫黄色，气味清香，存放日久面结掩皮薄，皱纹多而轻细，并且呈黑色。

（4）油籽漆　是小木漆中较特别的一种，即特种小木漆，漆质很轻漂细腻近似植物油状，漆膜特厚，漆膘下层色较淡的漆液层很少，悬丝细长回缩力很强，米心、沙路、母水少，若有米心则粗大明显，不易看出转艳，干燥性能差，表层甚至不易结皮。此漆若与大木漆混合为原料，配制的精制漆膜特别光亮、丰满、坚韧。油籽漆含自然水分特别少，一般在15%以内。漆液呈紫酱色或紫红色，气味较淡稍具清香或酸香。

驰名国内外的大漆品种除“毛坝漆”外，还有陕西省安康地区的“牛王漆”及浙江省建德、桐庐、醇安地区出产的“严州漆”等。另外，生漆经营者、加工者和使用者甚至出口时均习惯以其产地地名来命名，如湖北竹溪大木漆、郧阳油籽漆，陕西的岚泉大木漆，安康大木漆、小木漆，汉中大木漆、小木漆，贵州的大方大木漆，毕节大木漆，金河大木漆，思南大木漆，德江大木漆，云南的昭通大木漆，镇雄大木漆，四川的城口大木漆，巫溪大木漆、小木漆，西南小木漆等。

四类大漆性能对比如表3－5所示。加工精制时往往需要把不同性能的大漆配搭。

表3－5　　我国四类大漆性能

树种	坯力/kg		燥性	色泽	转色	气味	成色/分厘①	式板（黏度）
	生漆量	可掺坯油量						
毛坝漆	1	1.5～2	优	金黄	快	微酸芳香	5.6～6.2	厚
大木漆	1	1～1.5	优	淡黄	快	酸香	5～5.4	厚
小木漆	1	0.5～1	慢	紫黄	慢	清香	5.6～6.2	稍厚
油籽漆	1	约0.5	差	酱黄	差	淡薄	6～6.8	稀薄

3.7.2.2　大漆的成分

大漆是一种天然的水乳胶漆，在显微镜下可以看到大小不一的水珠悬浮在似植物油形态的漆酚中形成乳胶，故有人称大漆为“油中水球”型乳胶漆。

大漆的组成比较复杂，虽说人类加工利用它已有数千年历史，但对它进行全面系统的研究只是近百年来才开始的。近年来，随着科学技术的发展、分离分析手段的提高，对大漆成分、大漆致敏性及大漆的综合利用等研究进展加快。目前，漆化学已发展到涉及有机化学、无机化学、生物化学、高分子化学、高分子物理、微生物学、免疫学和皮肤病学等多方面的一个综合学科。

大漆主要成分为漆酚、漆酶、含氮物、树胶质、水分等。此外还含有少量其他物质和微量矿物质。各种成分的含量随漆树品种、产地、生产环境、割漆时期等的不同而有所差异。

（1）漆酚　漆酚（Urushiol）是大漆的主要成分，也是大漆的主要成膜物质。漆酚能够溶于植物油、矿物油及苯类、酮类、醚类、醇类等芳香烃、脂肪烃有机溶剂中而不溶于水。一般在大漆中的含量为50%～75%。

中国、日本、朝鲜所产大漆中漆酚主要含有：氢化漆酚（又名饱和漆酚）、单烯漆酚、双烯漆酚和三烯漆酚等成分。一般来讲大漆中漆酚含量越高大漆质量越佳。

（2）漆酶　漆酶（laccase）含铜蛋白氧化酶或称含铜糖蛋白，可溶于水呈蓝色溶液而不

① 分厘：生漆的含漆分浓度。

溶于有机溶剂。漆酶在生物体内具有重要的生理功能，它参与生物降解过程或氧化聚合作用过程，进行植物创伤的自我保护等。漆酶及含氮物一般在大漆中的含量为1.5% ~5%，在大漆中漆酶与树胶质和漆酚单体或多聚体结合形成乳浊液，结构复杂。漆酶能促进漆酚的氧化聚合偶合形成高分子聚合物的反应，是大漆及其精制品在常温下自然干燥固化成膜过程中不可缺少的天然生物催干剂。

从漆液内分离提取漆酶后经过纯化，可再以凝胶电泳试验进行检验。漆酶内的18种氨基酸组成蛋白体三维形态和形成的三个完整的独特型活性位点，这种特殊结构决定了漆酶的特殊性能，它具有突出的催化活性，表现在它对底物的高强度作用的专一性，并需要在一个温和的、最适宜的条件下。这些活性是一般催化剂无可比拟的。在大漆中漆酶对底物漆酚的催化作用，对反应条件（温度、相对湿度、pH值等）的要求是非常严格的。也就是说环境条件对大漆的自然干燥是非常重要的，如果条件不能满足就将造成漆酶活性的减弱或者消失。

测试湖北建始漆的漆酶，可得知漆酶的特性。取对苯二酚为底物（被酶作用物）以磷酸盐溶液为缓冲液，于25℃条件下，最适应的pH为6.7 ~7.4，当pH在4 ~8以外时，漆酶活性一般消失。温度约40℃时活性最大，温度达50℃时活性大幅度减弱，超过60℃时蓝色不可逆消失，当温度高于70℃时，漆酶活性则完全消失。硫化钠、重氮化钠、氢化钾、硫化氢、过氧化氢、氢氰酸等物质或用紫外线照射对漆酶活性具有阻碍或破坏作用。

从新鲜大漆中分离出来的漆酶呈蓝色，活性大，而从陈年漆或部分氧化了的大漆中分离出来的漆酶是白色，活性低。

漆酶不光存在于大漆中，也存在于许多植物和变色多孔菌中，如紫花苜蓿、马铃薯、蘑菇、苹果、香蕉及木材腐败真菌等。

（3）树胶质　树胶质是大漆中不溶于有机溶剂而溶于水的部分，属于多糖类物质。从大漆中分离出来的树胶质呈黄色透明状胶质，具有树胶的清香气味、在生漆中的含量一般为4% ~7%。大漆中树胶质的含量及树胶质内各组分的含量均因漆树品种和产地不同而有所差异。一般大木漆中含树胶质量多，小木漆中含量少。

树胶质在大漆内是一种很好的分散剂、悬浮剂和稳定剂。它能使大漆中各组成分（包括水分）成为均匀分布的乳胶体，并能使乳胶体稳定不易破坏变质等。树胶质也是大漆成膜过程中起重要作用的物质，它影响漆液涂层的流平性、漆膜的厚薄和硬度等性能。另外，大漆在氧化干燥过程中漆酚与漆胶质之间曾产生过相互作用，因已老化的大漆漆膜中漆酚模型已经降解，而树胶质模型骨架仍保留着。

（4）水分　漆液内含水分的多少不但与漆树品种、生长环境和割漆时期等有关，而且还与割漆技术有直接关系。生漆中水分含量的高低对于大漆质量有一定影响。一般来说，含水量低的生漆质量较好。但是生漆必须有一定的含水量，生漆中的水分不但是形成水乳胶体液——生漆自然形态的主要成分之一，而且还是大漆在自然干燥成膜过程中漆酶发挥其作用的必要条件。

（5）其他成分　大漆内还含有一些其他物质，如：倍半萜、烷烃、含氧化合物及油分等，另外还含有微量的锰、镁、钾、钠、铝、硫、硅等元素及其氧化物等。这些成分在各品种生漆中的含量均不相同。大木漆和小木漆的国家标准如表3 -6和表3 -7所示。

表 3 -6　　　　　　　　大漆国家标准（大木漆）GB/T 14703—2008

测试项目 等级	干燥时间/h	化学成分		
		加热减量/%	漆酚含量/%	含氮物与树胶质/%
特等	3	<25	>65	6 ~ 14
1 等	3	<31	>59	6 ~ 14
2 等	3	<36	>53	6 ~ 14
3 等	4	<43	>49	6 ~ 14

表 3 -7　　　　　　　　大漆国家标准（小木漆）　GB/T 14703—2008

测试项目 等级	干燥时间/h	化学成分		
		加热减量/%	漆酚含量/%	含氮物与树胶质/%
特等	4	<20	>70	6 ~ 14
1 等	4	<26	>64	6 ~ 14
2 等	4	<32	>58	6 ~ 14
3 等	5	<38	>54	6 ~ 14

3.7.2.3　大漆成膜机理探讨及漆膜性能

（1）漆酶对漆酚成膜的催化机理　漆酚在室温条件下氧化合成膜必需漆酶的催化作用。漆酶一旦失去活性，则漆酚就停止反应，大漆就不能自干，涂层将与非干性油一样永带黏性。

大漆于室温的成膜过程中，大漆的各个主要组分（漆酚、漆酶、水和树胶质）都起着极其重要的作用，由这些组分所形成的“油中水球”型天然乳液中，树胶质是“乳化剂”，它吸附漆酶和水一起形成“水球”，这种“水球”高度分散在油相漆酚中。当“水球”和漆酚同时与空气接触时，漆酶的催化基团开始发生反应，形成均相分散，使漆液中“油包水”的状态转变为“水包油”式的状态。水在反应中起着极其重要的作用，如缺少水分则漆酶失去赖以活动的“温床”，催化作用就不能进行，漆液层极难聚合成膜。因此，保持大漆中一定量的水分是非常必要的，俗称“无水不干，无油不亮”。大漆国家标准对它的化学成分进行了规定，如前文表 3 -6 所示。

（2）氧化聚合成膜过程　大漆在常温下自然干燥时的氧化聚合成膜过程是：漆酚中酚基被漆酶催化氧化和侧链中双键部分自动氧化的总和。成膜过程必须有氧和水的存在。大漆干燥时有一个“转艳”过程，即：

乳白色→红棕色→浅褐色→深褐色→黑色

（3）缩合聚合成膜　由于当环境温度达 70℃以上时，漆酶就几乎完全失去活性，涂层不能自干。但当温度升到 100℃以上时漆液层也可以固化成膜，温度越高成膜越快。如升温 120℃保温约 5h 干燥，而 180℃时保温 1h 即可干燥成膜。在高温条件下的烘烤干燥成膜，是以基本上不吸氧的缩合反应为主形成立体网状结构的。

（4）大漆漆膜的性能　大漆是最古老的天然涂料，漆膜的性能是其他涂料无法比拟的。

其具备以下优良性能。

① 特殊的耐久性：国外有年代可考的漆制品约4 000年，我国的使用年代更加久远，历史上重要的出土文物中几乎都有漆器。1978年在浙江余姚县河姆渡村公元前6000年的遗址中发现一件木碗，内外有朱红涂料；1960年在江苏省吴县梅堰的新石器时代遗址中发现了彩绘陶器，其彩绘原料和大漆“性能完全相同”；1977年在辽宁省敖汉旗大甸子古墓中发现了距今3 400~3 600年的两件近似觚形的薄胎漆器；1978年在湖北省随县城郊擂古墩附近曾侯乙的大型木椁墓距今2 400年的文物中的漆器色泽如新；最有名的是1972年从长沙马王堆軑侯利苍的妻子墓中掘出的300多件漆器，距今2 180年左右，仍然完好。总之，千年以上的出土漆器比比皆是，我国各省的博物馆中都有展出。大漆的耐久性能是众所周知的，不仅埋藏在土壤里具有优良的耐久性，而且在恶劣的环境中也能经受严酷的考验。20世纪50年代我国曾在东海打捞起一艘沉船，在海底浸泡20多年，甲板漆膜仍然完好、色泽光亮；唐代鉴真和尚的坐像为脱胎塑像，距今1 200年，仍接受群众参观，1982年还曾“回国省亲”。应该特别指出的是其他涂料会随着时间的推移而逐渐失去光泽，而大漆漆膜在使用过程中则越磨越亮，不会晦光。

② 膜保光性及耐磨性：大漆漆膜天然色深光亮，色泽除了与其品种有关外，还与干燥条件有关。在高湿偏高室温条件下，自然固化的漆膜光泽差且颜色较深。在相对湿度低于75%室温20℃以下环境中，虽然干燥速度较慢但漆膜的颜色较浅且光泽和透明度较佳。大漆漆膜的颜色还有随着时间的推移逐渐变浅变透明的特点，一般需经过1年左右时间后漆膜的颜色才会稳定不变。不论是清漆还是色漆的大漆漆膜均可抛光，大漆业加工是进行推光，经过多次复涂和推光的漆膜光艳夺目，工艺佳者漆膜如镜面，即使是长久存放也没有明显消光现象，这也是大漆能用于制作工艺美术品漆器的基本条件之一。

另外，漆膜的耐磨性能也很好，可以经受672N的摩擦力而不损坏，并且越打磨越光亮。

③ 优良的力学性能：单纯的生漆漆膜硬度大而韧性略差，加入填料特别是瓷粉和石墨粉可以改善其力学强度。生漆与非金属材料的黏结力高于金属材料，直接和金属结合时附着力差，加入填料则可大大改善。加入瓷粉的生漆与钢铁的结合强度可增加5倍。

④ 良好的工艺性能：大漆的主要用途之一是制造漆器，选择大漆作工艺美术品的涂料，除了上述因素外，良好的工艺性能也是主要原因之一。具体为突出的打磨性能、抛光性能和耐磨性能。漆器制作过程要经过多次打磨，最后抛光。大漆膜可多次打磨，易于抛光，抛光之后光艳夺目，越磨越亮，久存不变。大漆涂层色度纯正，不带杂色，光泽丰满，未加其他物质的涂层，久放之后色泽变浅，透明度变高，变化速度和固化时的条件有关。在漆器的制作过程中有所谓“提青”操作，即经过推光后薄薄地揩一遍大漆，再用干净的棉花擦去，留下一层难以测定厚度的漆层，置于潮湿处阴干，已干而未干透时再进行抛光，每重复操作一次，漆膜的亮度就增加一些，黑色漆从带有“白光”而变为“青光”，未经“提青”过程就达不到这种水平。

⑤ 良好的耐磨腐蚀性：大漆漆膜耐酸、耐水、耐盐及多种有机溶剂，不耐碱及氧化性酸。漆膜耐受30%的盐酸、70%的硝酸（100℃，72h）不会发生变化，对硝酸的耐酸腐蚀能力虽差一些，但室温下仍能经受20%的硝酸。加入某些填料之后，耐腐蚀能力还会提高。经化学改性，例如漆酚制成环氧树脂或是漆酚和苯乙烯共聚，可以得到特别耐碱涂层。大漆的防腐性能如表3－8所示。正是大漆的这种耐腐蚀性能使它得以广泛地应用于多种工业部门中。

表 3－8　　　　大漆漆膜耐化学介质能力

化学介质	浓度/%	温度/℃	耐腐能力	化学介质	浓度/%	温度/℃	耐腐能力
盐酸	任意	室温至沸	耐	氯化铵	饱和	室温	耐
硫酸	50～80	100	耐	硝酸铵	饱和	80	耐
硝酸	<40	100	耐	氯化钙	饱和	80	耐
磷酸	<70	30	耐	硫化钠	饱和	室温	不耐
乙酸	15～80	室温	耐	明矾	饱和	室温	耐
柠檬酸	20	80	耐	松节油	—	室温	耐
硅氟酸	9	80	耐	汽油	—	室温	耐
甲酸	80	室温	耐	苯	—	室温	耐
氢氧化钠	<1	室温	耐			45	不耐
苯胺	—	室温	耐	乙醇	—	室温	耐
氨水	10～28	室温	耐			45	不耐
氨	—	室温	耐	湿氯气	—	室温	耐
硫酸钠	任意	室温至沸	耐	硫化氢＋水	浓	80	耐
氧化钠	饱和	室温至60	耐	CO_2水溶液	混合气	室温	耐
硫酸铜	15	室温	耐	氯化氢	3～5	室温	耐
硫酸铵	50	80	耐	漂白粉	饱和	室温	耐
硫酸镁	饱和	室温	耐	水	—	沸	耐
氟化氢	44	室温	不耐	氯	25	—	耐
硫酸镍	饱和	室温	耐	氧化氮	—	室温	耐
硫酸钙	饱和	室温	耐	—	—	—	—

⑥ 耐热性能高：长期使用温度为150℃，短期使用可达250℃，加入填料以后，耐热性能特别是耐热冲击性能显著增高。大漆的耐热性能超过脂肪族聚酯、不饱和聚酯、芳香聚酯、环氧树脂、酚醛树脂，但比不上有机硅树脂。差热分析表明大部分大漆漆膜失重5%，温度在270℃以上，不同产地的大漆其有关性能如表3－9所示。经过化学改性，例如漆酚和糠醛缩聚后，长期使用温度为250℃，短期使用温度为350～400℃，在700℃受热1min无变化。

表 3－9　　　　各种产地的大漆的重要性能

名称	化学组成			固化性能		耐热性		力学性能			光泽度/%
	漆酚总量/%	共轭烯/%	水分/%	漆酶活性/(min/0.1g)	表干时间/min	5%失重点/℃	5%失重点/℃	柔韧性/min	附着力/级	硬度/s	
建始大木	73.10	39.19	19.49	23.50	150	278	493	2	2	327	85
利用麻皮阳岗大木	66.27	49.86	26.12	51.25	120	298	475	2	1	345	72
利用白皮阳岗大木	75.23	50.44	18.01	51.00	120	293	497	3	1	351	58
思施毛叶大木	61.34	23.22	30.82	169.0	120	255	445	2	2	323	50
利用猪油皮大木	77.34	48.55	15.68	62.50	150	272	486	10	6	322	78

续表

名称	化学组成			固化性能		耐热性		力学性能			光泽度/%
	漆酚总量/%	共轭烯/%	水分/%	漆酶活性/(min/0.1g)	表干时间/min	5%失重点/℃	5%失重点/℃	柔韧性/min	附着力/级	硬度/s	
平利大红袍	79.78	51.56	12.88	55.00	180	265	495	2	1	324	75
平利红皮高八尺	73.73	30.65	16.31	600.0	180	273	486	2	2	313	74
平利白皮高八尺	76.68	33.94	16.63	37.00	240	288	491	2	3	333	62
平利金州红	74.78	40.07	18.51	155.0	180	292	495	2	1	385	78
岚皋金州黄	77.05	46.48	15.69	42.00	180	268	486	2	5	399	70
岚皋黄茸高八尺	77.07	43.88	16.71	50.00	180	280	468	3	6	336	77
镇平高山大木	67.46	40.31	23.47	44.00	180	287	490	2	5	363	85
安康大木	84.06	57.62	12.06	36.50	240	270	493	10	7	315	65
岚皋高山大木	56.11	40.44	32.25	47.00	120	273	488	10	6	320	60
平利高山大木	53.54	35.17	36.45	38.00	150	240	471	10	3	356	86
宁陕高山大木	64.87	27.58	29.26	34.50	180	234	474	5	6	309	62

⑦ 良好的绝缘性能：大漆是良好的绝缘材料，特别是有高的击穿电压，干燥漆膜的击穿强度为50～80kV/mm，长期在水中浸泡仍保持在50kV/mm以上；体积电阻和表面电阻也高，在高温高湿条件下，甚至在水中仍可保持较佳状态，具有防水、防潮、不生霉的特点，可作为电器设备的“三防”材料。加热干燥的漆膜绝缘性比常温固化者佳（见表3－10）。

表3－10　大漆漆膜绝缘性能

固化		常温固化	100℃固化
击穿电压/（kV/mm）	常态	86.73	117.19
	浸水24h	—	25.09
体积电阻系数/（Ω·cm）	干燥状态	7611×10^{12}	14534×10^{12}
	相对湿度70% 18h	97×10^{12}	69×10^{12}
表面漏电电阻/Ω	相对湿度50%	126×10^{12}	181×10^{12}
	相对湿度70%	80×10^{12}	138×10^{12}
	相对湿度90%	60×10^{12}	41×10^{12}

大漆漆膜耐苛性碱性能较差，不耐阳光的长期直射，于室外受阳光久晒后漆膜易失光，逐渐发生龟裂、老化。缺氧、避免紫外光照射可以延缓漆膜的老化，深埋在地下的漆器均是处在缺氧和不受紫外光照射的条件下的，这极有利于对它的保存。

3.7.2.4　大漆缺点

大漆虽然有很多优点，但也有不少缺点。大漆漆膜柔韧性较差，耐酸碱性能较差，不耐阳光的长期直射，于室外受阳光久晒后漆膜易失光，逐渐发生龟裂、老化。漆液黏度太大，施工不便，涂层不能太厚，否则底层不干或表皮起皱。未经改性的大漆与金属结合力差，限制了大漆的使用范围。

3.8　未来家具制造面临的涂装趋势

未来家具制造将面临三大趋势：

（1）环保性　环保的要求将越来越高，特别是做出口的订单，仅仅达到国家标准要求已不能满足客户的要求。

（2）高效率　高效率的生产，是每一个企业强调的竞争力之一。劳动力需求的紧缺，迫使家具制造企业提升家具制造的自动化与流水线作业。

（3）低成本　随着竞争的加剧，家具制造的利润将会越来越低，这就要求制造企业要善于使用新品种、新技术，使企业整体制造成本得到有效的控制。

那么从涂装技术的角度看 UV 漆的使用与推广是最具有价值的，理由是：

（1）UV 漆是目前世界公认的最环保的油漆品种（另一个为水性漆）。

（2）UV 漆涂装效率是常见的 PU、PE、NC 的数 10 倍。

（3）UV 漆的单位涂装成本是其他漆种单位涂装成本的一半。

（4）UV 漆制造技术与运用技术近几年发展非常快，现在使用 UV 线来制作家具的企业越来越多，表现出来的制造优势也更加明显。

拓展知识

家具工业涂装的现状及发展

近 50 年来，木质家具涂装发展迅猛，出现并发展了一些新型涂料及新的涂装工艺。20 世纪 50 年代，硝化棉清漆在欧洲木器涂装中最为流行，各类涂料的发展如图 3 – 9 所示，而其他更好性能的涂料［如酸固化涂料（AC），聚氨酯涂料（PU），不饱和聚酯（PE）］也已出现。

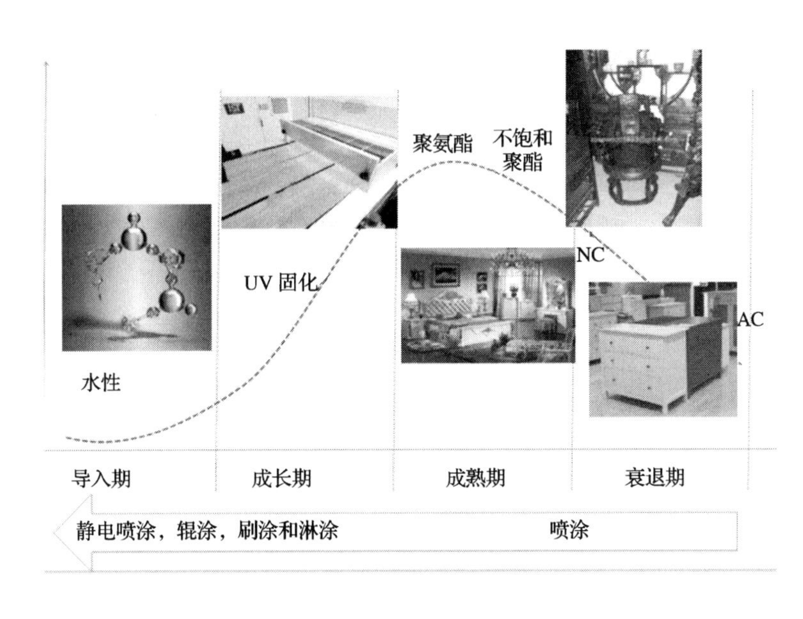

图 3 – 9　各类家具涂料随时间发展的脉络和发展趋势

在 20 世纪 70 年代，人们开始使用无溶剂紫外光固化涂料，到了 80 年代，又出现了水性木器涂料。

最新的木器涂料是水性紫外光固化涂料。对于一些特殊的应用场合，如以中密度纤维板

（MDF）为底材的橱柜和浴柜，紫外光固化或在较高温度下双固化的粉末涂料也开始应用，在欧洲有几条这样的生产线。

在这50年中涂装方法及涂装设备也有了较大的发展。原始的手工喷涂已开始向无气或空气混合的自动喷涂及静电喷涂发展。平板上的淋涂、正向辊涂及反向辊涂也发展很快。

20世纪80年代出现了较完整的涂装生产线（使用UV或其他涂料）。今天，全球都已开始使用这些新型涂料，但是不同的国家在应用这些涂料时呈现出不同的特点，如表3－11所示。

表3－11　　国际木器涂料市场未来发展的趋势

国家或地区	NC	AC	PU	PE	UV	Water
斯堪的纳维亚半岛	—	●	—	※	☆	☆
德国	●	※	☆	※	☆	☆
意大利/西班牙	—	—	☆	●	☆	☆
东欧	—	●	—	—	—	—
美国	●	—	—	—	☆	☆
中国	—	—	☆	—	☆	☆
韩国	—	—	☆	●	☆	☆
日本	—	—	☆	—	☆	☆
东南亚	●	●	—	—	—	—

使用符号说明：●很少使用　　※不使用　　☆普遍使用

① 不同国家的家具时尚不同；

② 各国关于环保方面的法律规定不同。

欧洲各国在时尚和环境问题上有很大的不同。在意大利和西班牙等南欧国家流行高丰满度、高光泽的家具，因而不饱和聚酯涂料和聚氨酯涂料是最常用的家具涂料。

在德国，市场上流行低丰满度、开孔和亚光的效果，因而在德国仍有大量的硝基涂料在使用。同样是在德国，酸固化涂料及不饱和聚酯涂料分别因为甲醛及苯乙烯的释放超标，是被禁止的。而在斯堪的纳维亚半岛，最常使用的是酸固化涂料，因为游离TDI（甲苯二异氰酸酯）的关系，聚氨酯涂料在这里几乎不被使用。

正如前面提到的，不饱和聚酯涂料在意大利与西班牙常被用作高丰满度漆膜的底漆。不同国家有不同的选择涂料的标准，但是所有国家有着相同的发展趋势，即使用更多的环境友好型涂料，像紫外光固化涂料和水性涂料。

硝基涂料因为固含量较低及VOC（挥发性有机物含量）较高，酸固化涂料因为有甲醛的释放，不饱和聚酯则由于含有苯乙烯单体，都将逐渐从市场上消失，而无溶剂UV涂料和UV水性涂料将快速增长。

在喜欢低丰满度及亚光效果的国家，如德国及斯堪的纳维亚半岛国家，常规的水性涂料将成为木器涂料市场的重要组成部分。

因为固含量较高且没有类似甲醛的危险物质释放，至少在未来几年内双组分聚氨酯涂料还将保持它在市场上的地位。

前面已经提到，中密度纤维板装饰用的紫外光固化或在较高温度下的双固化粉末涂料也将成为市场的重要组成部分。兆生办公家具有限公司已经使用了双固化粉末涂料，产品增值不少，效果非常好。

另一种在汽车等工业中已经使用的水性涂料——双组分聚氨酯水性涂料，销售到木器涂装的零售市场上的销量将大于其在工业家具涂装的使用量。

全球家具涂装的生命周期如图 3－10 所示，与我们前面的观点相符即无溶剂 UV 涂料、常规水性涂料（单组分）、UV 水性涂料在未来家具涂装中将占据统治地位。

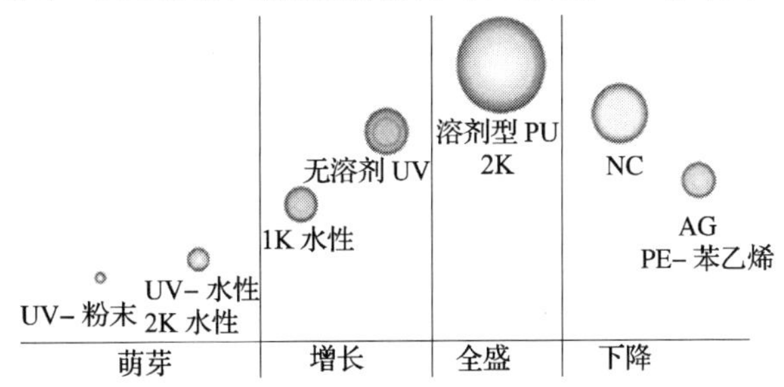

图 3－10　各类家具涂装的生命周期

使用这些木器涂料的主要原因是世界范围内对环境保护的要求：

——低 VOC，较低甚至没有有机溶剂挥发；

——从固化好的漆膜中没有类似甲醛的有害物质挥发；

——不使用有害单体，如不饱和聚酯涂料中的苯乙烯、无溶剂紫外光固化涂料中的丙烯酸单体。

使用这些新型技术，我们不仅能达到环保法规的要求，还能达到家具涂装的不同的效果，即高丰满度或低丰满度、亮光或亚光、透明或实色；能涂饰不同类型的物件：平板、非平板及三维空间的板材，如椅子。

表 3－12 中列出了这些环境友好型涂料的应用场合：木地板、家具、夹板、硬板及 MDF 印刷板。

表 3－12　　新型家具涂料的应用

	2KPU 溶剂型	UV 无溶剂型	常规水性	UV 水性	2KPU 水性	粉末涂料
木地板						
－家庭涂装	——		——		——	
－工业涂装		——		——		
家具						
－非平板	——	——	——	——		
－平板	——	——	——	——		
－椅子	——		——	——		
－中纤板	——	——	——	——	——	——
印刷						
－中纤板		——	——			
－硬板		——	——			
木条	——	——	——	——		
DIY 市场	——		——		——	

注：表中——表示将会大量使用的涂料类型。

工业地板涂装现在主要使用溶剂型 UV 底漆及面漆，通常使用辊涂。

家具的非平板、平面板可以通过辊涂、淋涂和喷涂的方法施工，可以使用双组分 PU 涂料、无溶剂的 UV 涂料、常规水性涂料及 UV 水性涂料，具体使用什么涂料取决于对漆膜效果的要求。双组分 PU 涂料、无溶剂的 UV 涂料及水性涂料组合起来，可以满足漆膜外观（时尚）、表面质量和环保的要求。具体应用如表 3－13 所示。

表 3－13　　新涂装方式的应用

	辊涂	淋涂	喷涂	刷涂
木地板				
－家庭涂装			——	——
－工业涂装	——	——		
家具				
－非平板	——		——	
－平板	——	——		
－椅子			——	
－中纤板	——	——	——	
印刷				
－中纤板	——			
－硬板	——			
木条			——	
DIY 市场				——

注：表中——表示将会大量使用的涂装方式。

椅子等三维物件必须使用喷涂施工，主要使用常规水性涂料及 UV 水性涂料。

MDF 板是现代家具常用的一种基材，所有的涂料都可以用于 MDF 板，因为 MDF 板能承受较高的温度（100～150℃），粉末涂料也能涂饰 MDF 板。通过静电涂饰一层粉末涂料（超过 100μm），在 100～150℃下熔化，然后进行 UV 固化或双固化。这种方法涂饰的表面不是完全平滑的，有一点粗糙，常用于浴室家具的涂饰。这种涂料相对较新，但是它有很好的前景，特别是需要厚涂的场合。

使用硬板和 MDF 板的墙面装饰印刷板、橱柜背板及抽屉将专使用水性底漆及 UV 清漆辊涂。

双组分 PU 水性涂料销售到木器涂装的 DIY 市场上（家庭）的销量将大于其在工业家具涂装的使用量。

综合考虑常用的 5 种涂料在固含量、干燥时间和硬度指标上的区别，进行涂料的选择。如表 3－14 所示。

表 3－14　　5 种常用涂料在性能及工艺上的特点

油漆名称	固含量	干燥时间	硬度
PE	90%	2h	3H
PU	40%～60%	4～6h	2H
NC	25%～40%	0.5h	1H
UV	100%	3～5s	4H～5H
水性	30%～40%	2h	HB～1H

一种特殊的涂装设备——Vacumat（木条通过一个装满油漆的容器中），将用来涂装木条（较长的），相配套的涂料是常规水性涂料、特殊水性涂料及UV涂料。

伴随着环境友好型涂料的发展，新的涂装设备和干燥设备也发展起来了。干燥设备的一个主要课题是如何挥发水性涂料中的水。高频（微波）干燥已经被使用，但是水的挥发需要相对高的能量依然是一个问题，不过相信这个问题在不久的将来也可以解决。

另一个值得注意的问题是喷涂水性涂料是可以循环使用的，这使得目前还较贵的水性涂料可以较为经济地使用，针对这一点，设备制造商正在开发新型的喷涂设备。

为了解决木器涂装中存在的各种问题，涂料生产公司、家具公司和设备制造公司必须充分合作，共同推动家具涂装的发展。

思考题：

（1）目前，在家具工业里主要使用的涂料有哪几种？分别说明它们的中文和英文名称，化学组成、特点和优缺点。

（2）UV漆目前的发展趋势是什么？在家具中什么类型的家具才适合UV涂料和涂装方式？

（3）硝基涂料适合用在哪一类家具上？为什么？

（4）大漆的主要成分是什么？中国家具与大漆有什么样的关系？目前大漆主要应用在哪些方面？大漆与现代合成涂料相比，它有哪些优点？又有哪些缺点？你认为是否应该大力推广大漆的使用？为什么？

（5）聚氨酯（PU）涂料有什么优点和缺点？为什么它在中国家具市场流行了很久？它跟中国的文化之间有什么关联？

（6）水性涂料的发展前景如何？能否列出几个家具企业使用水性涂料的案例？为什么水性涂料的发展速度受到一点阻碍？关键的问题是什么？

（7）每个同学通过查询资料，选择一种涂料，分别介绍它的历史、化学组成、适用对象和范围、使用的案例、优缺点等。制作相关PPT，20张以上，要求图文并茂、简单明了、脉络清晰、内容生动有趣。

（8）查询资料，列出2010年上海世博会当中各国在其展馆上和展示中使用的新型涂料，并做一些介绍。

第4章　涂 装 工 艺

学习目标：掌握家具企业常用的涂装方式、使用的主要工具和涂装工艺，尤其重点介绍了美式涂装工艺；掌握一般木质家具涂装的工艺方法；掌握传统的六种涂装工艺的具体方法；了解其他十几种特殊一些的家具涂装工艺方法；掌握木用涂料底面漆配套原则；掌握涂装前和涂装过程中的打磨的方法和原则；了解油漆调配与涂装操作注意事项的问题等。

知识要点：常规以及一些特殊的涂装工艺；底漆、面漆的配合；美式涂装的特殊工艺以及特点；涂装每个工序的要点和方法。

学习难点：掌握涂装工艺的目的、作用、意义、方法，以及选择标准；不同家具、不同基材、不同风格、不同质量标准，选择合适、经济和稳定的涂装工艺极其重要，对初学者也非常困难，这需要不断记忆和理解，并在实践当中不断尝试和总结，才能真正掌握和灵活应用。

4.1　手工涂装

手工涂装是一种原始的涂装方法，由于具有投资小、涂料损耗少、适用范围广等优点，目前仍被广泛使用。本节主要介绍手工涂装的方法、工艺和手工涂装的环境。手工涂装常用的方法有刷涂法、擦涂法、刮涂法。

4.1.1　刷涂法

刷涂是利用各种漆刷和排笔蘸涂料在制品表面进行涂刷，并形成均匀涂层的一种方法，是一种应用最早、最普遍的涂装方法。

4.1.1.1　刷涂工具

由于涂料的种类和性能不同，刷涂时候对工具的选择也不太一样，本章着重介绍用得较多的扁鬃刷、排笔、羊毛板刷、大漆刷、刮刀和棉花球。

（1）扁鬃刷　扁鬃刷也称油漆刷，是用铁皮将长毛猪鬃包在木柄上制成的，刷毛宽度有0.5寸（1.27cm）、1寸（2.54cm）、3寸（7.62cm）、4寸（10.16cm）等多种规格，扁鬃刷刷毛较硬，弹性大，适于刷涂高黏度的涂料。

（2）排笔　排笔又称羊毛刷，是用羊毛和多根竹管并排制成的，相当于单管毛笔串排起来，其规格按组成的小管笔的数量来分，常用的有6支、8支、10支等，大的可达24支以上，要根据涂饰物的面积大小来选用。

排笔或羊毛刷主要用于涂饰黏度较小的油漆。

（3）羊毛板刷　羊毛板刷是由羊毛和木柄加马口铁皮制成，有1~5寸多种规格，羊毛柔软并具弹性，适合刷涂低黏度涂料。

（4）大漆刷　大漆刷是专门用于涂饰天然漆的刷子。因为天然漆黏度比一般涂料大得多，用一般漆刷无法进行涂饰，一定要用这种特制的大漆刷来涂饰。这种漆刷是用薄木板夹住人发或牛尾、马尾鬃制成，露在外面的毛头很短，具有很大的弹性，故能涂饰高黏度的大漆。

（5）刮刀　刮刀是用于刮涂各种腻子涂料，使用较普遍的有木柄钢皮刮刀、牛角刮刀。

（6）棉花球　棉花球是用纱布或细软白布包裹脱脂棉花（药棉）或细软尼龙丝而成。主要用于揩涂涂层干燥较快的硝基清漆与虫胶清漆，也可用于揩涂染料水溶液，对木制品进行染色处理。

4.1.1.2　刷涂的特点

刷涂具有以下几个特点：

（1）工具简单，使用方便，不受场地与环境条件限制。

（2）应用广泛，适用性强，可刷涂各种形状、各种规格尺寸的制品。

（3）涂料利用率高，浪费少。

（4）效率低，消耗工时，劳动强度大。

（5）施工卫生条件差，涂装质量受人为因素影响大，质量不稳定。

4.1.1.3　刷涂的注意事项

刷涂的时候应该注意以下几点：

（1）涂刷的一般规律是从左到右，从上到下，先里后外，先难后易。

（2）漆刷的运行速度应该快慢一致，用力均匀，以保证涂层均匀。

（3）刷涂时不应来回涂刷次数过多，以防起泡或留下刷痕。

（4）刷上面时蘸油要少，动作应快捷，薄刷多次，以防流挂。

（5）应该保证施工现场适当通风。

（6）刷涂结束或中间休息，应该将毛刷浸于溶剂中或洗净晾干。

4.1.2　擦涂法

擦涂法又称揩涂法，是指用棉布、纱头、刨花等材料蘸取挥发性漆，多次擦涂制品表面，以达到形成漆膜或填充着色等目的。

擦涂法主要用于涂饰面漆，擦涂能使涂膜结实丰满、厚度均匀、附着力强，所以常用于高级家具的表面涂饰中。

4.1.2.1　擦涂方法

擦涂是用擦涂材料蘸满漆液，先划圈擦拭制品，再顺木纹方向顺擦干净使漆料充分进入木纹中，同时制品表面又不得留下残余涂料，使制品涂膜均匀一致，色泽也要均匀。

常用的擦涂方法有：

（1）直线擦涂。

（2）螺旋擦涂。

（3）“8”字形擦涂。

（4）蛇形擦涂。

在涂饰的时候，可以选择一种方法进行，也可以几种擦涂方法交替进行，这样形成的漆膜平整结实，质量好。

4.1.2.2　擦涂的特点

擦涂具有以下几个特点：

（1）漆膜均匀，填充饱满。

（2）擦涂后的装饰效果和质量均佳，常用于高档木制品表面涂装。

（3）效率较低，耗时费力，不利于批量加工。

4.1.2.3 擦涂的注意事项

擦涂的时候应该注意以下几点：

（1）擦涂用的涂料应以涂虫胶、硝基等挥发性快干清漆为宜。

（2）擦涂用的涂料黏度不宜过高。

（3）去除表面的浮粉、残液应该在漆膜未干的时候进行。

（4）擦涂用的材料应选用吸附性好的材料，并将初擦与复擦的材料分开，以保证擦涂效果。

4.1.3 刮涂法

刮涂就是利用各种刮刀把腻子刮到被涂物表面的纹孔、洞眼、缝隙中去，使之平整光滑的一种手工涂装方法。

刮涂工具主要有嵌刀、铲刀、牛角刮刀、橡皮刮刀和钢板刮刀等。

4.1.3.1 刮涂的方法

刮涂腻子时，先将材料蘸于刮刀刃口处，让刮刀与制品表面呈35°～45°角，顺木纹方向往返刮涂，不得出现刮棱。平刮完毕后，用刮刀将涂料清除干净。

4.1.3.2 刮涂的特点

刮涂具有以下特点：

（1）涂层平整光滑，填充效率高，填充效果好。

（2）刮涂分为满刮和局部刮两种，满刮效率高，但是技术要求较高，需具有相当的水平才可操作。

4.1.3.3 刮涂的注意事项

刮涂的时候应该注意以下几点：

（1）漆料黏度要合适，不能太稠，也不能太稀。

（2）用力要均匀，要有先后顺序。

（3）取料一次不宜太多，保持清洁，减少浪费。

（4）在高低不平的制品表面刮涂时，要以被涂物高处为准刮平整。

（5）凹凸的制品表面要以凸起处为标准刮成平面。

4.1.4 手工涂饰的环境

手工涂饰涂料是一项十分精确、细致的工作，要求有一个适宜的工作环境，施工场所的温度、湿度要合适，卫生条件要好，光线要充足，通风条件要好，场地面积要宽敞。

4.1.4.1 场地温度

大部分涂料都要求在常温（20～25℃）条件下使用，涂饰温度过高过低都会影响漆膜质量。如果室温过低，涂层干燥缓慢，有些涂料几乎不能固化，影响施工速度，同时会造成涂料黏度增稠，影响成膜质量。

4.1.4.2 场地湿度

涂饰涂料应在正常湿度或略微干燥的条件下进行，即空气相对湿度在45%～60%时比较合适。除个别涂料外，空气过于潮湿对大多数涂料的涂饰都不利，尤其是涂饰水性填孔着色剂和挥发性漆不宜在潮湿环境下施工，否则涂层会出现很多缺陷，也会降低涂层干燥速度。

4.1.4.3 场地光线

涂饰涂料的场所应有充足的光线，尤其在涂漆配色、拼色时，如果场地光线不足，不仅颜色不准，而且涂漆时容易出现刷漏、刷堆、流挂等缺陷。

4.1.4.4 场地卫生条件

涂饰涂料的场所卫生条件应良好，地面及空气应洁净无尘。否则，灰尘会飘落在涂层上，尤其是油性漆的表面干燥时间长，落上灰尘就会使漆膜表面出现颗粒，光洁度下降，增加涂膜修饰打磨的工作量。另外，施工场地的适当通风非常必要，既可及时去除有害气体，避免火灾，又可让工人身体健康。在油漆手工涂饰过程中，采取适当的涂装方法，再加上良好的涂装环境，这样才能保证手工涂装的质量，提高生产效率，保障从业人员的身体健康和劳动安全。

4.1.5 涂大漆透木纹工艺

涂大漆透木纹工艺，也称熟漆工艺。就是在涂装过程中，从调配腻子到涂装大漆都要在大漆中加入一定量的熟桐油来提高大漆的亮度与木纹的清晰度。其特点是涂装后的漆膜丰满、光泽好，颜色庄重柔和，木纹美观。但涂大漆后需等 3 个月左右的时间，其底层的木纹才能显现出来，这是大漆的特性所致。在操作工艺方面，也比通常漆工艺复杂，同时大漆的干燥条件特殊，需在潮湿环境中干燥，而且大漆对人体有一定的毒性，皮肤接触易产生过敏，所以主要适于仿古家具等涂装。

其工艺程序如下：

（1）白木磨光　用 1#木砂纸包木块，将家具顺木纹方向打磨平整光滑，扫光，反复抹净。

（2）上底色　涂大漆透木纹家具，在白木打磨光滑后，应先刷涂 1 道淡淡的水色，使涂大漆 3 个月后这层底色能重新显现出来，增加木纹的美观。底色的颜色据用户要求而定，如果涂棕黄色，可用 1kg 开水加 0.5 ~ 1g 黄纳粉调制；棕红色可用黑纳粉调制；深枣红或紫红可用碱性品红调制等。水色调制好后，顺木纹方向均匀刷涂 1 道，各面的边缘棱角也要刷到、刷均匀，不得有漏刷或积色现象，刷好后干燥数小时。

（3）刮腻子　大漆腻子需 3 次刮涂，前两次刮涂的目的是充分填平钉眼、缝隙等，第三次是顺木纹方向全面刮，但满刮时的腻子层一定要薄，不能覆盖木纹。每一次刮涂后，应置于相对湿度大于 80% 以上的潮湿环境中干燥，也可以用湿的芦苇或草席搭棚进行干燥。前道腻子干燥后，用旧细砂布轻轻磨光，反复抹净后再刮后一道腻子。刮涂腻子必须使用牛角刮板，不能用钢刮灰刀或刮板，以防腻子发黑，造成颜色不均匀。

（4）第一次腻子用精滤生漆 1kg 与熟铜油 300 ~ 400g 混合均匀，再加石膏粉及适量该色水溶液调制成稠腻子，用牛角刮板每处顺木纹左右来回刮涂平整。每处只能左右刮涂 1 ~ 2 个来回，刮涂次数过多，腻子不易干燥。每面刮完后，要用牛角板顺木纹方向将残渣清干净。满刮腻子干燥后，用 0#砂布顺木纹方向轻磨光滑，反复抹净。

（5）涂第 1 道大漆　将精滤生漆 1kg（熬炼 260 ~ 270℃）与熟铜油 500 ~ 600g 充分混合均匀，而后先用刮漆板将稠的漆液顺木纹面刮平整，待一面刮满后，改用棕毛将漆面竖、横交替各用力揩涂 2 ~ 3 次，再对角交替各斜揩 2 ~ 3 次，使漆膜达到薄而均匀后，顺木纹方向将刷纹轻轻理平，收净边缘棱角，置潮湿处干燥。

（6）轻磨光　用 00#细砂布顺木纹方向将漆膜轻而细致地打磨平滑，也可用 320#水砂纸轻轻水磨平滑，抹干、反复抹净。

（7）涂第 2 道大漆　将精滤生漆 1kg 与熟铜油 600 ~ 800g 混合均匀后，再按涂第 1 道大漆的方法，将各面细涂 1 道。这道漆可适当涂得厚些，使干后漆膜达到平整丰满。涂好后置潮湿处干燥 1 ~ 2 天。

4.2 美式涂装

4.2.1 美式涂装常识

美式涂装是指欧美等地区使用和流行的家具的油漆涂装。美式家具由于受欧美等地的历史背景、文化艺术和生活习惯的影响，带有特有的浓郁的欧美风情和品味。其涂装特点主要是体现复古和回归自然，充分显现木材本色。迎合了人类向往自然、回归自然的心理需求，因此，是未来家具发展的一个趋势。

目前，我国生产美式涂装家具的制造厂家主要分布在广东、福建、山东、江浙等地的沿海经济开发区，尤其以广东的东莞、深圳居多。美式涂装家具的一大特点是规范化生产，其生产工艺较稳定，生产技术也较成熟。此类企业大多数为台资企业，也有少部分是港资企业，其产品的销售大多由一些大型跨国贸易公司进行，如瑞典的宜家公司和美国的雅丽公司。

美式涂装工艺种类主要包括一般美式自然涂装、古老白涂装、PINE 老式型涂装、PINE 古老型涂装、双层式涂装、乡村式涂装。

4.2.2 美式涂装效果

（1）破坏（DISTRESSING）　是美式涂装中能增强仿古效果的一道工序。仿照产品在长期使用或存放过程中出现的风蚀、碰损及人为损伤所留的痕迹。较为常见的有虫孔、敲打（链条、石头）、锉刀痕、砂穿、蚯蚓痕、锉边。

（2）漂白（BLEACHING）　漂白前尽可能地砂光好，以便木材导管炸开至最低程度。漂白后的不完全干燥会导致起泡或涂层附着不良，干燥后的砂光不良会导致涂装不清晰。

（3）木材填充剂（WOOD FILLERS）　主要因木材有不同深度的导管及凹陷等问题妨碍涂膜的平坦，也增加涂装的次数及涂膜表面的缺陷，因此，木材经过填充处理后，对素材表面平滑有很大的帮助，但是填充的方法及必要性需根据木材的种类是否施予填充，导管孔的残留程度是半填充时即不需要全封闭导管。

① 填充导管可以产生一个平滑的表面。

② 通过突出导管从而提高美观性，填充剂要充分干燥。

③ 填充剂加颜料着色剂，可达到填充着色同时进行的目的。

④ 适合各种涂装工程施工前的素材处理。

（4）素材修色（EQUALIZING）　目标：将有色差的木材修成统一的颜色。由于价格和其他因素的影响，有一个产品使用不同的材种，相同的材种颜色也有不同，进入涂装室的木材颜色不一样。木材任何反常的颜色都要进行调整，如灰色、深色、黑色等。这步操作没有固定的模式，垂直平面涂装后会比水平面更深、更红。因此要特别注意壁柱、饰条、侧板和垂直门板及抽头。素材修色是一个判断性的过程，正确的素材修色操作使一件家具的整体外观和颜色更统一。在操作中养成好的习惯对最终产品的稳定性有帮助。

（5）整体修色　目标：建立基础颜色。统一的底色操作至关重要，颜色有偏差的家具更多地依靠此操作来弥补。

① 半透明的有色底色（SEMI－TRANSPARENT PIGMENTED STAINS）

a. 硝基底的清漆类底色用明亮的有机色粉调色；

b. 色粉的明亮度和清晰度是介于染料和不透明色粉之间的，这些色粉被用来改变或增加木材的颜色；

c. 如使用染料类底色般炸开导管的程度大。

② 使用油底底色（PIGMENTED OIL BASE STAIN）（渗透底色、涂抹底色、格丽斯[①]及填充剂）

a. 油底底色意味着使用的溶剂是油底的，原料是用土质色粉调色，色粉是用开采的矿物质磨碎加工处理后最终作着色剂用，当研磨入主剂和用稀释剂稀释形成一种浆状的稳定状态就可以随时使用；

b. 常使用的土质色粉包括生、熟赭土和生、熟深棕土，根据所需要特定的颜色也可在加入土质色粉后再加明亮的半透明色粉。

③ 底色（NGR）

a. 用来代替旧式的水底底色的一种涂装工序；

b. 克服慢干和由于底色中的水渗入木材而引起的木材导管炸开现象，但是，导管的炸开受木材的种类、相关湿度、干燥条件及操作技术所影响；

c. GR 底色通常使用低气压，喷枪的气压在 30 磅的范围内，涂料缸的液压为 5 ~8 磅。

（6）头度低浓度底漆（WASH COAT）　目标：封住底色为擦 GLAZE 做准备，它有如下特点：

① 含固体成分较低，通常为素色材料，被用来喷在底色上；

② 稳定和固定木材的导管；

③ 控制喷涂在头度底漆上的颜色渗透或填充底色的颜色发展；

④ 头度底漆的正确喷涂是均匀喷湿无流油；

⑤ 使用填充格丽斯系统，要注意头度底漆的固体成分不可太高，若太高的话会因部分导管被堵塞而导致填充剂不能很好填入；若固体成分太低则会因为颜色涂层渗透而形成过多的色差；

⑥ 连贯的操作动作在这一操作中也是必要的，均匀的涂膜也是必须的，不经意地错过的条纹会显得比较深。仔细检查头度底漆以补偿砂光和其他影响 GLAZE 渗透的变量的变化。

（7）头度砂光（WASH COAT SANDING）

① 平面最易砂光，端头和边角最需要砂光；

② 这一步骤重要是因为这是得到最后光滑涂膜的第一个操作流程；反之，不仅对颜色有影响，而且会使底漆显得粗糙；

③ 不同的工序选择相对应的砂纸的型号；

④ 要特别注意顺木纹砂光，反之则产生逆砂痕。

（8）防黑油（INERT）　目标：提供一个更整洁、更统一的涂装。

① 这种产品有选择性地在那些接下来的涂料会过分吸入区域，从而导致这些区域发黑或很脏；

② 注意这种产品只能用在那些需要的地方，一不小心使用会导致不需要的区域偏浅。

（9）涂抹操作

① 仿古漆（GLAZE）

a. 动作要大方，不受限制；

b. 正确的砂光和头度底漆，操作使第一个涂抹操作大体上擦干净；

---

① “格丽斯”取自“Glaze”，是一种半透明的颜料着色剂，通常作为美式涂装的中层色，下同。

c. 尽可能地把 GLAZE 渗透入导管并防止端头发黑，面板最后涂抹；

d. 很多时候一把 GLAZE 刷能帮助移走缝隙、沟槽和角落多余的涂料，增加调整统一颜色的效果；

e. 清洁后适当的 HILIGHT 会为产品带来柔和及层次感；

f. 是一种透明至半透明的颜料着色剂；

g. 干燥慢，易被擦拭，刷拭做明暗与层次；

h. 要做到良好的喷、刷、擦、抓，不可露白，颜色一致，不可有深、脏、黑等现象；

i. 擦拭过 GLAZE 的布要特别处理，放置于有水的特制的桶里。

② 突显（HILI）：分深与浅为深浅带，是美式涂装中的一项重要工序，是用钢丝绒按木纹的规律抓出颜色较浅的一部分，呈现出明暗对比的层次，自然柔和。

③ 高浓度底漆（SEALER）

a. 配方固体含量通常在 15% ~25% 。

b. 为了提高砂旋旋光性，使用了辅助成分滑石粉、硅酸盐或硅。

c. 高浓度底漆的主要目的是在喷面漆前完成油漆的涂层，通常涂装于填充底色或填充剂上，而且通常经短时间烘干后砂光。

（10）面漆　目标：提供涂层保护及把木材的美和涂装技术带出来。涂层间和最后涂层干燥时间对提供一个充分干燥的涂层非常重要。如果涂层未充分干燥，可能会导致涂装看上去很模糊，还会导致产品包装后亮度下降。

面漆的涂层和光滑度可增加涂装的清晰度和透明度，具有耐水性和耐磨性的功能。

① 牛尾（COWTAILING）：为涂装提供个性特征。选择适当的工具来做牛尾甩刷后留下脏的痕迹，甩刷自然具有艺术感，增强仿古效果，掩饰产品缺陷。其材料分蜡笔、抹油，专用牛尾绳分单条、双条、鸡爪形。要注意数量多少、长短大小及方位。

② 脏刷（DRY BRUSHING）：一种工艺效果，又为造阴影光线发射到物体上的明暗。用以增强木纹的效果，能增加仿古家具高低不平的层次感，增添颜色和模仿仿古的效果。

③ 布印（PAD DING）：进一步突显导管和提供价值。是一种酒精性的染色剂，可以用不同的方式来操作。整体的染污方法给予这项工作很多的荣誉，因为可以在很短的时间内覆盖最大的面积。如果这一步做得好的话，则比其他步骤更对整体质量有益，完成后可用钢丝绒布打匀布印效果。忌太强或太弱现象，太强烈会一团一团，太弱则整体颜色一片，死板无层次感。

④ 喷点（SPATTERING）：为涂装提供仿古效果。

a. 是一种透明或不透明的着色剂，仿效苍蝇停在产品上留下的脏物或一些有色物溅落在产品上留下的痕迹；

b. 喷点有大小、疏密、浓淡之分；

c. 按稀释分有：酒精、天那水、松香水。酒精易挥发，中间色浅，四周色深且点大，天那水不扩散，松香水喷好后可以擦拭，需喷面漆保护。

⑤ 面色（TOP COAT COLOUR）：为达到产品设定的标准所进行的调整。酒精类不能厚修，易散花；尽可能少地用统一颜色。

⑥ 面漆（TOP COAT LACQUER）：提供涂层保护及把木材的美和涂装技术带出来。

a. 涂层间和最后涂层干燥时间对提供一个充分干燥的涂层非常重要，如果涂层未充分干燥，可能会导致涂装看上去很模糊，还会导致产品包装后亮度下降；

b. 面漆的涂层和光滑度可增加涂装的清晰度和透明度；

c. 具有耐水性和耐磨性的功能；

d. 面漆是涂装最后的透明涂层，完成了木器涂装流程。大多数家具面漆含硝基、硬脆树脂、软塑化树脂、可塑剂；

e. 硬脆树脂授予附着力、亮度及涂层，可塑剂增加了灵活性，柔韧性；

f. 硝基贡献涂层的力度、硬度、粗糙程度、耐久力及防冷裂；

g. 硝基面漆的物理特征是：固体成分用重量计；固体成分按体积计；浓度；颜色；色彩的保持；干燥的速度；亮度。

4.2.3 美式涂装工序

美式家具表面多呈古铜色，有斑点、牛尾纹，富有古典高雅的气息。美式涂装的基本工序如表 4－1 所示。

表 4－1　常规美式涂装工艺的详细介绍与说明

素材	樱桃木，枫木，桦木，杨木等薄片；实木拼板		
涂料	NC（Nitro Cellulose）系统涂料　温度：25℃　湿度：75%		
序号	涂装工序	使用材料	涂装条件，处理方法，说明
1	素材砂光（sanding）	180#～240#砂纸	去逆目刨痕
2	素材调整（equalizer）	红水，绿水	只作局部修饰
3	素材着色（NGR stain）	醇性着色剂	全面喷涂搭配（duro stain）使用
4	素材着色（duro stain）	油性颜料，染料着色剂	慢干，使其渗透入木材，使其导管明显，可有效地掩饰素材的各种缺陷
5	封闭底漆（wash coat）	NC 底漆	NC 天那水稀释到适用黏度（8～12s）
6	砂光底漆（sanding）	320#～400#砂纸	人工打磨
7	仿古漆（Glaze）	格丽斯着色剂	擦拭，刷涂或喷涂后用碎布擦拭均匀
8	明暗（hinglight）	钢丝绒，羊毛刷	以钢丝绒做出木纹，明暗对比，用羊毛刷整理
9	二度底漆（sanding sealer）	NC 二度底漆	全面喷湿
10	砂光（sanding）	320#砂纸	—
11	第一次上涂（top coat）	NC 面漆	喷涂
12	喷点（spatter）	醇性或油性修色剂	喷涂压力适当
13	牛尾纹（cowtail）	棕色着色剂	以笔绘出牛尾纹
14	布印，修色（padding stain）	醇性或油性修色剂	醇性以手工修色或喷涂修色，油性以喷涂修色
15	第二次上涂（end top coat）	NC 透明面漆	—
16	细磨（fine grinding）	耐水砂纸 600#～800#	—
17	打蜡（rubbing）	石蜡（亮光剂）	抛光

通过表4－1，我们基本了解了美式涂装的主要工序，下面就每一个工序的特点、作用和一些注意事项再做一些说明。

4.2.3.1 素材颜色调整

在家具制造中使用的材料有边材和心材之分，需加以调整，用红水和绿水喷涂表面，用于调整颜色使之均匀。

（1）红水（Sap stain） 指用于修饰材质浅白部位的红色液体；

（2）绿水（Equalizer） 指用于修饰材质偏红部位的黄绿色液体。

4.2.3.2 整体着色

多选用淡黄色，以醇性和油性搭配使用，也可单独使用喷涂。

4.2.3.3 胶固底漆

又可称为头度底漆，固含量通常在 4% ～14%，因黏度很低，很快就能渗入木材的表面层，提供涂装过程的“延展”效果。

其主要作用是：可固化软质木材，只有使木质纤维较易砂断，才能砂磨成光滑坚固的平面；可固化纤维毛，逆纹，导管内因砂光作业所留存的木粉；可固化木材内树脂成分，从而提高涂膜密着性；可防止因薄片溢胶或素材斑点而造成着色不均匀的疤痕产生；可防止擦拭工作时着色不均匀及底色溶起的现象产生；可抑制上层涂料被木材吸收，以增加膜厚感；可增加 Glaze 擦拭时的导管纹理清晰度，提高层次感。

4.2.3.4 格丽斯着色剂

是一种中层着色剂，目的在于调整素材至所需颜色，以暗棕色为多，可显示深度的立体感。为强调阴影对比的效果，可在其未干前予以局部擦拭，也可用毛刷刷匀残留的 Glaze，使表面获得所希望的色彩及木纹轮廓。

4.2.3.5 划明暗

为彰显木纹三维效果，增加阴影对比效果，须进行此道作业。顺着木材的纹理方向，用000#或0000#的钢丝绒进行明暗对比操作，最后再用毛刷或碎布将划明暗的地方进行擦拭以使颜色呈柔和自然的效果。

4.2.3.6 二度底漆

二度底漆可保护底色着色剂与 Glaze 着色剂，可增加涂膜厚度并使材面平滑。应该具有较好的密着性、填充性、砂旋旋光性、透明性、干燥性，为面漆涂装做好基础。

4.2.3.7 布印着色剂

又可称为被着色剂。一般是用酒精性着色剂调制而成，在一些特殊涂修色上，用软布来对涂膜进行布印操作，做出明亮层次效果，加强木材纹理效果，增加立体感，但须特别注意柔和自然。

4.2.3.8 牛尾痕

画牛尾痕通常使用格丽斯着色剂，用牛尾笔轻甩而画，在较浅色的地方及边缘处可多画一些。

4.2.3.9 苍蝇黑点

“苍蝇黑点”可显现出陈旧古典家具的效果。就心理学来说，人们的视线通常注意到整体感觉，而忽略局部缺陷瑕疵，所以说，“苍蝇黑点”是一种装饰效果，通常有黑色、棕色等，大多使用酒精性着色剂或格丽斯着色剂。

4.2.3.10 修色着色剂

这是整个涂装过程中最后一道着色工序，这道涂装过程须对照标准色板进行修色。修色可全面喷涂，也可按实际状况作局部加强修色。若用酒精性着色剂来修色，修色完成后，还可以用抹布或钢丝绒作局部的修补，使其加强阴影对比度，增强立体感。若用着色剂（stain）来修色则无法进行修补工作。

4.2.3.11　面漆

面漆是流程的最后步骤，是产品最直觉的外观，所以，涂膜的丰满度和透明性非常重要，良好的面漆应具有以下特性：

（1）干燥性　干燥时间越快，则表面产生的灰尘颗粒越少；

（2）耐水性，耐酒精性，耐污染性；

（3）易抛光不回黏；

（4）硬度高，韧性佳，密着性优，涂膜不龟裂。

4.2.3.12　抛光打蜡

为了涂装表面更加平滑、手感更滑爽、涂膜更美观，须抛光打蜡。首先用直线砂光机，使用800#～1000#的水砂纸沾着润滑剂或松香水将表面的粗颗粒磨平，然后用0000#的钢丝绒打磨边角处，最后再用高速羊毛轮（对PU漆抛光机转速为1 200～1 600r/min，对NC漆转速为800～1 200r/min）将表面抛光所需的亮度，最后须用一块洁净的软布将表面擦拭干净。

4.2.4　美式着色剂操作简介

着色是一道很重要的工序，也比较复杂，因此，就美式着色剂的使用再做一些说明，采用一个企业的案例来说明，具体的各种着色剂型号因品牌和企业不同，这些工艺仅供参考。

美式着色剂几种工艺介绍：

（1）透明封边底漆　封边底漆适宜纤维板封边使用，如果是刨花板则应该先用补土补平，再做封边底漆。一般采用喷涂或刷涂作业方式约2～3次，将板的边缘全部喷湿即可。该产品应具有良好的填充性、密着性、施工简便、干燥迅速以及砂光容易等特性，常用NC、PU类涂料。

（2）指定色封边底漆　这是将纤维板的颜色转换成木材色板的颜色，一般随着色板的颜色不同而不同，但大多选用与色板较相近的颜色，使用时喷涂两次，中间干燥后用240#的砂纸砂磨，从而使第二次喷涂后形成较平滑的表面。

（3）填充剂　将色浆PTA系列添加于木丝填充剂MCXOON中，并用稀释剂调整擦拭性，以此填充导管并增加木材纹理鲜明度，还可减少底漆的喷涂次数。因为是单液型，所以使用方便。因较易沉淀，所以搅拌均匀后再调整颜色。使用中仍需经常搅拌，因含有粉质，所以需将表面擦拭干净，或彻底打磨干净，不可残留填充剂于素表面，否则将会发生密着不良的现象。

（4）酒精性着色剂　如表4－2所示。

表4－2　　酒精性着色剂分类

编号	单原色色系	编号	单原色色系
MBA40	红色	MG100N	格丽斯透明主剂
MBA30	黄色	MPX50	红棕色格丽斯色浆
MBA70	黑色	MPX30	黄色格丽斯色浆
MBX40	红色	MPX10	白色格丽斯色浆
MBX30	黄色	MPX40	红色格丽斯色浆
MBX10	白色	MPX71	黑色格丽斯色浆
MBX70	黑色	MPX41	桃红色格丽斯色浆

一般色板颜色大多使用上述四种格丽斯着色剂，如另有需求，可用格丽斯色浆 MPX 系列来调整颜色，并用透明主剂 MG100N 来调整浓度。

格丽斯着色剂的作业流程大致如下：

① 将格丽斯着色剂均匀刷涂、擦拭或喷涂于胶固底漆上；

② 再用碎布将格丽期着色剂采用圆形以顺时针或逆时针方向来回擦拭，将颜料推入木材的导管内，充分显现木材纹理；

③ 到最后擦拭时须按木纹的方向擦拭干净，也可用毛刷将残留的 glaze 刷涂均匀，使表面获得所希望的色彩；

④ 在桌边用刷子或拉花布拉出假木纹；以 0000#的钢丝绒顺着木纹方向划明暗条纹，再用碎布或刷子擦拭均匀；

⑤ 依室温状况干燥约 20～40min 后，经品管检查合格即可上涂二度底漆；

⑥ 当从底色到格丽斯的工序时，颜色要达到色板颜色的 75% 以上。

（5）染料着色剂　如表 4－3 所示。

表 4－3　　染料着色剂分类

30% 编号	6% 编号	单原色色系
MBT30	MBS30	黄色
MBT70	MBS70	黑色（红口）
MBT40	MBS40	红色（黄口）
MBT50	MBS50	棕色
MBT34	MBS34	橙色
MBT41	MBS41	红色（蓝口）
MBT71	MBS71	黑色（蓝口）

（6）修色着色剂（调色型编号：MT6 × ×，MT4 × ×）　用酒精性着色剂 MBA × ×（用 MX003 调整浓度）来修色，在修色完成后，还可以用抹布或钢丝绒作局部的修补，使其加强阴影对比增加立体感，若用染料着色剂（用 MX301 调整浓度）来修色则无法进行修色工作。美式涂装的家具如图 4－1 所示。

①　②　③

图 4－1　美式涂装的家具效果图

4.2.5　美式家具自身的形成和发展

家具风格，尤其是英国和法国的风格传播到美国，对美国的影响很大。许多移民随身带着家具去了美国，还有一些工匠也来到美国，到了那里以后开始制作家具。

虽然受到原来风格的影响，但是许多家具是在这块新大陆上就地取材做了为我所用的改进，这种家具称之为殖民地家具和早期美国家具。美国家具设计师邓肯·法夫的家具家喻户晓，他的家具风格以他的名字命名。18 世纪开始的美国家具受欧洲的影响最大。以下将阐述这些美国家具的风格。

4.2.5.1　殖民地和早期美国家具（Colonial and Early American Furniture，1620—1780）

殖民地和早期美国家具可以称为美国民俗家具（乡村家具），它是在独立战争（the Revelutionary War）之前的殖民地生产的。虽然工匠们受到英国和法国家具风格的影响，但是生活条件迫使他们生产简单的、功能性的家具。

本地的木材如枫木（maple）、胡桃木（walnut）和松木（pine）被大量应用。椅子的座面是藤编或灯心草编的，椅背常做成梯子的格状。搁板桌（trestle table）和长条凳（bench）用得十分普遍，同样简陋的衣橱（chest）和墙角餐橱（corner cupboards）也是常见的家具。

两种有特色的美国家具是温莎椅（Windsor chair）（如图 4－2 所示）和摇椅（rocking chair）（如图 4－3 所示），它们属于早期美国家具，虽然温莎椅是从英国引进的，但是它在美国用得最普及。

图 4－2　温莎椅

图 4－3　美式摇椅

由莎克宗教派别（Shaker Religious Sect，也有人译作“震颤派”）生产的实木家具对这类家具的影响最大。莎克派的家具工匠十分优秀，他们生产的家具比例适度，造型简洁。许多正统的家具，如顶盖床（canopy bed）在美国的独立战争前后也有生产。现在，殖民地和早期美国家具在市场上常以一个统称——“美国乡村式家具”出售。

4.2.5.2　联邦式家具（Federal，1780—1830）

联邦式家具是在美国成立联邦政府的早期出现的。这个时期，人们对建筑和考古学有着极大的兴趣。在这种风格中常常反映了亚当兄弟式、赫普尔怀特式、谢拉顿式和英国摄政式的一些特点。黄铜手柄、球形捏手和饰有纹章的盾（escutcheons）作为装饰件附加在质量较好的家具上。应用美国鹰形的黄铜饰件是常见的。邓肯·法夫（Duncan Phyfe）和萨默尔·麦伦托里（Samuel Mclntyre）是这个时期两个著名的家具工匠，他们制作的沙发相当正统，被称为美国帝政式沙发。

4.2.5.3 邓肯·法夫式（Duncan Phyfe，1790—1830）

邓肯·法夫（Duncan Phyfe）是一个从苏格兰来的移民，被认为是美国第一位最伟大的家具设计师。虽然他的设计主要是在联邦时期，但是他的设计风格流行之广，使其自成一家。他的一些家具受到赫普尔怀特式、谢尔顿和亚当兄弟式的影响。

邓肯·法夫成功地把直线和曲线造型结合起来，创造了一种容易辨认的风格。装饰件有车件、开槽件、小凸嵌线、桌腿上的黄铜尖梢、瓷或玻璃做的捏手。他所设计的桌子用单个的竖琴形或者圆柱来做支架，并采用了罗马贵人凳脚座（罗马贵人凳脚座从支架向下伸出，与地面呈一定角度）。竖琴形也广泛用于他的有名的竖琴沙发中和带有竖琴后背的椅子中。他设计的家具几乎全部采用桃花心木来制作。

4.2.5.4 18 世纪式美国家具

虽然不能确切地指明是在哪个年代，但是一种比殖民地式和早期美国家具更正规的美国家具风格已经发展起来了，它就是著名的“18 世纪式美国家具”。这种风格也被认为是美国传统家具。

著名的工匠和设计师如约翰·戈登德（John Goddard）和威廉·萨维莱（William Savory）生产设计精良的家具，其中对英国和法国的风格作了修改，许多这类家具是在新英格兰和费城生产的。邓肯·法夫的家具也可以看作是 18 世纪美国家具。

18 世纪美国家具中其余的家具是对安妮女王式、齐宾泰尔式和其他英国和法国古典风格的改型，特别是帝政式，在美国生产时也作了较大的修改。这些风格的家具常常按照殖民地当时的品味进行了简化，更加典型的设计如“新港贝壳”（Newport Shell）式完全是美国本土的风格。

4.2.5.5 使命派家具

使命派家具（Mission Furniture）是美国工艺美术运动（Arts and Crafts Movement）在家具设计方面产生的一种风格。美国工艺美术运动在家具设计方面的杰出代表是斯蒂克利（Gustav Stickley，1857—1942），他的风格基于英国工艺美术运动的风格，但采用了有力的直线，家具本身更为简朴、实用。这是美国实用主义与英国设计思想结合的产物。

斯蒂克利是石匠学徒出身，但是他的职业生涯是 1875 年在一个亲戚的椅子工厂里开始的，到 1879 年，他成了领班。1876 年他在费城建城 100 周年纪念展览会上看到莎克家具（Shaker Furniture）的展出，当他与他的兄弟在纽约的宾厄姆顿（Binghamton）成立工厂时，他竭力效仿莎克家具的简洁性。他写道“我们没有钱买机器，我到一个做扫帚柄的商人那里，他有一台很好的车床，用这台车床可以把木块车成光滑的零件，用来做十分简洁的莎克式（Shaker Model）的椅子”。直到 1899 年，他在靠近纽约索罗克斯镇（Syracuse）的伊斯特坞（East-wood）建立斯蒂克利公司时，他才实现他的想法。那时他已倾向于拉斯金和莫里斯的思想，同一年他访问了英国，在那里他遇到沃伊齐（Voysey，1857—1941）和李特巴（Lethboy），与卡顿公司（Kenton&Co.）也建立了关系。斯蒂克利的“使命派”家具最为著名，这是一种主要用橡木做的坚固而厚重的家具，它旨在呼唤人们回归美洲新大陆早期开发者的“简朴的生活方式”。这种家具在市场上获得了成功，而且适于用机器来进行加工，这就引来了许多竞争者，包括他自己的两个兄弟，他们在 1902 年成立了一个与他竞争的公司。

斯蒂克利还是不顾一切地坚持他个人的志向，1900 年，他在索罗克斯镇的工匠大厦发起了“手工艺匠联盟”（The United Crafts），以合作的方式重建了作坊，后来在 1904 年关闭了。在这段时期，斯蒂克利创办了他的杂志《手工艺匠》（*Craftsman*），他用这本杂志宣传他的建筑思想和设计理念，同时也在自己的作坊里身体力行。但是商业上的成功使他过分自信，拼命扩大自己的业务，1913 年，他在纽约市建造了有 12 层楼面的手工艺大厦，这种商业冒险导致了他的失败。那个时期，这种手工做的家具在对手的工厂里都是用批量的方式在进行生产，当然在品味上也不可避免地变味了。

斯蒂克利一直主张生产“民主化”的家具，这与他的英国同行大相径庭。他用“批量销售”的方式，同时也用“批量生产”的工艺来支撑销售。斯蒂克利的家具设计得十分坚固耐用，比例匀称，而且工艺上乘，所用材料和工具也是尽可能的好，因此风行整个美国。在这个时期，设计是由哈伯特（Elbert Hubbard）做的，他也曾去过英国向莫里斯移樽就教。斯蒂克利一方面受到理想主义的驱使，另一方面作为一个企业家，他又在纽约靠近布法罗（Buffalo）的东奥罗拉（East Aurora）重操劳伊卡洛夫脱（Roycroft）商业计划，他开始组建劳伊卡洛夫脱出版社（Roycroft Press），并在 1897 年介绍了与斯蒂克利“使命派”十分相似的整套系列家具。他还把工厂与文化企业相结合，但是他的这种热情却受到天真的民粹派的谴责，有一种批评意见认为“他把拉斯金和莫里斯的观念普及到令人厌烦的地步，把手工艺美术运动推到了粗俗的境地。”

19 世纪末到 20 世纪初，在布法罗还有另一个手工匠所做的家具也保持着手工艺美术运动的主流风格，这个人就是哈伯特的朋友鲁尔夫（Charles Rohlfs），他的早期作品也是“使命派”风格的，但是他的许多作品都是精雕细刻的，他还是少数几个运用新艺术（Art Nouveau）风格装饰元素的美国家具制造商之一。虽然他的工厂很小，雇员从未超过 8 个人，他还是一直能很稳当地承接到办公室和室内装饰的生意，他的作品在欧洲和美国都受到赞扬，这主要得益于他参加各种展览会，例如 1902 年他参加了都灵展览会（Turin Exhibition），这使他获选进入伦敦的皇家艺术学会（the Royal Society of Arts in London）。

在保持欧洲传统方面，美国建筑师对手工艺美术运动的家具设计也做出了重要贡献。在 1908—1909 年间，格林纳兄弟（Greene brothers）建于加利福尼亚的帕萨迪纳（Passadena, California）的加布利屋（Gamble House）是一个整体设计的例子，业主实际上是让建筑师自由地创造室内装饰中的每一个细节，查尔斯·松诺·格林纳（Charles Sumner Greene）和许多同时代的人一样，像朝圣般地去英国学习（1901 年他去英国度蜜月），他和他的兄弟亨利·马瑟·格林纳（Henry Mather Greene）所做的家具和建筑是地道的英国手工艺美术运动的风格。格林纳兄弟如同麦金托什（Charles Rennie Mackintosh）一样，明显受到中国的影响，包括从齐宾泰尔式借鉴过来的雕刻背板。但是他们感到日本已经把细木工转化为艺术品，日本的家具已经具有高度理想化的色彩。阿什比（CR Ashbee，手工艺美术运动的代表人物之一）十分赞赏格林纳兄弟的作品，认为它是“温柔、精巧、谦逊和精致的”。

1896 年阿什比访问了纽约，没有留下什么痕迹。他花了一天的时间去看作品和作坊，为了谈生意而不厌其烦，大部分时间是在没完没了的挥霍和寻欢作乐中度过的。他把自己工厂的失败归咎于追求假古董的时尚上，把大把的钱花在最新式的美国机器上。1900 年，他到了芝加哥，遇到了赖特（Frank Lloyd Wright），“我走遍芝加哥，我发觉在我们这个领域，他是走在最前面和最有才能的人，也许放在美国也是如此。”在 19 世纪和 20 世纪之交，手工艺美术运动的理念当然也为中西部的建筑师和设计师所熟知，“当时莫里斯和拉斯金在芝加哥知识界中十分有名”，赖特在他的《遗嘱》（*Testament*）一书中曾这样写道。

然而，赖特和麦金托什与格林纳兄弟一样，所设计的家具与建筑风格是相吻合的。1908 年，他设计罗宾住宅（Robie House）时，并没有用“使命派”和早期开发者的风格，而对简朴生活的传统是用模棱两可的方式来表达的，不再是美学表现的主要部分。赖特设计的家具是对建筑空间的补充，来表述造型与空间的关系。所以，年轻的荷兰设计师里特维尔德（Gerrit

Rieveld，风格派的代表人物，创作著名的“红蓝椅”）也是工匠出身，在第一次世界大战后不久被要求复制一些赖特的家具，以用于装饰荷兰的前卫风格的大厦，这件事表明赖特的做法是无独有偶的。赖特把手工工艺的美学作为一种补充，这种对几何形态的意识是现代运动成就的一个重要特点。

4.2.5.6 结语

现代的美式古典风格家具，从造型设计上来看，实际上主要以法国路易风格［路易十四、十五、十六（Louis XIV，Louis XV，Louis XVI），即巴洛克、洛可可和新古典主义］、可归于洛可可风格的英国的安妮女王式（Queen Anna Style，1702—1714）与英国的齐宾泰尔式（英王乔治二世时期，1727—1760；Thomas Chippendale，1718—1779）以及美国工艺美术运动的使命派风格为基调，加上了现代设计师的改良。

美式古典家具还受到德国比德迈式、意大利、西班牙、东方家具风格的影响，而当代的美式家具有“现在的”外观，这种设计便于用现代机器加工并应用现代材料。

美式古典家具在法式和英式基础上的改良是符合美国的移民文化和居住特点的。美国的移民文化是经常迁移，因此他们对家具的做工并不十分强调精致，即用即丢，没有必要使用加工过于精良的家具。另外一个重要的改良是家具的体量和尺寸，美式古典家具的体量很大，尺寸也相应加大。这和现代美国人身材高大、体态肥胖也有关系，另一方面美国人居住空间一般较大，所以与这种体量大的家具也相适应。

从工艺技术上来说，美式古典家具也做了很多改进和创新，十分值得注意：

（1）美式古典家具基本上是以实木作为材料的，在木材含水率的控制方面采用现代木材干燥技术及加工过程中的木材平衡含水率的控制技术，使其尺寸稳定，不变形及开裂。

（2）涂装技术　现代的美式古典家具的涂装技术使家具表面有深浅，从而富有层次感，或者用所谓做旧技术使家具表面有沧桑感，更接近自然，贴近了回归自然的消费心理。

（3）结构上的改良使其适合应用现代五金，并有很好的强度。

（4）在设计上对功能考虑得较为完备，更符合现代人的多种需求。

（5）美式古典家具已实现了现代化生产方式，特别是涂饰工序已实现了流水线作业。

2004 年，中国家具出口额为 103.53 亿美元，据美国《木材与木制品》杂志报道，美国进口的木制家具和软包家具总额达 159 亿美元，从中国进口的家具价值近 68 亿美元，占进口总额的 43%，比上年增加 22.3%，而加拿大出口到美国的家具价值为 26 亿美元。中国对美家具出口远超过加拿大，几乎比排名其后的 7 个国家出口总额还要多。因此，美式家具在中国的出口家具中占有极其重要的地位，同样，美国对中国家具的依赖程度也很高。深入研究美式家具及对美的出口贸易，对中美家具业的合作和中国家具业的可持续发展具有十分重要的意义和价值。

4.3 一般木质家具的涂装工序

4.3.1 基本的涂装系统

以下要介绍的是木材涂装所必须有的几道基本步骤，其步骤可视需要取舍，可多可少。

（1）漂白　漂白是从木材中移除色素，在很淡、稍淡或蜂蜜色的涂装时是必需的，许多天然或较深色的涂装则不需漂白，只有当需改变木材天然颜色时才必须进行漂白处理。例如当涂装桃花心木时，淡蜂蜜色调也许比红色更讨人喜欢，此时可用漂白处理，把桃花心木红色漂白，然后再涂装成所喜欢的色调。

（2）前着色　前着色有时称为边材着色，天然木材开始涂装时，若木材的颜色变异很大，则必须先行边材着色。一个很好的例子是胡桃木，其边材颜色非常淡，芯材颜色非常深。边材着色也用于不同种类木材并同时用于同一产品上，而最后涂装品质是希望得到均一的色调，如桃花心木及枫香木。

一般认为，边材着色与减色互补色着色均为前着色。在此，两种方法一般只选用一种方法应用。边材着色的重点是将淡色的部分染成深色，使淡色部分及深色部分的木材颜色趋于一致。而使用减色互补色着色剂着色的重点，则在使深色部分颜色转为灰暗，浅色部分也转为灰暗，再经下述整体着色即可把深、浅两部分的颜色趋于一致。例如：红栎木芯材与其边材或红栎木与白栎木的拼板可直接以绿色系的减色互补色着色剂做涂装，以获得整体灰色系颜色，再经后述整体着色即可把深、浅两部分的颜色趋于一致。

（3）着色　着色是加色料至木材上以强调木纹，会改变木材表面的色调或明暗，此步骤又称之为全体着色。有许多种着色剂或调色剂可供使用。

（4）稀薄漆封固涂装　稀薄漆封固涂装目的在于避免着色剂发生渗色到填充剂，以提供一个稳固表面以利填充剂的使用。稀薄漆封固涂装是用很稀的洋干漆或拉卡头度底漆施涂，其施涂干燥后木材表面的管孔仍是开放状态，利于填充作业。

脱色洋干漆作为头度底漆对于多种着色剂而言均有很好的封固效果，其施用浓度是以 7 份溶剂（醇类）对 1 份洋干漆（原液浓度 4/加仑），当面漆喷涂拉卡时，拉卡头度底漆也常被用于封固涂装。

（5）填充作业　填充剂的功用是添加颜色及闭塞木材表面的管孔。无孔材的管孔很小，如松木、樱桃木、白杨木、枞木和香柏木不需要填充剂填充。其他如桦木、枫香木及槭木则可用液态填充剂。有的孔材尤其是栎木、桃花心木及胡桃木等则需糊状填充剂，但有时有孔材在涂装时也省去使用填充剂，使木材有开放管孔的外观，即所谓的开孔涂装。填充时若为淡色系的涂装，填充剂为氧化锌或淡色颜料分散于油的天然糊状液。

（6）二度底漆或稀薄漆封固涂装　填充剂之上施涂稀薄漆封固或二度底漆，在于预防色料渗色污染上层涂层。对大部分的涂料而言，洋干漆头度底漆是理想的选择，但是使用拉卡涂料时，拉卡底漆可取代洋干漆的头度底漆。

（7）明暗作业　明暗作业是在填充剂或底漆上施用一道薄而透明的着色涂料，使涂膜得到浓淡对比、明暗对比或老旧效果，在较精致的涂装大部分均会使用此步骤。用明暗涂装得到老旧效果的方法，是把明暗涂料在平面及边缘部分者完全擦拭干净，使显现经久磨损的明亮的外观及在凹处或低处者留置下来，使得暗色调为对比。

（8）面涂　当所有着色及填充作业完成后，可施用凡立水、合成涂料或拉卡涂料为面漆。

（9）磨平、抛光及清洁作业　面漆涂装之后，其表面再经磨平、抛光及上蜡，以获得高光泽度的涂膜外观。

4.3.2　涂装有孔材

下列是生产桃花心木、胡桃木、栎木及其他有孔材的精致涂装常用的步骤。若要得到较淡的或淡黄色调的涂装，在开始涂装程序之前必须先漂白木材。要获得中至较深色的涂装，其涂装方法应如下：

（1）施涂稀薄的水性上胶剂（其比例约为 1 份的动物胶兑 5 份水），放置干燥后，用 120# 砂纸轻砂表面，用黏性布彻底清除砂尘。上胶剂的目的在于确实把细小如发丝的木材纤维固着材内，或固着在材面上以便于砂磨时被磨去。

（2）使用水性着色剂并任其完全干燥，以120#砂纸轻砂。

（3）施用洋干漆或拉卡头度底漆为稀薄漆封固，任其干燥3～4h，然后表面用180#砂纸砂磨。

（4）用漆刷施涂着色填充剂，用布做圆形运动方式把填充剂横着木纹擦拭，迫使填充剂填入管孔沟中，然后用粗麻布横着木纹移除过剩的填充剂，接着用细布顺着木纹轻拭，使表面均匀一致，并让其干燥一个晚上。

（5）施涂洋干漆或拉卡二度底漆，等其干燥后，用220#或240#砂纸进行砂磨。

（6）明暗漆或施涂于二度底漆之上，以便得到浓淡对比、明暗对比或老旧的效果。此步骤在现代式或新式的涂装中是不需要的。

（7）施涂三道拉卡面漆，每一道之间需有充分的干燥时间，然后轻轻砂磨。

（8）用轻石粉和水或石蜡油磨平至低光泽度。

（9）用好的糊状蜡磨平及抛光，以得到高光泽度的涂膜。

4.3.3 着色作业

着色剂可提供丰富的下层色调，能显现木材纹理之美。假若木材不经漂白，着色作业在标准涂装程序中是第一个步骤，改变着色剂的种类及颜色，将使相同木材呈现完全不同的外观。例如，深红色着色剂以往广泛使用于传统的桃花心木家具，甚至于许多人今天仍认为桃花心木是一种深红色的木材。事实上，许多现代式的桃花心木家具是涂装成淡黄褐色的。着色剂也能用于使便宜的木材看起来像贵重的木材。以枫香木为例，常被染成仿桃花心木。着色剂帮助使木材的颜色更均匀，当许多件家具的组件由不同木材制成或同一块木材有颜色的变异时，均可用着色剂使得颜色均匀。因为木材确实变异大，故应先以想用的着色剂在不明显的地方作测试，可得到想要的颜色及效果。

4.4 水性实色漆施工工艺

4.4.1 木面色漆（全封闭）

（1）成型基材　安装完毕的家具或装饰面。

（2）涂刮腻子　使用W2200水性木器腻子，全面涂刮，尽量薄涂，分多次刮平。

（3）粗打磨　使用100#～300#砂纸进行粗磨，把腻子层打磨平整，打磨平面最好用平板打磨机打磨。

（4）修补　对不平整的地方进行修补，再点磨。

（5）喷涂底漆　使用W7102水性白色底漆，调入10%左右的清水，然后进行全面喷涂，一般喷涂1～2遍，以丰满度符合要求为准。

（6）打磨　在底漆干透后，使用600#～800#砂纸进行打磨，表面保持平滑即可，可以干磨或水磨，注意不要磨穿底漆膜。

（7）喷面漆　使用W7160水性实色漆（白）或W7960水性实色漆（黑）均匀喷涂2～3遍，可以根据需要加入10%左右的清水。

4.4.2 木面色漆（全开放）

（1）底材处理　备好基材后，使用300#～500#砂纸磨去表面的毛刺。

（2）封闭底漆　用 W5001 水性护板宝进行基材封闭涂刷，以防止安装过程中弄脏基材。

（3）轻打磨　使用 500#砂纸进行轻打磨。

（4）喷涂底漆　使用 W7102 水性白色底漆，调入 10% 左右的清水，然后进行全面喷涂，一般喷涂 1 ~ 2 遍，以丰满度符合要求为准。

（5）打磨　在底漆干透后，使用 600# ~ 800#砂纸进行打磨，表面保持平滑即可，可以干磨或水磨，注意不要磨穿底漆膜。

（6）喷面漆　使用 W7160 水性实色漆（白）或 W7960 水性实色漆（黑）均匀喷涂 2 ~ 3 遍，可以根据需要加入 10% 左右的清水。

4.5　打磨白坯木质家具的一些方法和技巧

家具表面的美观性在很大程度上取决于打磨质量的好坏。现在做油漆的，不论是实木家具企业还是板式家具企业，工作量和人数最多、最集中的就是打磨车间，出现问题最多的也是打磨车间，说是人海战术也不为过。由于材料本身的特殊性和差异性，以及做成后的零部件形状和造型等方面差异性也很大，再加上砂光设备的有限加工功能和成本考虑，目前还没有很好的可以取代手工砂光的办法，因此，必须研究如何有效地高质量地做好手工操作，或借助风动工具或一些简单电动器械进行打磨工作。

此外，打磨对材料浪费的影响有多大？国际家具研究集团（the International Furniture Research Group）对东南亚的 500 家家具公司进行调研的结果显示，影响出材率的三个重要因素中，下料是第一，打磨为第二，其浪费材料的比例竟占到材料总损耗的 35% 左右。可见，打磨不光是质量问题了，它直接影响了产品的成本。如果方法和管理得当的话，至少可以节省 5% 的成本。因此，重视打磨工序，是必须要做的工作。以下通过四个方面来说明打磨的重要性、诀窍、质量标准和企业应该注意的一些问题。

4.5.1　打磨是提高表面涂装效果的重要作业之一

涂装工艺中的打磨工序主要有三大功能：① 砂掉底材表面上的毛刺、浮锈、油污、灰尘等；② 降低工件被涂漆面的粗糙度，如刮过腻子的表面干燥后一般表面粗糙不平整，都需要靠打磨来获得平滑的表面；③ 增强涂层的附着力，涂料在平滑表面上的附着力差，打磨后可增强涂层的机械附着力。

由此可见，打磨是提高涂装效果的重要作业之一，在物件涂装整个过程中，不但白坯和打底刮腻子阶段需要打磨，刷底漆和刷面漆后也要打磨，它是油漆表面效果和强度是否优良的关键工序和重要保障。

4.5.2　油漆打磨的诀窍

（1）合理选用粗细不同的砂纸，不应过粗，不应过多地用一个型号；不应跳砂（指砂纸的型号），如从 200#砂纸跳到 600#或 800#的砂纸。

（2）打磨时顺木纹打磨，绝不纵横乱磨，否则会使木纹撕裂，漆出来的家具会留下永久的瑕疵。

（3）凡打磨物件的转角、棱角不能砂坍，动作要轻，一定要保持原来的圆形或方形的轮廓；装饰线一定要保持挺直，不能使其弯曲、断裂、变形。

（4）打磨时一般用四指和手掌按住，拇指夹住砂纸；打磨面积较大的家具时，可垫方木条顺木纹打磨。

（5）由于砂纸的砂粒容易脱落，擦过物面就有磨断木纹的可能；此外，打磨下来的灰尘容易嵌入鬃眼，在打磨时必须随时用干刷把灰尘刷去，边磨边刷，直到表面平整光滑为止。

（6）板件局部有磕碰划伤时，应先用热水加电熨斗加热后，尽量恢复原来的平面后再砂。用大拇指、食指和中拇指压住砂纸，只局限于砂局部，不适合砂大面积的工件，否则会把整体的平面砂成凹凸不平，等涂装后就能看清楚下凹的现象了。

（7）外弧型和内弓型板件，在打磨时一定要用模板（和板件形状一致的模板，把砂纸放在模板上打磨），如用电动或气动小型砂光机，机落处应顺板件的形状打磨，以防砂成台阶状。

4.5.3 砂痕的产生原因和解决方法

（1）产生砂痕的原因

① 逆木纹打磨；

② 使用过粗的砂纸打磨；

③ 涂膜未干燥就打磨；

④ 使用太慢干溶剂，致使漆膜无法在一定时间内干燥；

⑤ 上层漆膜太薄；

⑥ 打磨后没有彻底清洁，油漆无法渗透；

⑦ 砂纸使用时因表面滞留漆粉，使某些部位已砂不到基材，只是形成移动痕迹。

（2）解决砂痕的方法

① 选择最合适的砂纸，一般第一次打磨用的砂纸较粗，第二次打磨用的砂纸较细，并应将上层的砂痕磨掉；

② 打磨时应按木材纹理方向顺木纹方向打磨；

③ 应在漆膜干燥后进行打磨，并除去灰尘漆粉；

④ 砂纸使用一段时间后要检查是否滞留粉末并予以更换；

⑤ 适当调整油漆黏度，并把握漆膜喷涂的厚度足以覆盖砂痕。

4.5.4 砂光后的板件要求

（1）板件必须平整光滑，严禁出现缺材、横砂、腐配黑线、黑疤、崩茬、变形、砂痕、托印、砂光圈、锯痕、凹陷等现象。

（2）组装连接处不允许有胶，连接缝隙不超过0.5mm，板件必须平整，严禁翘曲。

（3）板件圆边砂光弧度必须统一规范。

（4）直边板件边角必须呈90°，严禁砂变形。

（5）板件尺寸误差不超过0.5mm，对角线长度误差不超过1mm，严禁多砂。

4.5.5 企业应该注意的几个问题

企业必须重视车间的员工培训、环境保障和设施配置，不要以为打磨最没有技术含量，也不要觉得打磨的活谁都能干，导致打磨的质量问题频频发生，影响了整个产品的质量和成本，企业往往会因小而失大。另外，环境也是亟待解决的问题，不管好坏，只要砂好就行了，但往往事与愿违。没有干净的环境，没有各种除尘、调湿调温的环境，没有合适的操作台和辅助工具，是不可能有好的油漆质量的。可以去台升看看，也可以去联邦看看，他们的打磨车间是不用眯着眼睛、捂着鼻子匆匆而过的，这也是为什么他们的产品质量有保证。

其次，企业必须研究很详细的操作规范，即什么样的产品、材料、造型和要求，如何打磨，用什么材料，什么时候更换，方法是怎样的，时间如何控制，缺陷如何预防和处理等问题都有章可依，不是由着工人想怎么干就怎么干，否则很难保证质量和成本。

最后，希望企业从观念上重视打磨工序，认清它对产品质量和成本控制的重要性，检查规范是否健全，技术指标是否细化、数据化、可视化和可操作化，然后针对问题完善标准，建立培训制度，改善工作环境，配置合适的工具和操作台，在减轻工人劳动强度的同时，提升打磨效率和质量，降低材料成本。

4.6 木用涂料底面漆配套原理

正确选择涂料体系、正确进行底面漆的搭配，对涂装效果和涂膜性能有重大影响，也会影响涂装质量、施工效率及施工成本。

涂料封闭底漆主要考虑防止涂料被基材吸收，封锁基材的油分、水分，以免影响附着力，防止漆膜下陷。封闭底漆黏度较低，对基材有良好的渗透性，故一般选择 NC 与 PU 体系，尤其是 PU 体系使用更为广泛，封闭底漆还可胶固基材木纤维，打磨除木毛后便可以得到平滑的表面。

底漆是漆膜骨架的重要组成部分，因各种底漆的特点、配套性、施工性都有很大的差异，所以采用不同底漆就会有不同的漆装效果。面漆是涂装的最后工序，面漆实际上是在底漆上的重漆，很讲究层间附着力及施工操作，因而底面搭配显得尤其重要，搭配合理，面漆才能发挥出最后、最好的效果。在不同体系涂料的搭配使用方面，要特别注意各种涂料的性能特点，合理搭配，否则容易出现诸如咬底、离层龟裂等问题。如 NC 底漆，就不宜用其他类型的面漆，就只能配 NC 面漆。

表 4－4 中（2）的评价是好的，NC 底 NC 面，同体系，且底面的干速、施工容易特点统一，应用非常广泛，特别是用于美式涂装及家居装修中。AC 底 AC 面也是同理，在采用 AC 漆的地区，这个搭配也很普遍，效果很好。而在 AC 底上用 PU 面，则发挥了 AC 底干速快的优势，用 PU 面虽然慢干，但通过提高装饰性来作为补偿，让人们多一种选择，也是好的。PU 底 PU 面，是目前家具涂装中应用最为广泛的配套。PU 作为底漆时评价也居前列，而用作面漆时与同体系的 PU 干燥的速度同步，配合无瑕，其装饰性也达到最好。

表 4－4　　底层和面层配套选择及评价

底层	面层	评价	涂膜效果
NC	NC	（2）	宜做开放效果
PU	NC	特	特殊要求，易损坏的木制品（如木门）
AC	AC	（2）	国内少用
AC	PU	（2）	国内少用
PU	PU	（2）	漆膜丰满度、光泽和手感都好，最普遍采用的配套
PE	PE	—	理论上没问题，实际上很少人用气干型不饱和聚酯涂料做面漆，蜡型不饱和聚酯涂料不在讨论区

续表

底层	面层	评价	涂膜效果
PE	PU	(1)	经典配套
UV	UV	(1)	未来发展趋势、效果好、环保
UV	PU	(3)	视工艺需要选择、搭配没问题，要解决好前快后慢的问题
W	W	(1)	未来发展趋势
W	PU、NC	特	视工艺需要选择

注：(1) 代表最好；(2) 代表好；(3) 代表可用；"特"代表特殊情况下使用。

表4－4中（3）的评价是可用的。UV底PU面的配套没有问题，要考虑的一点是，底的生产效率远高于面，生产量的处理上前后怎样衔接。如果单从效率上讲，UV底UV面就可以，为什么还有人选择UV底PU面呢？一定是从PU面的装饰性上来考虑，或者是从PU涂装逐步转向UV涂装的一个过渡，所以选择（3）的配套是合理的。

表4－4中（1）的评价分两方面讲。一方面UV底UV面、W底W面这两种配套，除了本身性能、效果、配套均无问题外，当然环保因素就是推荐的重要原因。另一方面，PE底PU面，不考虑UV涂装的话，是公认的"经典配套"。如要做实色涂装、全封闭透明涂装，这个配套均是"第一选择"。选PE为底，是因为它可一次性厚涂，PU底要达到这个厚度，一般要涂三次。打磨性好是又一个优点，稍有顾虑的是操作较繁琐，收缩性大。PU做面当然是其不可替代的自然装饰性（与打磨、抛光后的那种效果要分开）。最好的底漆配最好的面漆，配套性又没有问题，评价自然最经典、最好。

特殊情况下使用的两种配套：W底PU或NC做面，在家装时可考虑使用。有时可解决着色不均匀、施工期短等问题。PU底NC面，这里的PU可视为封闭底漆，也可视为真正的PU底漆。封闭底漆可把NC托起来，木门涂装时，如选用PU底漆，托起效果更好。另外，木门涂装表面保持NC特性，又是易损坏的表面，仍用NC做面漆，容易进行无痕修补。表4－4是指导性的，企业根据自己的实际情况必须灵活运用才是正确的做法。

4.7 木用涂料常用涂装工艺

4.7.1 涂装与涂装工艺

涂装是指用各种涂料对不同材质的底材多次涂饰着色，干燥后形成具有装饰保护性能的涂抹操作。家具涂装是家具制造工艺的重要内容，在很大程度上决定了制品的外观、色彩、品质、档次、价值与最后效果，涂装技术要素包括材料、工艺、设备、环境、管理五个方面，将在后边详述。

工艺是将原材料、半成品加工成成品的工作方法或技术。而涂装工艺是将涂料涂布到被涂物上形成涂膜的作业程序、方法或技术。涂装工艺包括：涂装目标和要求、涂装材料、涂装条件、涂装工序、材料配比、工具设备、操作方法、问题应对及对相关要点的说明，是保证涂装过程顺利进行的重要依据。有了涂装工艺，一是不易出错，使涂装工作在周密的计划安排下进行；二是有了检查及改正的依据，从而改进工作；三是提高效率，使涂装工作更加规范化、标准化，提高合格率，降低管理成本。

当一件加工装配完成的家具制品摆到商场或用户家里时，其最终的整体涂装效果与品质是所有涂装过程中各工序各环节积累的综合结果。因此，从选定底漆、面漆到具体涂装工艺均是重要的影响因素。

4.7.2 漆膜涂装风格

漆膜涂装风格主要指膜厚与涂膜显示出的质感。木质家具涂装风格主要有以下几种：

（1）天然植物油涂装 北欧部分国家流行选用易渗透的涂料（多为油性漆）涂装实木家具，涂料施工后充分渗透至木材内部，而木材表面仅有极薄的膜或几乎没有涂膜，此时最能显现木材特有的天然质感。但是由于木材表面没有膜，故其保护作用很差，制品表面极易受污染与损伤。

（2）开放式涂装（开孔涂装） 木材导管孔呈开口状态的薄膜涂装，涂装沿着导管孔的内壁形成一层薄的涂膜，涂装过程中一般不使用填孔剂填管孔，故涂装后的表面管孔显露无遗，从而强化了木质天然质感的表现。

（3）全封闭涂装（闭孔涂装） 涂装过程中力求用填孔剂与涂装料将木材导管孔全部填满、填实、填牢，其上做成厚涂膜，如需要经研磨抛光可获得丰满、厚实、高光的镜面效果。

（4）半开放涂装 介于开孔与闭孔装饰的中间型涂装，即在涂装过程中使用填孔剂适当填孔又不填满，表面呈现半开孔状，管孔内部涂膜较开孔涂装的厚，其防污、防湿及防水的效果较佳，此法有利于显现各树种的木纹。

除了漆膜厚度影响涂装效果外，漆膜表面光泽也会影响最终涂装效果。漆膜光泽一般分三类：

（1）亮光涂装 以镜面效果为代表，涂膜丰满厚实，由于光线的反射而具极高光泽，涂面光芒四射，使制品显得豪华高贵，充分显现涂膜的厚实感。

（2）半亚涂装 有半光的质感，有所谓三分光、五分光（半光）、七分光等不同比例的光泽表现。光泽差异是使用不同光泽的面漆形成的，结合不同材质、颜色、被涂物的形状、涂装膜厚等因素，这种光泽的差异可形成各具特色的不同风格的装饰效果。

（3）亚光涂装（无光） 因光线的散射而呈现无光泽的沉稳感，虽有涂膜但少了厚重感，如是亚光涂装，又遇到开孔、半开孔要求的话，其涂膜相对会较轻薄，有涂装但表现的则是无涂装的感觉。涂装过程与常规涂装无异，只是面漆不同而已，但也可以不使用头道及二道底漆，而直接以消光面漆涂装，涂层干后经研磨再上一次消光面漆，此法多用于美式仿古家具。

如前文所述，木用涂装中目前国内外常用涂料主要有硝基漆（NC）、聚氨酯漆（PU）、不饱和聚酯漆（PE）、酸固化漆（AC）、光固化漆（UV）和水性木器漆（W），根据不同需要选用不同的涂料，也会获得不同的涂膜效果，展示不同的涂装风格。

4.7.3 传统涂装工艺

传统涂装主要有六种工艺，其具体的工序流程如下：

工艺一（中纤板实色涂装）：中纤板→水灰[①]或其他腻子→封闭→实色底漆（PU 或 PE）→实色面漆（亮光或亚光）。

工艺二（中纤板贴纸涂装）：中纤板→刮腻子→贴纸→PU 或 PE 透明底漆→修色→清面漆（亮光或亚光）。

工艺三（中纤板贴木皮的全封闭涂装）：中纤板→贴木皮→封闭（可选择）→底着色（按

---

① 水灰即水性腻子的一种，下同。

照需要选择使用：有色水灰、有色土那[①]、木纹宝[②]、格丽斯）→封闭底漆（可选择）→PU或PE透明底漆→修色→清面漆（亮光或亚光）。

工艺四（中纤板贴木皮的半开放涂装）：中纤板→贴木皮→底着色→封闭（可选择）→PU或UV透明底漆→PU透明面漆。

工艺五（实木底着色全封闭透明底漆）：实木→腻子→底着色→封闭→PU或PE透明底漆→PU透明面漆（变化工艺可获得开放或封闭效果）。

工艺六（红木家具封闭加生漆涂装）：红木→补色→封油土那→腻子（有色木灰）→打磨→封油土那（可选择）→打磨→修色→PU底漆→打磨→面漆（大漆）五遍。红木涂装也可全部用大漆。

（1）中纤板实色涂装

见表4－5。

表4－5　中纤板实色涂装

施工条件		底材：中纤板　涂料：PU实色漆　施工温度25℃，湿度75%以下		
序号	工序	材料	施工方法	施工要点
1	中纤板	砂纸	手磨、机磨	将白坯打磨平整，去污垢
2	腻子	专用水灰或其他腻子	刮涂	刮涂平整，宜薄刮，干后磨平
3	封闭	PU封闭底漆	刷涂、喷涂、擦涂	对底材进行有效封闭，干后轻磨
4	实色底漆	PU或PE底漆	喷涂、可湿碰湿[③]	底漆与面漆的颜色最好接近，对提高遮盖力有很大帮助
5	实色面漆（亮光或亚光）	PU实色面漆	喷涂	均匀平整

工艺说明如下：

① 中纤板：清除中纤板的油污和胶印。

② 腻子：用水灰或其他腻子刮涂1~2次，将底材填封，干透后打磨干净，不宜厚涂。

③ 封闭：用PU封闭漆，喷涂、擦涂、刷涂均可，其目的是对底材进行封闭，增加底漆对基材的附着力，防止漆膜下陷，干后轻磨。

④ 实色底漆：可选用PU或PE实色底漆，按标准配比施工，均匀喷涂，需要时PU漆可选用湿碰湿工艺。

⑤ 实色面漆：PU面漆，按标准配比调到12s的施工黏度喷涂。

（2）中纤板贴纸涂装

见表4－6。

---

① “土那”即“sealer”的译音，“sealer”的意思是“封闭底漆”或“封闭剂”，“有色土那”是指“有透明有色封闭剂”或“透明有色封闭底漆”，下同。

② “木纹宝”是着色剂的一种，下同。

③ 湿碰湿工艺主要指的是聚酯类和氨酯类等双组分固化型油漆，一般是底漆第一遍刷过表面不粘手的情况下可以刷第二遍底漆；同样，面漆第一遍刷完表面不粘手的情况下可以刷第二遍面漆；最好使用同一种类型漆料，主要是少一遍打磨工序。普通醇酸类、酚醛类不适用此工艺。

表 4-6　　中纤板贴纸涂装

施工条件		底材质：中纤板贴纸　涂料：PU 或 PE　施工温度 25℃，湿度 75% 以下		
序号	工序	材料	施工方法	施工要点
1	中纤板	砂纸	手磨、机磨	将白坯打磨平整，去污垢
2	刮腻子	专用水灰等	刮涂	刮涂平整，宜薄刮
3	贴纸	各色木纹纸	手贴、机贴	无气泡、无皱纹、整齐一致，7h 实干
4	底漆	PU 或 PE 透明底漆	喷涂	PU 底漆湿碰湿两次或 PE 底漆两遍
5	修色	透明封闭底漆或面漆加色	喷涂	由浅入深，均匀着色
6	面漆	PU 面漆	喷涂	均匀喷涂，注意过滤、防尘

工艺说明如下：

① 中纤板：清除白坯板上的油污和胶印，便于将纸贴平整。

② 刮腻子：用水灰等来填补板材的钉眼、拼缝和缺陷，尽量避免因板材的缺陷而影响贴纸的平整度。

③ 贴纸：贴纸后要求无气泡、无皱纹、整齐一致，需干燥 7h 以上。

④ 底漆：PU 或 PE 透明底漆，按标准配比施工，喷涂均匀。

⑤ 修色：用透明封闭底漆或面漆自行加色，或用已调好颜色的透明封闭底漆或面漆修色，由浅入深均匀着色。

⑥ 面漆：PU 面漆，按标准配比调到 12s 喷涂。

（3）中纤板贴木皮的全封闭涂装

见表 4-7。

表 4-7　　中纤板贴木皮的全封闭涂装

施工条件		底材：中纤板贴木皮　涂料：PU、NC 或 PE　施工温度 25℃，湿度 75% 以下		
序号	工序	材料	施工方法	施工要点
1	中纤板	砂纸	手磨、机磨	去污垢、白坯打磨平整
2	贴木皮	各种木皮、胶水	手贴、机贴	贴平整
3	封闭底漆（可选择）	PU 封闭底漆	刷涂、喷涂、擦涂	对底材进行有效封闭，干后轻磨
4	底着色	选择有色水灰、有色土那、木纹宝、格丽斯等着色材料	刮涂、擦涂、喷涂	着色均匀，颜色主要留在木眼里面，木径部分残留要少
5	封闭底漆（可选择）	PU 封闭底漆	刷涂、喷涂	对底材颜色进行有效封闭，保护底色，增加附着力，3~4h 后可轻磨，切忌磨穿及把底色打花
6	底漆	PU 或 PE 透明底漆	喷涂、可湿碰湿	干后要彻底打磨平整，忌磨穿
7	修色	土那/面漆加色	喷涂	由浅入深，均匀着色
8	面漆	清面漆（亮光或亚光）	喷涂	均匀喷涂

工艺说明如下：

① 中纤板：清除中纤板油污和胶印，对高档的板式家具有时还需进行定厚砂光，才能进

行贴木皮。

② 贴木皮：将木皮贴平整，以机贴为主，一些边角可以人工贴或者用实木线条代替。

③ 封闭底漆（可选择）：去木毛、防渗陷、增加附着力。

④ 底着色：按照需要选用有色水灰、有色土那、木纹宝、格丽斯等着色材料，采用刮涂、擦涂、喷涂等施工方式，颜色要擦拭均匀。

⑤ 封闭底漆（可选择）：再用PU封闭漆封闭，喷涂均匀，其目的是对底色进行保护，避免在喷涂底漆后出现浮色的现象；还能增加底漆的附着力，防止下陷。封闭底干后必须轻磨，以免磨穿及把底色打花。可选择是指二选一或二选二，最少一次。

⑥ PU或PE透明底漆：PE透明底漆，按标准配比施工，喷涂均匀。

⑦ 修色：参照色板来修色，原则是先里面后外面，先难后易，由浅入深，均匀着色。

⑧ 面漆：PU面漆，按标准配比调到12s施工黏度喷涂。

（4）中纤板贴木皮的半开放涂装

见表4－8。

表4－8　　中纤板贴木皮的半开放涂装

施工条件		底材：中纤板贴木皮　涂料：PU、NC或PE　施工温度25℃，湿度75%以下		
序号	工序	材料	施工方法	施工要点
1	中纤板	砂纸	手磨、机磨	去污垢、白坯打磨平整
2	贴木皮	各种木皮、胶水	手贴、机贴	贴平整
3	封闭（可选择）	PU封闭底漆	喷涂、刷涂	去木毛、防渗陷、增加附着力
4	底着色	按照需要选择使用有色土那、木纹宝、格丽斯等着色材料	刮涂、擦涂、喷涂	着色均匀，颜色主要留在木眼里面，木径部分残留要少
5	封闭（可选择）	PU底漆	刷涂、喷涂	对底材颜色进行有效封闭，保护底色，增加附着力，3～4h后可轻磨
6	底漆	PU或UV透明底漆	喷涂	根据开放效果再加一道底漆，中间需打磨，5～8h后手打磨
7	面漆	面漆	喷涂	均匀喷涂

工艺说明如下：

① 中纤板：将底材打磨平整，去除污迹、胶印，对高档的板式家具有时还需进行定厚砂光才能进行贴木皮。

② 贴木皮：木皮要求木眼粗深、纹理清晰，着色前用铜刷沿木材导管方向进行定厚砂光，才能进行贴木皮。

③ 底着色：选用土那、木纹宝或格丽斯等着色材料，对底材进行着色，突显木材纹理；用木纹宝来做底着色半开放工艺时，需要将木纹宝调稀一些，以免填平木眼。

④ 封闭：在着色前对板材进行封闭时，采用喷涂、擦涂、刷涂均可，其目的是防止下陷和便于均匀着色；为避免颜色上不去的问题，其封闭不宜厚，封闭底漆应适当调稀，但边角、木材的端头部分要封闭厚一些，以避免在底着色时出现着色不均的现象。着色后进行封闭时，不要把产品颜色擦花，所以必须喷涂，其目的是对底色进行保护，以避免在喷涂底漆后出现浮

色的现象；还能增加底漆的附着力，防止下陷，可选择是指二选一或二选二，最少一次。

⑤ 底漆：PU 底漆或改性 PU 底漆适合开放效果，黏度控制在 12 ~ 14s。如果用 UV 透明底漆，则辊涂 1 ~ 2 遍（视木眼的深浅来定）。

⑥ 面漆：面漆的施工黏度控制在 12 ~ 14s，以亚光为主。

（5）实木底着色全封闭透明底漆

见表 4 – 9。

表 4 – 9　　实木底着色全封闭透明底漆

施工条件		底材：中纤板贴木皮　涂料：PU、NC 或 PE　施工温度 25℃，湿度 75% 以下		
序号	工序	材料	施工方法	施工要点
1	实木	砂纸	手磨、机磨	去污垢、白坯打磨平整
2	腻子	各种透明腻子	刮涂	打磨时木眼里的腻子填实，外边的腻子均要磨干净
3	封闭（可选择）	PU 封闭底漆	喷涂、刷涂	去木毛、防渗陷、增加附着力
4	底着色	按照需要选择使用有色土那、木纹宝、格丽斯等着色材料	刮涂、擦涂、喷涂	着色均匀，颜色主要留在木眼里面，木径部分残留要少
5	封闭（可选择）	PU 底漆	刷涂、喷涂	对底材颜色进行有效封闭，保护底色，增加附着力，3 ~ 4h 后可轻磨
6	底漆	透明底漆	喷涂、可湿碰湿	根据开放效果再加一道底漆，中间需打磨，5 ~ 8h 后手打磨
7	面漆	面漆	喷涂	均匀喷涂

工艺说明如下：

① 实木：清除白坯板上的油污和胶印，避免在底着色时产生着色不均的现象。

② 腻子：进行底着色工艺时，一般选择刮水性腻子较多；若刮油性腻子，一般采取面着色工艺，因为油性腻子不易着色。

③ 封闭：在着色前对板材进行封闭时，采用喷涂、擦涂、刷涂均可，其目的是防止下陷和便于均匀着色；为避免颜色上不去的问题，其封闭不宜厚，封闭底漆应适当调稀，但边角、木材的端头部分要封闭厚一些，以避免在底着色时出现着色不均的现象。着色后进行封闭时，不要把产品颜色擦花，所以必须喷涂，其目的是对底色进行保护，避免在喷涂底漆后出现浮色的现象，还能增加底漆的附着力，防止下陷；可选择是指二选一或二选二，最少一次。

④ 底着色：根据所需要的表面效果及施工要求可选用不同的着色材料，用 PU 格丽斯来做底着色，其着色性比较好，也易于擦拭，填充性比木纹宝差；木纹宝既能填充又能着色；而土那则既能底着色又能进行面修色，便于修补磨穿的底色。

⑤ 底漆：PU 或 PE 透明底漆，按标准配比施工，喷涂均匀。

⑥ 面漆：PU 面漆，按标准配比调到 12s 喷涂。

（6）红木家具封闭加生漆涂装

见表 4 – 10。红木涂装也可全部用大漆。

表 4－10　　　　　　　　　　　　红木家具封闭加生漆涂装

施工条件		底材：中纤板贴木皮　涂料：PU、NC 或 PE　施工温度 25℃，湿度 75% 以下		
序号	工序	材料	施工方法	施工要点
1	红木	砂纸	手磨、机磨	去污垢，顺木纹打磨平整、光滑
2	补色	PU 修色剂	擦涂	使白坯的颜色基本一致
3	封油	封油土那	刷涂或揩涂	用封油土那再封闭，天那水对稀，厚薄适中；可视基材含油量的多少，适当增加 1～2 遍封油土那
4	腻子（有色木灰）	有色水灰	刮涂	刮有色木灰两遍，3h 后打磨
5	打磨	砂纸	手磨	除木毛、木刺，光滑无亮点
6	封油土那（可选择）	封油土那	刷涂或揩涂	用封油土那再封闭
7	打磨	砂纸	手磨	平整、光滑
8	修色	PU 修色剂	喷涂	颜色一致
9	底漆	PU 透明底漆	喷涂	湿碰湿一次
10	打磨	砂纸	手磨	平整、光滑
11	面漆	大漆	喷涂，揩、擦 4～8 遍	均匀涂布，使膜面光泽一致，手感细腻

工艺说明如下：

① 红木：用砂纸顺木纹打磨光滑，清除污迹。

② 补色：使白坯的颜色基本一致。

③ 封油土那：对底材进行封闭，避免树脂、单宁等物质渗出而影响涂装效果，确保大漆不往下陷，确保附着力。

④ 有色底灰：填平木眼、毛孔，彻底打磨平整，只填木眼，不填木径；若一遍没有填平，还可以多刮几次有色底灰；注意一定要把木径表面打磨干净并彻底清理余灰。

⑤ 打磨：除木毛、木刺，光滑无亮点。打磨平整、光滑。

⑥ 封油土那：二次封闭，对底材、有色底灰进行封闭，增加底漆对基材的附着力，有助于防止漆膜下陷。此工序根据实际情况可省去。

⑦ 打磨：打磨平整、光滑。

⑧ 修色：颜色均匀一致。

⑨ 底漆：按标准配比施工，喷涂均匀。

⑩ 打磨：打磨平整、光滑。

⑪面漆：PU 透明面漆采用的是喷涂方式，而生漆、大漆一般采用揩涂方式，一般需 4～8 次才可达到质量要求。

4.7.4　其他常用涂装工艺

除上述六种常见工艺外，实际生产时，针对不同的风格和不同涂装效果需要、不同生产条件、不同底材、不同原材料及辅料，会选用多种多样的涂装工艺，下面列出一些常见实用涂装工艺，供参考。

（1）实用工艺一

中纤板 NC 涂装工艺：中纤板→封闭→打磨→底漆→打磨→底漆→打磨→面漆→打磨→面漆。见表 4－11。

表 4－11 中纤板 NC 实色涂装

施工条件		底材：中纤板贴木皮　涂料：PU、NC 或 PE　施工温度 25℃，湿度 75% 以下		
序号	工序	材料	施工方法	施工要点
1	白坯处理	砂纸	手磨、机磨	将白坯打磨平整，去污痕
2	封闭	用虫胶漆、NC 漆或 PU 封闭底漆	刷涂、喷涂、擦涂	对底材进行封闭
3	打磨	砂纸	手磨	轻磨，清除木毛、木刺
4	底漆	实色 NC 底第一遍	喷涂 2～4 道	要有足够厚度
5	打磨	砂纸	手磨、机磨	彻底打磨平整
6	底漆	实色 NC 底第二遍	喷涂 1～2 道	喷涂均匀
7	打磨	砂纸	手磨	先用 320#打磨，再用 600#轻磨去砂痕
8	面漆	实色 NC 底第一遍	喷涂	注意喷涂均匀
9	打磨	砂纸	手磨、轻磨	打磨平滑无亮点，切忌磨穿
10	面漆	实色 NC 底第二遍	喷涂	注意喷涂均匀

工艺说明如下：

① 封闭底漆：在打磨封闭底漆后最好用 PU 或 PE 腻子刮补中纤板截面。

② 底漆：NC 实色底漆施工黏度可调整在 16～18s，用雾化效果好的喷涂工具，黏度可调到 20～24s 进行喷涂。

③ 打磨：第一遍面漆后打磨所选用的砂纸其粒度不但要细一些，而且打磨时力度一定要掌握好。

④ 面漆：用配套的面漆稀释剂调到 12s 施工黏度喷涂。

（2）实用工艺二

实木本色涂装工艺：实木→封闭→打磨→刮腻子→打磨→底漆→打磨→底漆→打磨→面漆→打磨→面漆。见表 4－12。

表 4－12 实木本色涂装

施工条件		底材：中纤板贴木皮　涂料：PU、NC 或 PE　施工温度 25℃，湿度 75% 以下		
序号	工序	材料	施工方法	施工要点
1	白坯	砂纸	手磨、机磨	去污垢、白坯打磨平整
2	封闭（可选择）	PU 封闭底漆	刷涂、喷涂、擦涂	对底材进行封闭，3～4h 后可打磨
3	打磨	砂纸	手磨	轻磨，消除木毛
4	刮腻子	PU 透明腻子	刮涂	填平木眼，3h 后可打磨
5	打磨	砂纸	手磨、机磨	彻底打磨平整，多余腻子清除干净
6	底漆	PU 透明底漆	喷涂、可湿碰湿	均匀喷涂，5～8h 后打磨
7	打磨	砂纸	手磨、机磨	彻底打磨平整
8	底漆	透明底漆	喷涂、可湿碰湿	根据开放效果再加一道底漆，中间需打磨，5～8h 后手打磨
9	打磨	砂纸	手磨、机磨	彻底打磨平整
10	面漆	PU 清面漆	喷涂	均匀喷涂，8～10h 后轻磨
11	打磨	砂纸	手磨	轻磨颗粒，切忌打穿
12	面漆	PU 清面漆	喷涂	均匀喷涂

工艺说明如下：

① 刮腻子：腻子要刮平，填实，也可以用配套的稀释剂调稀后进行擦涂。

② 底漆：当使用 NC 底漆时，要多涂 1 ~2 遍，获得一定厚度的涂膜。

③ 面漆：用配套的面漆稀释剂调到 12s 施工黏度喷涂。

(3) 实用工艺三

实木底着色开放式透明涂装工艺：实木→封闭→打磨→着色→底漆→打磨→修色→打磨→面漆。见表 4 -13。

表 4 -13　　实木底着色开放式透明涂装

施工条件	底材：中纤板贴木皮　涂料：PU、NC 或 PE　施工温度 25℃，湿度 75% 以下			
序号	工序	材料	施工方法	施工要点
1	白坯	砂纸	手磨、机磨	将白坯打磨平整，去污痕
2	封闭	PU 封闭底漆	刷涂、喷涂	对底材进行封闭，3 ~4h 后打磨
3	打磨	砂纸	手磨	轻磨，清除木毛
4	着色	格丽斯等着色材料	擦除	擦涂可加放适量慢干水，也可采用喷涂方式着色
5	底漆	透明底漆	喷涂	根据开放效果如要加一道底漆的话，中间需打磨，5 ~8h 后手打磨
6	打磨	砂纸	手磨、机磨	彻底打磨平整，切忌打穿
7	修色	清面漆（配好）；色精	喷涂	可适当用稀释剂调稀
8	打磨	砂纸	手磨	轻磨颗粒，不可打穿，也可省去此工序
9	面漆	清面漆	喷涂	均匀喷涂

如果要做面修色，可在第 8 个工序后进行修色。

面漆：用配套的面漆稀释剂调到 12s 施工黏度喷涂。

(4) 实用工艺四

实木面着色透明（半透明）涂装工艺（半开放、全开放的不同效果，取决于底漆、面漆厚度，打磨程度）：实木→封闭→打磨→透明底漆→打磨→底漆→打磨→透明有色面漆。见表 4 -14。

表 4 -14　　实木面着色透明（半透明）涂装

施工条件	底材：中纤板贴木皮　涂料：PU、NC 或 PE　施工温度 25℃，湿度 75% 以下			
序号	工序	材料	施工方法	施工要点
1	白坯	砂纸	手磨、机磨	去污垢、白坯打磨平整
2	封闭（可选择）	PU 封闭底漆	刷涂、喷涂、擦涂	对底材进行封闭，3 ~4h 后可打磨
3	打磨	砂纸	手磨	轻磨，消除木毛
4	底漆	PU 透明底漆（PU、NC 或 PE 均可）	喷涂、可湿碰湿	均匀喷涂，5 ~8h 后手打磨
5	打磨	砂纸	手磨、机磨	彻底打磨平整
6	底漆	透明底漆（PU、NC 或 PE 均可）	喷涂、可湿碰湿	均匀喷涂，5 ~8h 后手打磨
7	打磨	砂纸	手磨、机磨	彻底打磨平整
8	透明有色面漆	PU 透明面漆	喷涂	均匀喷涂

工艺说明如下：

① 透明有色面漆：用配套的面漆稀释剂调到 12s 施工黏度喷涂。

② 透明或半透明效果的影响因素：漆膜总厚度，颜色的浓和淡。

(5) 实用工艺五

红木家具纯生漆涂装工艺：红木→刮腻子→打磨→上色→补色→上底漆→打磨→擦生漆。见表 4－15。

表 4－15　　红木家具纯生漆涂装

施工条件		底材：中纤板贴木皮　涂料：PU、NC 或 PE　施工温度 25℃，湿度 75% 以下		
序号	工序	材料	施工方法	施工要点
1	白坯	砂纸	手磨、机磨	去污垢、白坯打磨平整
2	刮腻子	色粉、填充料、适量水的混合物	刮涂	填平、填实木眼
3	打磨	砂纸	手磨	除尽木径上的灰迹，使木纹纹理清晰
4	上色、补色	虫胶片、酒精、色粉	喷涂、手工刷涂	虫胶片加酒精按 1:4 调和，然后用排刷沾上色粉上色
5	底漆	透明底漆（PU、NC 或 PE 均可）	喷涂、NC 可湿碰湿	均匀喷涂，5～8h 后打磨
6	打磨	砂纸	手磨	彻底打磨平整
7	擦生漆	生漆	擦涂	均匀擦涂

工艺说明如下：

① 刮腻子：生漆遇铁会变黑，因此刮灰用的刮子要以塑料、铜、不锈钢等材质，最好用牛角刮子。

② 擦生漆：擦生漆应用纯棉质纱线，不能用化纤或含化纤的丝线。

(6) 实用工艺六

藤制家具常用透明涂装工艺：白坯干燥→白坯前处理→染色→封闭→打磨→上面漆。见表 4－16。

表 4－16　　藤制家具常用透明涂装

施工条件		底材：中纤板贴木皮　涂料：PU、NC 或 PE　施工温度 25℃，湿度 75% 以下		
序号	工序	材料	施工方法	施工要点
1	白坯干燥	烘干设备	日光或烘干	藤条清洁干净后经日晒或烘烤干燥
2	白坯前处理	硫磺、漂白水	烟熏、浸泡	硫磺烟熏主要防虫蛀；对色泽及质量差的藤皮、芯还需进行漂白处理；防霉、防裂处理，并除去青皮；经过高温杀菌消毒处理后，再用机器把藤条拉成一定长短和粗细规格的藤
3	染色	酸性染料或油溶性染料	喷涂	用酸性染料或油溶性染料涂装 1～2 遍，染色均匀一致，颜色要淡雅
4	封闭	PU 封闭底漆	喷涂	均匀喷涂，5～8h 后手打磨
5	打磨	砂纸	手磨	轻磨，消除毛刺
6	上面漆	清面漆	喷涂	均匀喷涂施工，涂料要尽可能调稀一些，可视需要多做 1～2 遍面漆

工艺说明如下：

① 藤条在干燥前必须清洗干净。

② 藤条材料比较容易长虫、生霉，必须用硫磺、漂白水等处理。

③ 藤材颜色一般不太均匀，染色是藤家具涂装非常重要的一道工序，染色时颜色不能太深，要求染后颜色均匀一致。

④ 藤家具上漆时要注意涂料要尽可能调稀一些，宁愿薄涂多遍。

⑤ 藤家具也采用浸涂工艺，但所用涂料及工艺过程有不同。

(7) 实用工艺七

中纤板木门实色常用涂装工艺：白坯打磨→封闭→打磨→底漆→打磨→底漆→打磨→面漆。见表 4－17。

表 4－17　　中纤板木门实色常用涂装

施工条件		底材：中纤板贴木皮　涂料：PU、NC 或 PE　施工温度 25℃，湿度 75% 以下		
序号	工序	材料	施工方法	施工要点
1	白坯打磨	砂纸	手磨、机磨	去污垢、打磨要平整以增加附着力
2	封闭	PU 封闭底漆	刷涂、喷涂	对底材进行封闭，可视需要多做一遍封闭
3	打磨	砂纸	手磨、机磨	打磨均匀
4	底漆	专用 PU、NC、PE 木门实色底漆	喷涂或刷涂	均匀施工
5	打磨	砂纸	手磨或机磨	打磨均匀
6	底漆	专用 PU、NC、PE 木门实色底漆	喷涂	均匀施工
7	打磨	砂纸	手磨或机磨	打磨均匀
8	面漆	专用 PU、NC、PE 木门实色面漆	喷涂	按标准配比，均匀喷涂

工艺说明如下：

① 去污迹、打磨要平整以增加附着力。

② 木门涂装时，封闭工序不能省，必要时多做一两遍底漆。

③ 层间打磨非常重要，否则会影响漆膜附着力。

④ 底面建议使用厂家的木门专用底面漆。

(8) 实用工艺八

实木门全封闭透明涂装常用工艺：白坯打磨→封闭→打磨→刮腻子→打磨→底漆→打磨→底漆→打磨→面漆→打磨→面漆。见表 4－18。

表 4－18　　实木门全封闭透明涂装

施工条件		底材：中纤板贴木皮　涂料：PU、NC 或 PE　施工温度 25℃，湿度 75% 以下		
序号	工序	材料	施工方法	施工要点
1	白坯	砂纸	手磨、机磨	去污垢、白坯打磨平整
2	封闭	PU 封闭底漆	刷涂、喷涂、擦涂	对底材进行封闭，3～4h 后可打磨
3	打磨	砂纸	手磨	轻磨，消除木毛

续表

施工条件		底材：中纤板贴木皮　涂料：PU、NC 或 PE　施工温度 25℃，湿度 75% 以下		
序号	工序	材料	施工方法	施工要点
4	刮腻子	PU 透明腻子	刮涂	填平木眼，3h 后可打磨
5	打磨	砂纸	手磨、机磨	彻底打磨平整，多余腻子清除干净
6	底漆	专用 PU、PE、NC 木门底漆	喷涂、可湿碰湿	均匀喷涂，5～8h 后打磨
7	打磨	砂纸	手磨、机磨	彻底打磨平整
8	底漆	专用 PU、PE、NC 木门底漆	喷涂、可湿碰湿	根据开放效果再加一道底漆，中间需打磨，5～8h 后手打磨
9	打磨	砂纸	手磨、机磨	彻底打磨平整
10	面漆	专用 PU、PE、NC 木门面漆	喷涂	均匀喷涂，8～10h 后轻磨
11	打磨	砂纸	手磨	轻磨颗粒，切忌打穿
12	面漆	专用 PU、PE、NC 木门面漆	喷涂	均匀喷涂

工艺说明如下：

木门属比较特殊的木制品，涂饰面全部是见光面，所以，尽量做到防止木门的变形和开裂，拆装的半成品应在第一时间内做完封闭底漆，防止基材吸收空气中的水分变形。

底漆：尽量使用 PE 类透明底漆或实色底漆，对木门的形变稳定有很大帮助。

(9) 实用工艺九

中纤板橱柜实色涂装工艺：白坯打磨→封闭→打磨→刮腻子→打磨→底漆→打磨→底漆→打磨→面漆→抛光。见表 4－19。

表 4－19　　中纤板橱柜实色涂装

施工条件		底材：中纤板贴木皮　涂料：PU、NC 或 PE　施工温度 25℃，湿度 75% 以下		
序号	工序	材料	施工方法	施工要点
1	白坯打磨	砂纸	手磨或机磨	中纤板打磨平整、增加附着力
2	封闭	PU 封闭底漆	刷涂、喷涂	对整个面板进行封闭，可视需要多做一遍封闭
3	打磨	砂纸	手磨或机磨	打磨均匀，平整
4	刮腻子	原子灰	刮涂	中纤板面满刮腻子
5	打磨	砂纸	手磨或机磨	打磨均匀、平整
6	底漆	专用 PU、NC、PE 木门实色底漆	喷涂或刷涂	均匀施工
7	打磨	砂纸	手磨或机磨	打磨均匀
8	底漆	专用 PU、NC、PE 木门实色底漆	喷涂	均匀施工
9	打磨	砂纸	手磨或机磨	打磨均匀
10	面漆	专用 PU、NC、PE 木门实色面漆	喷涂	按标准配比，均匀喷涂
11	抛光	抛光蜡	手工或机械	选取适合的抛光蜡进行抛光

工艺说明如下：

① 腻子应选用原子灰，以保证良好的附着力，刮涂时应薄刮，填孔即可。

② 这种工艺如用规格法测试底、面漆之间的附着力，结果不会有问题，但实际生产中常用刀片挑方法来测试，对于附着力的要求更高，为此常在面漆与 PE 底漆之间做一层 PU 亚光清面漆过渡层，来提高层间附着力。

③ 面漆抛光时间的选择：传统的面漆要经过 48h 干燥才能抛光；面漆经过常温干燥 3h，再 50℃干燥 12h 也可以直接抛光。

④ 第一遍面漆与第二遍面漆的湿碰湿时间为 1.5 ~ 2h，如间隔时间过短，则涂第二遍面漆时易产生橘皮现象。

（10）实用工艺十

实木或中纤板贴木皮 PU 底 NC 面底着色全封闭透明涂装工艺：实木或中纤板贴木皮→封闭→打磨→底着色→封闭→打磨→底漆→打磨→底漆→打磨→修色→打磨→清面漆（亮光或亚光）。见表 4 – 20。

表 4 – 20　　实木或中纤板贴木皮 PU 底 NC 面底着色全封闭透明涂装

施工条件		底材：中纤板贴木皮　涂料：PU、NC 或 PE　施工温度 25℃，湿度 75% 以下		
序号	工序	材料	施工方法	施工要点
1	白坯处理	砂纸	手磨或机磨	去胶印、污渍、毛刺，打磨平整
2	封闭	PU 封闭底漆	刷涂、喷涂	去毛刺，平衡底着色均匀浓度，3 ~ 4h 后打磨
3	打磨	砂纸	手磨或机磨	去毛刺、打磨均匀
4	底着色	有色土那、木纹宝（填充剂）、PU 格丽斯	擦涂	配套稀释剂调整到合适施工浓度，擦涂，干燥后再施工透明底漆
5	封闭	PU 封闭底漆（可选择）	喷涂	保护底色，增加附着力，3 ~ 4h 后打磨
6	打磨	砂纸	手磨或机磨	打磨平整
7	底漆	PU 或 PE 透明底漆	喷涂、淋涂	按标准配比调漆施工
8	打磨	砂纸	手磨或机磨	打磨均匀、平整，切忌磨穿
9	底漆	PU 或 PE 透明底漆	喷涂、淋涂	按标准配比调漆施工
10	打磨	砂纸	手磨或机磨	打磨均匀、平整，切忌磨穿
11	修色	PU 透明底漆加油性色精	喷涂	按标准配比调漆施工
12	打磨	砂纸	手磨或机磨	干后轻磨，切勿磨穿
13	清面漆	NC 清面漆	喷涂	按标准配比调到 12s 施工黏度喷涂

工艺说明如下：

① 白坯处理：要平整光洁。

② 封闭底漆：使底着色均匀，增加层间附着力。

③ 底着色：先按照顺时针或逆时针圈擦，然后顺木纹擦拭干净。

④ 封闭底漆（可选择）：可视需要选择，至少一次。

⑤ 底漆：按标准配比施工，如要做全封闭效果，底漆可湿碰湿喷涂两遍，干后打磨，切勿磨穿。

⑥ 修色：可用调色金油加油性色精调色，也可用 PU 清面漆加油性色精调色，黏度要适

宜，最好调到9~10s进行修色施工。

⑦ 清面漆：NC亮光或亚光清面漆，按标准配比调到合适施工黏度（通常为12s），均匀喷涂。

（11）实用工艺十一

中纤板仿木纹涂装工艺：基材→封闭→打磨→刮腻子→打磨→木纹底漆→打磨→木纹底漆→打磨→木纹漆→清底漆→打磨→清面漆（亮光或亚光）。见表4-21。

表4-21　　中纤板仿木纹涂装

施工条件		底材：中纤板贴木皮　涂料：PU、NC或PE　施工温度25℃，湿度75%以下		
序号	工序	材料	施工方法	施工要点
1	白坯处理	砂纸	手磨、机磨	去胶印、污渍、毛刺，打磨平整
2	封闭	PU封闭底漆	刷涂、喷涂	对底材有效封闭，3~4h后打磨
3	打磨	砂纸	手磨或机磨	去毛刺、打磨平整
4	刮腻子	PU或PE腻子	刮涂	按标准配比调灰，填平横截面、补钉眼
5	打磨	砂纸	手磨或机磨	去毛刺，腻子干透再打磨平整，木材表面要打磨干净
6	木纹底漆	PU或PE实色底漆	喷涂、淋涂	按要求选择底漆颜色，按标准配比调漆施工
7	打磨	砂纸	手磨或机磨	打磨均匀、平整，切忌磨穿
8	木纹底漆	PU或PE实色底漆	喷涂、淋涂	按要求选择底漆颜色，按标准配比调漆施工
9	打磨	砂纸	手磨或机磨	打磨均匀、平整，切忌磨穿
10	木纹漆	PU拉纹漆	手磨、机械	按要求拉纹、刷纹、印刷木纹，干后涂透明底漆
11	底漆	PU透明底漆	喷涂、淋涂	按标准配比调漆施工
12	打磨	砂纸	手磨或机械	打磨均匀、平整，切勿磨穿
13	清面漆	PU清面漆	喷涂	按标准配比调到合适施工黏度喷涂（通常为12s）

工艺说明如下：

① 白坯处理：要平整光洁。

② 封闭底漆：有利于除去毛刺，有效封闭基材，增加层间附着力。

③ 刮腻子：按标准配比调腻子，主要是填好截面的较大缺陷。

④ 木纹底漆：PU或PE实色底漆，按要求选择底漆颜色，按标准配比调漆施工。

（12）实用工艺十二

中纤板贴木皮全PU透明面着色涂装工艺：中纤板（贴木皮）→封闭→打磨→底漆→打磨→底漆→打磨→修色→打磨→清面漆（亮光或亚光）。见表4-22。

表4-22　　中纤板贴木皮全PU透明面着色涂装

施工条件		底材：中纤板贴木皮　涂料：PU、NC或PE　施工温度25℃，湿度75%以下		
序号	工序	材料	施工方法	施工要点
1	白坯处理	砂纸	手磨、机磨	去污渍、毛刺，打磨平整
2	封闭	PU封闭底漆	刷涂、喷涂	对底材有效封闭，3~4h后打磨
3	打磨	砂纸	手磨或机磨	去毛刺、打磨均匀
4	底漆	PU透明底漆	喷涂、淋涂	按标准比例调配，喷涂均匀
5	打磨	砂纸	手磨或机磨	打磨均匀、平整，切勿磨穿

续表

施工条件	底材：中纤板贴木皮　涂料：PU、NC 或 PE　施工温度 25℃，湿度 75% 以下			
序号	工序	材料	施工方法	施工要点
6	底漆	PU 透明底漆	喷涂	按标准配比调配，湿碰湿喷涂两遍
7	打磨	砂纸	手磨或机磨	打磨均匀、平整，切忌磨穿
8	修色	PU 清面漆加油性色精调色	喷涂	按标准配比调配，根据颜色要求调色
9	打磨	砂纸	手磨	轻轻打磨，切勿磨穿
10	清面漆	PU 清面漆	喷涂	按标准配比到合适施工黏度（通常为 12s），均匀喷涂

工艺说明如下：

① 贴木皮　中密度纤维板贴各种木皮，注意选择合适木皮黏结剂。

② 贴木皮主要工序：裁剪板料→砂光（最好是定厚砂光）→挑选木皮→裁皮→缝皮→调胶→涂胶→贴皮→热压铣边→封边→排孔→拉槽→木制砂光→涂装。

③ 白坯处理：要平整光洁。

④ 封闭底漆：有利于除去毛刺，封闭基材，增加层间附着力，干后要打磨。

⑤ 底漆一遍：PU 透明底漆，按标准配比施工，不宜厚喷，干后打磨，切勿磨穿。

⑥ 底漆两遍：PU 透明底漆，按标准配比施工，可湿碰湿喷涂两遍，干后打磨，切勿磨穿。

⑦ 修色：调色金油加油性色精调色，也可以用 PU 清面漆加油性色精调色，黏度要合适，最好调到 9～10s 进行喷修施工。

⑧ 清面漆：PU 亮光或亚光清面漆，按标准配比调节合适施工黏度（通常为 12s），均匀喷涂。

(13) 实用工艺十三

实木地板透明底着色全封闭涂装工艺：实木地板→做底色（水性）→封闭（可选择）→打磨→PU 单组分或双组分地板漆（亮光或亚光）→打磨→PU 单组分或双组分地板漆（亮光或亚光）。见表 4－23。

表 4－23　　实木地板透明底着色全封闭涂装

施工条件	底材：中纤板贴木皮　涂料：PU、NC 或 PE　施工温度 25℃，湿度 75% 以下			
序号	工序	材料	施工方法	施工要点
1	白坯处理	砂纸	手磨或机磨	去污垢、毛刺，打磨平整
2	做底色	水性着色剂	刷涂、喷涂	着色均匀，颜色主要是浸润进入到木材表层里
3	封闭	PU 封闭底漆（可选择）	刷涂、喷涂	对底材、底色进行有效封闭和保护，增加附着力，3～4h 后可轻磨
4	打磨	砂纸	手磨	轻轻打磨，切勿磨穿露白
5	面漆	PU（单组分或双组分）地板漆	喷涂、刷涂	按标准配比调到合适施工黏度（通常为 12s），刷涂、喷涂均匀到位
6	打磨	砂纸	手磨或机磨	均匀打磨
7	面漆	PU（单组分或双组分）地板漆	刷涂、喷涂	按标准配比到合适施工黏度（通常为 12s），刷涂、喷涂均匀到位

工艺说明如下：

① 白坯处理：砂光时注意到位，顺纹砂光，不可漏砂。

② 底着色：按照需要选择水性着色材料，可采用刷涂、辊涂、喷涂、浸泡等施工方式，颜色要相对均匀。

③ 封闭底漆（可选择）：有效封闭基材、底色，增加层间附着力。

④ 地板漆：单组分潮固化 PU 地板漆，双组分 PU 地板漆，按标准配比调到合适施工黏度（通常为 12s），刷涂、喷涂均匀到位。

（14）实用工艺十四

中纤板闪光漆涂装工艺：中纤板→封闭→打磨→刮腻子→打磨→实色底漆→打磨→闪光漆→清面漆（亮光或亚光）。见表 4－24。

表 4－24　　中纤板闪光漆涂装

施工条件		底材：中纤板贴木皮　涂料：PU、NC 或 PE　施工温度 25℃，湿度 75% 以下		
序号	工序	材料	施工方法	施工要点
1	白坯处理	砂纸	手磨或机磨	去污垢、毛刺，打磨平整
2	封闭	PU 封闭底漆（可选择）	刷涂、喷涂	对底材、底色进行有效封闭和保护，增加附着力，3～4h 后可轻磨
3	打磨	砂纸	手磨或机磨	去毛刺、打磨平整
4	刮腻子	PU 或 PE 腻子	刮涂	填平截面、钉眼、导管
5	打磨	砂纸	手磨或机磨	去毛刺，腻子干透再打磨平整，木径上面要打磨干净
6	实色底漆	PU 或 PE 实色底漆	喷涂	按标准比例调配，喷涂均匀
7	打磨	砂纸	手磨或机磨	打磨均匀、平整，切勿磨穿
8	闪光漆	PU 闪光漆	喷涂	按标准比例调配，漆膜表干后喷清漆
9	清面漆	PU 清面漆	喷涂	按标准配比调到合适黏度（通常为 12s）施工，待闪光漆表干后，再喷涂清面漆

工艺说明如下：

① 白坯处理：要平整光洁，棱角圆滑。

② 封闭底漆：有利于除毛刺，有效封闭基材，增加层间附着力。

③ 刮腻子：主要是满刮、填平截面及木材导管，干后打磨平整。

④ 实色底漆：PU 或 PE 实色底漆，根据面漆颜色效果配套选用实色底漆，按标准配比施工，干后打磨光滑，切勿磨穿。

⑤ 闪光漆：PU 闪光漆，按标准比例调配施工，表干后喷涂清面漆，注意：在喷涂清面漆之前不能打磨。

⑥ 清面漆：PU 亮光或亚光清面漆，按标准配比例调到合适黏度（通常是 12s）进行施工，待闪光漆表干后均匀喷涂，浅色效果最好选用耐黄变清面漆。

（15）实用工艺十五

中纤板裂纹漆涂装工艺：中纤板→封闭→打磨→刮腻子→打磨→实色底漆→打磨→透明底漆→裂纹漆→透明面漆（亮光或亚光）。见表 4－25。

表 4-25　　中纤板裂纹涂装

施工条件		底材：中纤板贴木皮　涂料：PU、NC 或 PE　施工温度 25℃，湿度 75% 以下		
序号	工序	材料	施工方法	施工要点
1	白坯处理	砂纸	手磨或机磨	去污垢、毛刺，打磨平整
2	封闭	PU 封闭底漆（可选择）	刷涂、喷涂	对底材、底色进行有效封闭
3	打磨	砂纸	手磨或机磨	去毛刺、打磨平整
4	刮腻子	PU 或 PE 腻子（可选择）	刮涂	填平截面、钉眼
5	打磨	砂纸	手磨或机磨	去毛刺，腻子干透再打磨平整，木径上面要打磨干净
6	实色底漆	PU 或 PE 实色底漆	喷涂	按标准配比施工，喷涂均匀
7	打磨	砂纸	手磨或机磨	打磨均匀、平整，切勿磨穿
8	透明底漆	PU 闪光漆	喷涂	调整到合适的施工黏度喷涂，漆膜厚薄越均匀越好，干后不要打磨
9	裂纹漆	NC 裂纹漆	喷涂	调整到合适的施工黏度喷涂，漆膜厚薄越均匀越好，干后不要打磨
10	透明面漆	NC 清面漆	喷涂	调整到合适的施工黏度（通常为 12s 黏度）进行喷涂施工

工艺说明如下：

① 白坯处理：要平整光洁。

② 封闭底漆：有利于除去，有效封闭基材。

③ 刮腻子（可选择）：主要是填充截面的较大缺陷。

④ 实色底漆：PU 或 PE 实色底漆，可根据效果需要选择配套的实色底漆颜色，按标准配比施工，干后打磨，切勿磨穿。

⑤ 清底漆：NC 清底漆，是裂纹漆的基础漆，漆膜厚薄越均匀越好，干后不要打磨。

⑥ 裂纹漆：NC 实色裂纹漆，调整到合适的施工黏度喷涂，漆膜厚薄越均匀越好，干后不要打磨，裂纹显现时间为大约 3～5min，一般来说，如想获得粗或深的裂纹，可适当增加漆膜厚度，或提高裂纹底漆的厚度；反之如想获得细或浅的裂纹，则要降低漆膜厚度，或控制裂纹底漆的厚度。

⑦ 清面漆：NC 亮光或亚光清面漆，调整到合适黏度（通常为 12s）进行喷涂施工，白色效果最好选用耐黄变清面漆。

（16）实用工艺十六

中纤板锤纹漆涂装工艺：中纤板→封闭→打磨→刮腻子→打磨→PU 或 PE 实色底漆→打磨→锤纹漆→清面漆（亮光或亚光）。见表 4-26。

表 4-26　　中纤板锤纹漆涂装

施工条件		底材：中纤板贴木皮　涂料：PU、NC 或 PE　施工温度 25℃，湿度 75% 以下		
序号	工序	材料	施工方法	施工要点
1	白坯处理	砂纸	手磨或机磨	去污垢、毛刺，打磨平整
2	封闭	PU 封闭底漆（可选择）	刷涂、喷涂	对底色进行有效封闭，增加附着力
3	打磨	砂纸	手磨或机磨	去毛刺、打磨平整

续表

施工条件		底材：中纤板贴木皮　涂料：PU、NC 或 PE　施工温度 25℃，湿度 75% 以下		
序号	工序	材料	施工方法	施工要点
4	刮腻子	PU 或 PE 腻子	刮涂	嵌补填平截面、补钉眼
5	打磨	砂纸	手磨或机磨	去毛刺，腻子干透再打磨平整，木径上面要打磨干净
6	实色底漆	PU 或 PE 实色底漆	喷涂	按标准配比施工，喷涂均匀
7	打磨	砂纸	手磨或机磨	打磨均匀、平整，切勿磨穿
8	锤纹漆	PU 闪光漆	喷涂	调到合适的施工黏度，喷膜均匀，锤纹均匀
9	清面漆	NC 清面漆	喷涂	按标准调到合适黏度（通常为 12s）施工，均匀喷涂

工艺说明如下：

① 白坯处理：棱角要磨得比较圆润。

② 封闭底漆：有效封闭基材底色，增加腻子对基材的附着力。

③ 刮腻子（可选择）：主要是填充横截面的缺陷。

④ 实色底漆：PU 或 PE 实色底漆，可根据锤纹漆的色彩配套选择实色底漆的颜色，按标准配比施工，干透后打磨。

⑤ 锤纹漆：NC 清面漆，按标准调到合适黏度（通常为 12s）施工，均匀喷涂。

注意：锤纹漆中有帮助形成锤花纹的硅油，喷涂过锤纹漆的喷枪以及喷涂中用过的其他设备、工具、部件的清洗非常关键，如有疏忽，在喷涂其他涂料时极易出现“缩孔”。

（17）实用涂装工艺十七

中纤板贝母漆涂装工艺：中纤板处理→封闭→打磨→刮腻子→打磨→白色底漆→打磨→贝母漆→清面漆（亮光）。见表 4－27。

表 4－27　　中纤板贝母涂装

施工条件		底材：中纤板贴木皮　涂料：PU、NC 或 PE　施工温度 25℃，湿度 75% 以下		
序号	工序	材料	施工方法	施工要点
1	白坯处理	砂纸	手磨或机磨	去污垢、毛刺，打磨平整
2	封闭	PU 封闭底漆（可选择）	刷涂、喷涂	对底材封闭，3～4h 后打磨
3	打磨	砂纸	手磨或机磨	去毛刺、打磨平整
4	刮腻子	PU 或 PE 腻子（可选择）	刮涂	填平截面、补钉眼，干透后打磨
5	打磨	砂纸	手磨或机磨	去毛刺，腻子干透再打磨平整，木径上面要打磨干净
6	白色底漆	PU 或 PE 实色底漆	喷涂	按标准配比施工，喷涂均匀
7	打磨	砂纸	手磨或机磨	打磨均匀、平整，切勿磨穿
8	贝母漆	PU 贝母漆	喷涂	按标准比例调配，采用先喷后点的施工方法，漆膜厚度越均匀越好，漆膜表干后，即可喷清面漆
9	清面漆	NC 清面漆	喷涂	按标准调到合适黏度（通常为 12s）施工，待贝母漆表干后喷涂

工艺说明如下：

① 白坯处理：要平整光洁。

② 封闭底漆：有利除去木毛刺，有效封闭基材，增加附着力。

③ 刮腻子（可选择）：主要是填充截面的较大缺陷。

④ 白色底漆：PU 或 PE 白色底漆，一般多数选用白色，按标准配比施工，干后打磨，切勿磨穿。

⑤ 贝母漆：PU 贝母漆，按标准比例调配，采用先喷后点的施工方法，首先按常规喷涂方法疲软黏土，漆膜厚度越均匀越好，接着调整喷枪的气压、出漆量，喷涂成均匀的“点”状，漆膜会自然形成七彩的贝壳效果，表干后喷涂清面漆。注意：在喷涂清面漆之前不能打磨。

⑥ 清面漆：PU 耐黄变亮光清面漆，按标准配比调到合适黏度（通常 12s）施工，待贝母漆表干后喷涂。

（18）实用工艺十八

中纤板油丝（蜘蛛网）漆涂装工艺：中纤板→封闭→打磨→刮腻子→打磨→PU 实色底漆→打磨→NC 透明底漆→油丝漆→仿古漆→NC 清漆（亮光或亚光）。见表 4－28。

表 4－28　　中纤板油丝（蜘蛛网）漆涂装

施工条件		底材：中纤板贴木皮　涂料：PU、NC 或 PE　施工温度 25℃，湿度 75% 以下		
序号	工序	材料	施工方法	施工要点
1	白坯处理	砂纸	手磨、机磨	去胶印、污渍、木毛、木刺，打磨平整
2	封闭	PU 封闭底漆（可选择）	刷涂、喷涂	对基材进行封闭，3～4h 后打磨
3	打磨	砂纸	手磨或机磨	去木毛，增加层间附着力
4	刮腻子	PU 或 PE 腻子（可选择）	手工	嵌补填平基材、补钉眼
5	打磨	砂纸	手磨或机磨	去木毛，腻子干透再打磨平整，木径上面要打磨干净
6	PU 实色底漆	PU 或 PE 实色底漆	喷涂	按标准配比施工，喷涂均匀
7	打磨	砂纸	手磨或机磨	打磨均匀、平整，切勿磨穿
8	NC 透明底漆	NC 清底漆	喷涂	均匀到位
9	油丝漆	NC 实色或透明漆	喷涂	调节黏度、施工气压，操作喷枪进行施工
10	仿古漆	NC 格丽斯	手工擦涂	调至合适黏度，用于刷做效果
11	NC 清面漆	NC 清面漆（亮光或亚光）	喷涂	调整到 12s 黏度喷涂

工艺说明如下：

① 白坯处理：平整光洁。

② 封闭底漆：有利于除去木毛刺，有效保护基材。

③ 刮腻子（可选择）：主要是填充截面的较大缺陷。

④ 实色底漆：PU 或 PE 实色底漆，可根据效果需要选择配套的实色底漆颜色，按标准配比施工，干后打磨不要磨穿。

⑤ 做透明底漆：NC 清底漆。

⑥ 油丝漆：普通的 NC 清漆、实色面漆，调整到合适的施工黏度和喷涂施工气压，喷涂成

蜘蛛网状效果。

⑦ 清面漆：NC 亮光或亚光清面漆，按标准配比调到合适黏度（通常为 12s）施工，白色效果选用耐黄变清面漆。

4.8 常见问题解答

4.8.1 关于油漆调配与涂装操作注意事项的问题

4.8.1.1 油漆调配者有必要参加涂装方法及涂装设备方面的理论知识的培训吗？

涂膜的光泽不够、表面有灰尘颗粒、起泡、起皱、流挂等诸多的质量疵病中，除了因涂料质量和涂装操作有误、设备工具有问题、涂装方法不适合和干燥时间掌握不好外，属于因涂料调配的原因引起上述疵病的也占相当部分。涂装有喷涂、刷涂、淋涂、辊涂、静电喷涂等方法，涂装方法的不同其相配套设备工具也不同，因此，对涂料调配的要求也不同。涂料调配时除了要按工艺规定要求认真调配外，还要掌握涂装产品材质、涂装方法、设备工具的相关知识等，这对整个涂装过程来说都是非常重要的。

4.8.1.2 每天记录涂装生产车间的温度、湿度是不是频繁了一些？

涂装环境温度、湿度的变化对涂装过程会产生一连串的反应，使涂装工艺参数难以适应。操作者必须在涂料调配中根据每天的温度、湿度的变化灵活掌握应用，进行适时的合理调整。例如温度低、相对湿度大时应适当添加催干剂；低温时涂料黏度相对变稠，如仍按规定调配黏度则有可能在干燥时产生流平不足。相反，温度高、涂料本身黏度下降，就要适当少加稀释剂。所以，涂料调配者每天都要认真掌握好温度、湿度的变化。

4.8.1.3 涂料调配者在调配涂料前是否需要熟悉涂装产品的设计图样？

当然需要。熟悉设计图样的目的是明确产品涂装质量要求或涂装的部位，如涂装后产品表面涂层是在什么样的环境条件下使用、要求涂膜发挥哪些性能和作用、要求的是保护性涂膜还是装饰性涂膜、保护与装饰的程度等。涂装产品的设计图样上都有涂装技术要求的标准（国家标准、行业标准或本企业标准），同时标定有检查涂膜质量的标准和涂膜规定使用的涂料及不需涂装的部位要求。再结合产品涂装设计的要求，对选择使用的涂料进行涂装操作前的涂料调配就有所不同。

4.8.1.4 涂料调配者应熟悉涂装工艺的哪些内容？

主要要全面了解涂料及稀释剂的名称、代号、配套性，涂料的涂装程序与工艺流程、涂料的涂装特点及涂装环境条件要求、涂装方法及设备工具、操作规程及涂层间的质量检查标准、涂装操作全部完成后的涂层质量检验标准等。工艺流程的内容与涂料调配有很大关系。绝大多数涂装工艺都会明确规定涂料的调配黏度、过滤铜丝的目数与过滤次数、搅拌程度等内容（即涂料调配的工艺参数）。

4.8.1.5 熟悉涂料的性能及用途对涂装操作者来说很重要吗？

非常重要。涂装工艺选用的涂料都是考虑了涂料的性能及用途的，但都不在工艺中写明。作为涂装操作者必须在操作前清楚工艺选用涂料的全部性能与用途、涂料的涂装特点和应当达到的最高质量标准。这对涂料调配与涂装都有很多好处。各类型品种或同类型的不同品种涂料的性能、用途及涂装特点也不同。涂料的细度和遮盖力不一样，涂膜或涂层质量则各有差别，其配套涂料的品种的性能也根本不同。调配时要根据性能及用途和涂料的涂装特点进行。黏度在涂装过程中也会随时变化，颜填料的渗沉速度也不同，涂装过程中需要适时地进行搅拌和黏度调整。熟悉选用涂料的性能及用途是非常必要的，涂装操作时随时对已调配好的涂料进行调整，使其稳定，对达到高的涂装质量标准是大有益处的。

4.8.2 关于家具涂料冬季施工注意事项

秋冬季节里，各家具生产也将面对恶劣的施工气候环境。为避免出现漆膜弊病，使各家具产品涂装达到理想效果，在秋冬季节涂装施工应注意以下因素：

（1）施工环境的温度不能低于5℃，湿度不宜大于80%。

（2）在实色漆工艺中如使用腻子或水灰，不能刮涂过厚，并且必须做到干透后彻底打磨（做到“只填木眼，不留木径”），否则容易导致开裂、脱落现象出现。

（3）贴纸家具确保腻子灰和贴纸后白乳胶彻底干燥，再喷涂底漆，否则很容易导致家具在放置一段时间后出现发白现象。

（4）层间打磨必须彻底，否则会导致附着不良的现象。

（5）严禁一次性厚涂，防止喷涂过厚导致出现发白、起泡和针孔的现象。

（6）禁止使用水磨工艺，以防止发白和附着力不良等漆膜弊病出现。

（7）请注意施工时层间的干燥时间，避免由于下层没干透而导致咬底、冒径等现象。

（8）基材施工前必须进行有效的封闭处理，避免由于板材含油脂、含水率较高等原因引起的漆膜发白、脱落等弊病（尤其是柚木板，松木板）。

（9）严禁超量使用固化剂来提高干燥速度，否则容易导致漆膜过脆引起开裂。

（10）不建议使用干速过快的固化剂。在气温较低时，有些厂家过分追求干速，而使用干速过快的固化剂，这将会导致漆膜出现开裂、阴阳面、失光等漆膜弊病。

（11）随着气温变冷，注意冬用稀释剂配套使用，减少因配套不良导致的不必要损失。

（12）随着气温变冷，适量地增加PE底漆的蓝、白水配比，可以改善干速，但过量的蓝、白水会引起发绿、针孔、开裂等油漆缺陷；施工环境低于10℃时，PE底漆会出现慢干，应采取升温措施。

思考题：

（1）家具涂装常用的工艺有哪些？各自有什么特点？涂装未来发展趋势是什么？

（2）美式涂装的背景是什么？有什么特点？主要使用什么涂料，为什么？

（3）什么是木材填充剂？它有什么作用？在使用时应该注意些什么因素？

（4）什么是仿古漆？它有什么特点？怎么才能使用好它？

（5）硝基漆（NC）与聚氨酯漆（PU）在涂装工艺和涂装效果方面有什么不同？

（6）基本的涂装系统包括哪些内容？分别叙述。

（7）水性实色漆的基本涂装工艺是什么？举例说明。

（8）为什么说打磨是提高表面涂装效果的重要作业之一？打磨的窍门有哪些？

（9）漆膜涂装风格主要有哪几种？

（10）什么是涂装与涂装工艺？分别解释。

（11）详述红木家具封闭加生漆的涂装工艺。

（12）家具涂装在冬季施工应注意哪些事项？

第5章　涂装技术及设备

学习目标：掌握基本的涂装方法与设备；了解最新的涂装技术与设备发展趋势。

知识要点：空气喷涂与静电喷涂的原理、工艺、设备与优缺点；水帘喷漆房的基本构成和选择的原则；最新的一些涂装方式、技术以及设备的动态。

学习难点：几种喷涂设备、工艺与原理的掌握，需要参阅其他大量的资料才能更理解地掌握。原因是很多家具企业使用的设备还比较传统，看到先进涂装设备的机会不是很多，学起来会抽象一点。但常规的手工喷涂就可以亲自实践掌握。

现代科技日新月异，各种涂料产品也层出不穷，如何选择合适的喷涂设备，使我们的涂装更加节能、高效和完美，首先就要了解喷涂设备的分类及各自特点。家具的涂装方式主要有刷涂、喷涂、辊涂、淋涂、浸涂等，其中最常用的就是刷涂和喷涂，辊涂在紫外光固化的涂装中多用。淋涂在木质家具上已经很少使用了。浸涂在金属家具的涂装中还有使用。

手工刷涂是人工利用漆刷蘸取涂料对物件表面进行涂装的方法，是一种古老而最为普遍和常用的施工方法。其优点为：节省涂料、施工简便、工具简单、易于掌握、灵活性强、适用范围广；但也存在劳动强度大、生产效率低等问题，对于快干性、流平性较差的涂料不大适合，易留下明显的刷痕、流挂和膜厚不均等现象，影响涂膜的平整和美观。

辊涂就是利用辊筒蘸取涂料在工件表面滚动的涂装方法。一般分成手工辊涂和机械辊涂两种，适用于平面器材的涂装。辊涂施工方法适用于较大平面的涂装，施工效率低于喷涂，但高于刷涂施工2~3倍。辊涂的涂料浪费也较少，不形成涂料粉尘，对环境的污染较小。辊涂施工的一个突出优点在于可在辊筒后部连接一根较长的支撑杆，在施工时可进行较长距离的作业，减少了一部分搭建脚手架的麻烦。

喷涂就是利用压缩空气将涂料雾化的喷涂方法。家具生产中广泛采用喷涂工艺对家具进行涂饰，采用喷涂工艺生产效率高，所形成的漆膜均匀细腻、平整光滑、附着力高。但在喷涂施工时被高压空气所雾化的涂料，形成了大量的漆雾。漆雾是由涂料微粒和溶剂组成，漆雾比重很小，漂浮在空气中。漆雾沉降在工件表面会影响工件的质量，操作人员吸入漆雾也危害身体健康。许多家具生产企业都使用水帘式喷涂房排除漆雾，改善喷涂施工环境。

下面主要就介绍一下流体喷涂的几种类别以及它们的特点。

5.1　喷涂的几种类别及其特点

5.1.1　空气喷涂设备

空气喷涂系利用压缩空气将涂料雾化的喷涂方法，广泛应用于汽车、家具及各行各业，可以说是一种操作方便、换色容易、雾化效果好、可以得到细致修饰的高质量表面的涂装方法。喷枪结构简单、价格低廉，能根据工件的形状大小随意调节喷形（圆形或扇形）及喷幅（扇形的大小），最大限度地提高涂料收益率。到目前为止，此种喷涂方法仍受欢迎。但是，此种喷涂法的涂料传递效率只有25%~40%，波浪状的喷雾常易引起反弹及过喷等缺点。不但浪费了涂料，而且对环境也造成了相当的污染。由于涂料与压缩空气直接接触，所以对压缩空气要求净化处理，否则压缩空气中的水分和油混入涂料，就会使涂层产生气泡和发白失光等弊病，因此，需要在压缩空气管路中加接分离吸附过滤器或冷冻干燥过滤器等分水滤气装置来净化压缩空气，特别在南方及雨季空气湿度较大时，更显必要。

空气喷枪按供料方式可以分为压力式、虹吸式和重力式三种。压力式喷枪通过压力罐或双隔膜泵的压力将涂料输送到喷枪。喷枪本身不带罐，减轻了喷枪重量，降低了操作工作劳动强度，特别适合连续表面不间断操作，避免加料引起停工，提高工作效率，以达到最佳喷涂质量。可以用任何位置和角度操作喷枪。

虹吸式喷枪的下部带有涂料罐，压缩空气在喷枪的前半部产生低压真空，大气压力就将涂料从涂料罐中吸到喷枪，涂料罐分为600ml和1000ml两种，可根据喷涂量的大小选用。喷枪通上压缩空气就能工作，无须其他设备。但一般只能水平面操作，喷枪的倾斜受限制。虹吸式适用于各种涂料。

重力式喷枪的上部带有涂料罐，靠重力将涂料输送到喷枪，根据涂料罐相对喷枪轴线的位置，可分为侧边式和中央式。在操作过程中，中央式使喷枪倾斜受到限制，而侧边式能使操作工以不同的位置进行喷涂，而涂料罐仍保持垂直。侧边式的缺点是涂料罐的尺寸较小，一般为400ml，生产效率较低。重力式的最大优点是涂料浪费极小，清洗非常方便，耗用溶剂少。

5.1.2 静电喷涂机

静电喷涂自20世纪50年代发展以来得到了广泛应用，它可以和上述的三种基本喷涂法加以组合应用，将各自的优点综合成一个新的喷涂方法。在接地工件和喷枪之间加上直流高压，就会产生一个静电场，带电的涂料微粒喷到工件时，经过相互碰撞均匀地沉积在工件表面，那些散落在工件附近的涂料微粒仍处在静电场的作用范围内，它会环绕在工件的四周，这样就喷涂到了工件所有的表面上。因此它特别适合喷涂栅栏、管道、小型钢结构件、钢管制品、柴油机等几何形状复杂、表面积较小的工件，能方便、快捷地将涂料喷涂到工件的每一个地方，可以减少涂料过喷、节省涂料。涂料传递效率高达60%～85%，且其雾化情形很好，涂膜厚度均匀，有利于产品质量的提高。在木器家具上，静电喷枪同样能取得良好的静电环抱效果，特别适合椅子、茶几、车木制品等工件。但静电喷涂对涂料的黏度及导电率都有一定的要求，不是所有涂料都适用于静电喷涂，且设备的投资也较大。

提供最佳雾化效果的无电源静电喷枪去掉了高压静电发生器及连接电缆，由安装在枪体内部、以空气为动力的小涡轮发电机组件产生静电高压，非常安全方便。

空气静电喷枪能提供最完美的表面质量。空气辅助无气静电喷枪以高质量、高效率、高产能广泛应用于飞机、工程机械、动力机械等行业。

静电喷枪不但有很好的表面质量，并且还有很大的经济效益，虽然一次投资较多，但是由于节省了40%的涂料和一倍以上的工作时间，所以在短时期内就可收回全部投资。

5.1.2.1 静电喷涂的工作原理

静电高压发生器经过升压棒产生了－90kV的高压静电通过枪针与工件之间形成静电场，电极针前端产生电晕，雾化后的涂料粒子通过电晕区带负电，带负电粒子沿着静电力线飞向工件，可靠接地的工件呈现正极。

（1）环包效应　是指在静电喷涂中，被喷涂物的正面有涂装效果，而且侧面及背面都有涂装效果。

（2）法拉第效应　有深腔的物体不适合静电喷涂，因为涂料将被吸引到物体的最外端，导致涂层的不均匀。

5.1.2.2 静电喷涂的要求

（1）对溶剂的要求　沸点高，对树脂的溶解性好，要求极性大。

沸点低的溶剂，喷涂时挥发快，涂料黏度增加快，使漆膜的流平性差，易产生橘皮。溶剂对树脂的溶解性差，溶剂的用量增加，涂膜中的溶剂挥发后更易产生橘皮和光泽度差的缺陷；打磨抛光时材料的用量同样增加，涂料的经济性和实用性差。溶剂的极性直接影响涂料的电性能。极性溶剂有降低涂料电阻率作用，使涂料易于带电，有利于静电喷涂。

（2）对油漆电阻的要求　0.1～1 兰氏兆欧（13～130MΩ）。

（3）对木材含水率的要求　影响木材导电能力的因素是木材的含水率。木材的含水率控制在 8%～10% 涂装效果最佳。含水率不能低于 3%，否则无法进行静电喷涂，需加湿。

（4）对喷房风速要求　0.1～0.3m/min。

5.1.2.3 旋杯静电喷涂原理

采用 G 型圆盘（GEAR DISK），圆盘的周边有数百个小齿，涂料在圆盘高速旋转离心力的作用下，通过圆盘周边小齿成纤维丝状脱离圆盘向四周喷射，在离心力和高压电荷的作用下，使涂料微粒化而能达到均匀分布在喷涂空间的效果。由于涂料粒子极为微细，微粒自重轻，涂料的涂着效率大大提高并使工件的涂膜均匀，增强涂膜光泽。其工作原理如图 5－1 所示，其喷涂房的布局及工作流程如图 5－2 所示，其喷头的构造和形状如图 5－3 所示。

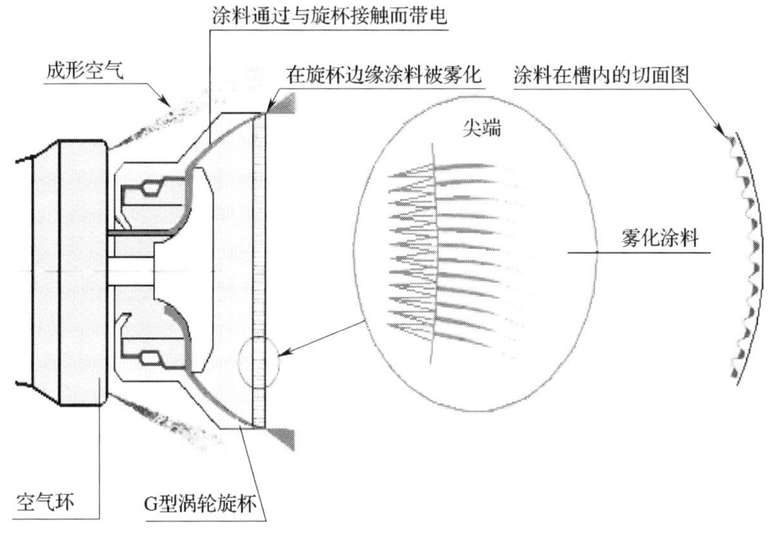

图 5－1　旋杯静电喷涂原理图示

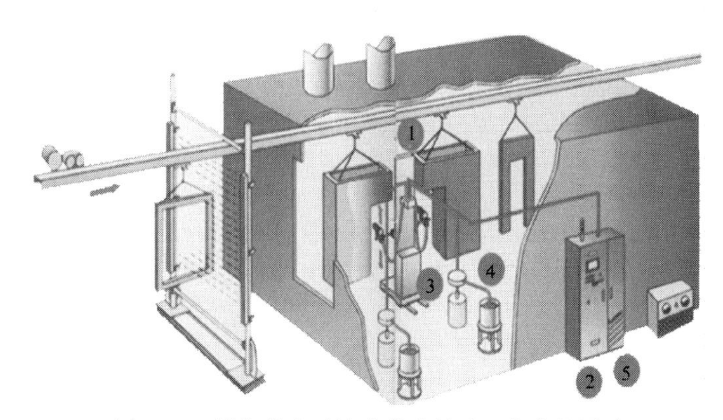

图 5－2　旋杯静电喷涂房的布局及工作流程图示

5.1.2.4 旋杯静电喷涂主要的技术参数

图5-3 旋杯静电喷涂喷头图示

工作电压（最大）：DC-90kV，可调整

高压发生器：外置式

旋杯转速（空载）：40 000r/min（最大）

驱动形式：空气轴承马达

尺寸：542mm

涡轮马达：6 001~40 000r/min

空气轴承：50l/min（正常）

成形空气：200~500l/min（正常）

空气刹车：100l/min（正常）

5.1.2.5 旋杯静电喷涂主要特点

涂料压力：0.69MPa（最大）

涂料流量：25~600ml/min

喷幅调整：可调整到76.2cm

高性能空气涡轮马达：长寿命设计，3年质保（15 000h）

钛合金杯体，50mm杯径，特殊锯齿状边缘设计，涂料雾化效果极佳。

涂料在旋杯高速旋转离心力的作用下，通过旋杯周边小齿成纤维丝状脱离旋杯，在离心力和高压电荷的作用下，涂料微粒化，均匀分布在喷涂空间。由于涂料粒子极微细，微粒自重轻，本身又带有负的高压电荷，极易被吸引到带有正电荷的工件上去，涂料的涂着效率大大提高（在正常的生产条件下，涂着效率为85%以上）并使工件的涂膜均匀，增强涂膜光泽。

5.1.2.6 旋杯静电喷涂与普通空气喷涂的区别（如表5-1所示）

表5-1　旋杯静电喷涂与普通空气喷涂的比较

普通空气喷涂	旋杯静电喷涂
雾化方式：高压缩空气（压力一般在39.2~49N）	雾化方式：高速旋转雾化+低压缩空气（29.4N左右）
雾化能力：油漆粒子直径大约28~35um	雾化能力：油漆粒子直径大约13~15um
飞行速度：30m/s	飞行速度：5m/s
成膜方式：靠流平	成膜方式：靠静电吸附
上漆率：40%左右	上漆率：80%以上
表面效果：波浪纹严重	表面效果：流平性好
存在的缺点： 涂装效率低；产品合格率低；产品品质不稳定（容易受人为因素干扰）；现在喷漆工薪水高、招工难、难管理；上漆率低、浪费严重、污染环境	相比手工喷涂的优点： 产能提升；合格率大大提高；产品质量更加稳定；降低劳动力成本；减少工业污染、提高工厂环保效果
优点： 设备投入小；场地要求小，操作便利	缺点： 设备投入大；场地要求大，环境要求高

5.1.2.7 静电喷涂的应用与发展（如图5-4所示）

如美国ITW集团下属的兰氏（Ransburg）公司，作为液体静电喷涂设备领域的先驱，在中国家具领域已经获得了很大的成功。他们不断宣传和推广静电喷涂的理念和技术，从环保、低碳、节能、减排和创新的角度为企业考虑成本、质量、价值和社会责任。这种涂装技术相比于传统手工喷涂具有多方面的优势，因此，国内一些著名的家具企业纷纷采用这种新技术，从技术创新的角度转型升级，实现了质的突破。如广东联邦集团、深圳天诚（红苹果）家具有限公司、河北蓝鸟家具股份有限公司、珠江钢琴厂等，都彻底整改了涂装线，底漆和面漆都使用静电喷涂线，而且可以适合PU、PE、UV和WC（水性漆）国内最主要的涂料。

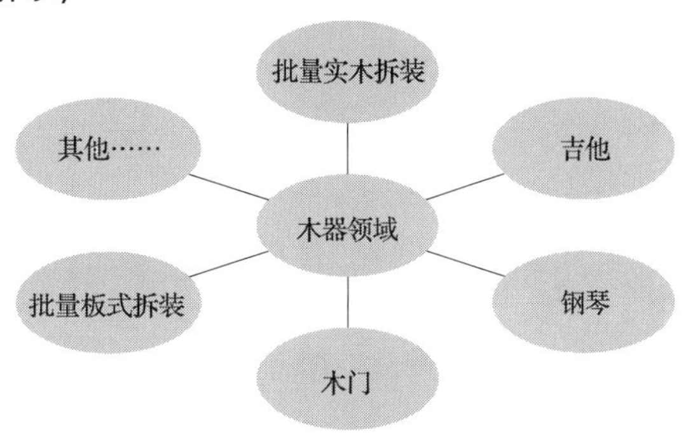

图5-4 静电喷涂在木器方面应用的领域

公司背景知识：

1936年，Mr. Harold Ransburg（兰氏）致力于静电油漆喷涂技术研究，1941年发明世界第一套油漆静电喷涂系统，并获得美国专利，1948年以自己的名字注册新公司—Ransburg Electrostatic Systems，专门从事静电喷涂设备的开发制造，随后相继发明了高速旋转雾化型和空气雾化型静电喷涂设备等。

随着经济的全球化，秉承以人为本的产品设计思想，在1963年成立日本兰氏公司，设计开发性能卓越、适合东方人使用的涂装系统，主要的销售区域为东亚、东南区地区。

几十年来，兰氏公司一直领导着液体静电喷涂技术的发展，其设备的优异性能得到了世界同行和用户的公认。现在兰氏设备占有全球市场50%以上的份额，产品成功应用于汽车、摩托车、自行车、建材、家电、家具等行业。

面对涂料工业的飞速发展和环保要求日趋严格的挑战，兰氏公司相继开发高固体分静电喷涂系统、水性涂料静电喷涂系统、无机涂料静电喷涂系统，以满足各类工业涂装的需要。

5.1.3 静电粉末喷涂典型工艺介绍

（1）前处理　除掉工件表面的油污、灰尘、锈迹，并在工件表面生成一层抗腐蚀且能够增加喷涂涂层附着力的“磷化层”。

工艺步骤：除油、除锈、磷化、钝化。工件经前处理后不但表面没有油、锈、尘，而且原来银白色有光泽的表面上生成一层均匀而粗糙的不容易生锈的灰色磷化膜，既能防锈又能增加喷塑层的附着力。

相关设备：前处理槽（混凝土做槽，数量等同于前处理工序数）。

相关材料（化学药品）：硫酸、盐酸、纯碱（Na_2CO_3）、酸性除油剂、磷化液、钝化液。

（2）静电喷涂　将粉末涂料均匀地喷涂到工件的表面，特殊工件（包含容易产生静电屏蔽的位置）应该采用高性能的静电喷塑机来完成喷涂。

工艺步骤：利用静电吸附原理，在工件的表面均匀喷上一层粉末涂料；落下的粉末通过回收系统回收，过筛后可以再用。

相关设备：① 静电喷塑机（静电粉末喷涂机）1 台或多台；② 具有粉末回收功能的喷房（单工位或双工位）。

（3）空气压缩机和压缩空气净化器（油水过滤器）

相关材料：粉末涂料（喷涂原料，俗称“塑粉”），有高光、亮光、半亚光、亚光、砂纹、锤纹、裂纹等不同效果、不同颜色。

（4）高温固化　将工件表面的粉末涂料加热到规定的温度并保温相应的时间，使之熔化、流平、固化，从而得到我们想要的工件表面效果。

工艺步骤：将喷涂好的工件推入固化炉，加热到预定的温度（一般 185℃），并保温相应的时间（15min），开炉取出冷却即得到成品。

说明：加热及控制系统（包括电加热、燃油、燃气、燃煤等各种加热方式）+保温箱体=固化炉。

相关设备：固化炉。需要自动控制的参数：温度、保温时间，可以采用电加热、燃油加热、燃气加热、燃煤加热等方式，可以根据所在地区的能源情况灵活选择。

相关材料：能够控制温度和保温时间在合理范围的高温固化炉（或称烘箱、烤箱）。

（5）装饰处理　使经过静电喷涂后的工件达到某一种特殊的外观效果，如：各种木纹、花纹、增光等。

工艺步骤：罩光、转印等处理工艺。

目前，国内越来越多的企业开始选择静电粉末喷涂的工艺，如以办公家具为主的广东东莞兆生家具有限公司在 2006 年就开始使用这个工艺，在中密度纤维板（MDF）上喷涂粉末涂料，实现了技术和产品差异化的突破。如图 5－5 所示就是兆生的粉末喷涂生产线，如图 5－6 所示是该公司生产的各类产品。

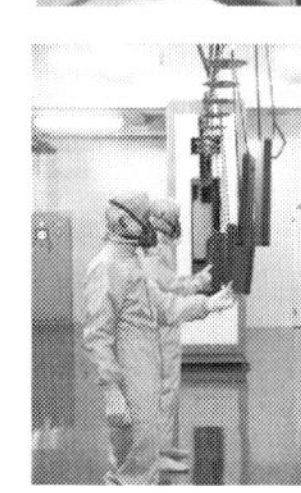

图 5－5　东莞兆生家具公司的粉末喷涂生产线

喷粉中纤板的优势：

（1）没有挥发性有机物质。

（2）中纤板内的甲醛经过高温固化处理时能大量排出板外，同时高温杀菌。

（3）封闭式粉末包裹大大降低残留在中纤板的甲醛的排放，同时不容易让细菌生长。

（4）喷粉中纤板的板件造型、颜色、表面纹理及表面压纹雕刻给设计创造无限空间。

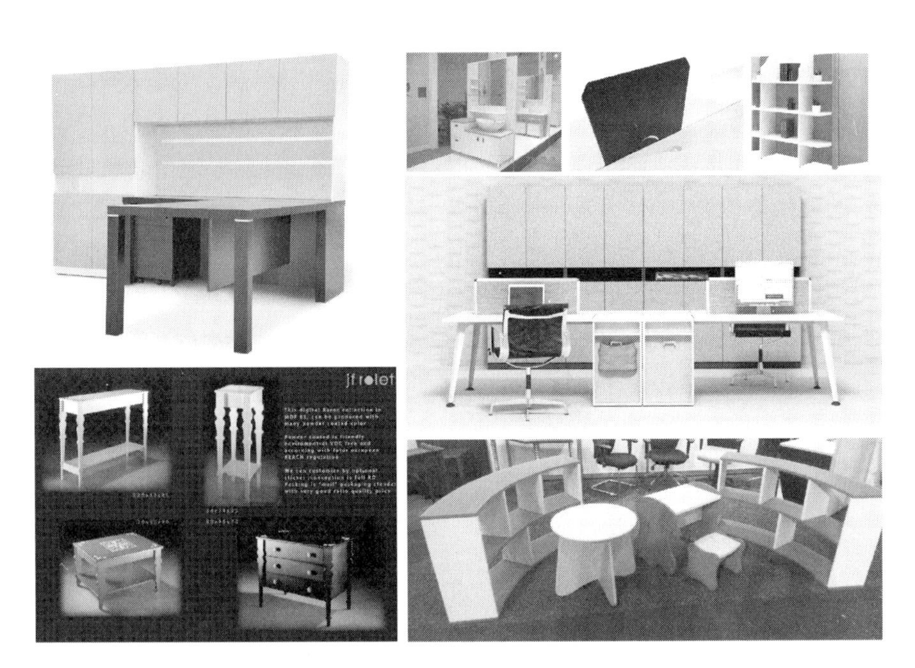

图 5 – 6　东莞兆生家具公司应用 MDF 上进行粉末喷涂的产品

（5）高耐磨性（3H）。

（6）在生产过程中 99% 的多余粉末能回收，循环利用。

（7）在生产过程中没有污染物质产生。

（8）没有水的耗能。

5.1.4　紫外线涂装新技术

日本最近推出一种紫外线自动涂装设备，能低压喷涂，节省涂料。这种紫外线涂装设备包括涂装枪和涂装机器人两种，主要用于移动电话、电脑咨询、镁合金塑胶压铸成形等行业。由于采用低压喷枪，可节省涂料 20% ～30%，并减少有机废气，避免臭氧层的破坏；在喷涂过程中用紫外线照射，短时间内可干燥，且硬度较高。

5.1.5　高压无气喷涂机

高压无气喷涂是一种较先进的喷涂方式，采用增压泵将涂料增至高压（常用压强 $1.18 \times 10^7 \sim 3.82 \times 10^7$ Pa），通过很细的喷孔喷出使涂料形成扇形雾状。在喷大型板件时，可达 $600m^2/h$，并能喷涂较厚的涂料，由于涂料里不混入空气，有利于表面质量的提高。较低的喷幅前进速率及较高的涂料传递效率和生产效率，因此，无气喷涂在这些方面明显优于空气喷涂。

高压无气喷涂设备按动力分可分为电动式和气动式两类，电动式以 220V 交流电作动力，不需要压缩空气，而且噪音低，不但可以车间使用，并且适合流动作业及外墙面、高空作业使用。气动式以 $4.90 \times 10^5 \sim 7.85 \times 10^5$ Pa 的压缩空气作动力，适合在车间及野外现场施工使用。由于压缩空气与涂料不接触，故对压缩空气无净化要求。在野外无电源场合及移动场合，用汽油机驱动的高压无气喷涂机，同样能够工作，并且移动方便。

无气喷涂的不足之处在于它的出漆量较大且漆雾也够柔软，故涂层厚度不易控制，做精细喷涂时不如空气喷涂细致，由于工作效率很高，比较适用于单一漆种大型工件的大批量生产，喷枪带有回转清洁喷嘴，适合颗粒较粗的涂料，方便操作。

空气喷涂能提供良好的表面质量，但是反弹大，涂料利用率低，工作效率低，而高压无气喷涂则与之相反，它能提高涂料利用率和工作效率，出漆量大，但雾化效果则不够理想，做精细喷涂时不如空气喷涂细致，而空气辅助无气喷涂（AA）则是集上述两者优点于一身，而无两者不足的新的喷涂方法，是介于空气喷涂与无气喷涂之间，利用无气喷涂低的喷幅前进速率及降低涂料压力以进一步减少喷幅前进速率，但是无气喷涂时喷幅前进速率过低则会使喷幅产生雾化不均匀的缺点，要除去此缺点则可加入少量的空气，所以该系统是具有一个如无气喷涂的喷嘴及空气喷涂的空气帽。少量低压的雾化空气（压强为 9.81×10^4Pa 左右）进入空气帽的两侧，而产生均匀的喷幅，漆雾变得非常的柔软和细腻。其涂料传递效率约在 60% ~80%，且涂装品质优良。此种喷涂方法应用范围广泛，是一种理想的、值得推广的喷涂方法，适用涂料类型广泛。

5.1.6 低流量中等压力喷涂设备

低流量中等压力喷涂设备（以下简称 LVMP）是涂料雾化所使用的压缩空气、是超低压（常用 1.96×10^4 ~ 6.86×10^4Pa）及大风量的一种新型涂装设备。其涂料传递效率高达 65% 以上，而其涂料传递效率高是因为雾化空气压力低而使喷幅前进速率降低所得到的结果。LVMP 喷枪的外形与传统的空气喷枪基本相似，但其喷嘴及针阀的磨损较小，其空气帽的设计与传统喷枪也不相同。LVMP 喷枪的最大优点在于它的涂料收益率大大高于传统的空气喷枪。特别适合对单件、小批形状复杂、表面要求高的工件做精细喷涂及对环境要求无污染的场合。但该枪只能喷涂黏度较低的涂料，出漆也较慢，生产效率不高。

LVMP 喷枪按动力分有气动和电动两种，气动式是将净化的压缩空气通过一个压力调节器送至喷枪。电动式则是通过一个大风量的涡轮压风机来提供动力。压风机工作电压 220V，非常适合流动作业，由于压风机的涡轮叶片高速旋转与空气摩擦而发热，使送入喷枪的空气温度比室温要高 15 ~20℃。且湿度大幅度下降，有助于涂料的雾化及缩短涂料的干燥时间，并可以防止在梅雨季节及高湿度时容易产生的涂层发白失光现象发生。

5.1.7 三种常规自动涂装方式的对比

见表 5 -2。

表 5 -2　　三种常规自动涂装方式的对比

涂装方式	优点	缺点
静电喷涂	适用于各种造型的批量拆装产品，特别是批量生产的异形工件。适用范围广，比较灵活。喷涂品质优良，可以做封闭跟开放效果，上漆率高达 85% 以上	存在法拉第效应，有深腔的工件不适合做静电喷涂
辊涂	节省油漆，生产效率高，不污染环境，漆膜薄而平整	局限于平面产品的油漆涂装，漆膜会稍有辊轮印的存在，比较适合做亚光产品跟底漆
淋涂	节省油漆，生产效率高，不污染环境，漆膜薄而平整，漆膜可做到镜面效果	局限于平面或板面稍有凹凸产品的油漆涂装，解决不了边部问题

5.2 家具企业常用的油漆房介绍——水帘式喷漆房

5.2.1 单帘式和双帘式喷漆房

水帘式喷漆房（以下简称水帘机）是目前家具企业最常用的。它分单帘式（如图5－7所示）和双帘式喷漆房（如图5－8所示)。涂料经压缩空气雾化后从喷枪喷射到工件表面，多余的漆雾在水帘机的负压引导下流向水帘板下方的排气口，整个喷涂区域内的空气流是向斜下方流向排气口。木工机械生产企业考虑到更好组织喷涂环境的气流以及水帘板尺寸受到不锈钢板宽度限制的因素，将单帘水帘板设计成双帘式。单帘式和双帘式相比没有本质的变化。双帘式在水帘板中部增加了排气口，中部的排气口使从喷枪产生的漆雾向排气口的流动形成气流的平行流。该气流对于喷涂水平方向大面积的工件有利，可减少漆雾对喷涂工件的干涉，提高漆膜的质量。

图5－7 带地栅的单帘式喷漆房

图5－8 双帘式喷漆房

尽管水帘机有很多优点，但也有局限性。它的最大缺点是运行时湿度偏高。由于运用水作为漆雾的吸附剂，为了提高吸附性能，必须将水高速循环，并喷淋、清洗含有漆雾的空气，大量的水在水帘机中喷淋和挥发将使喷漆房的湿度提高。家具涂装中的很多涂料都不宜在湿度偏高的环境中施工，偏高的湿度会影响漆膜的质量和干燥的速度。一般采用增加排风量、输送足够的干燥洁净的空气等一系列措施来降低喷漆环境中的湿度。有些国家不使用水帘机，这主要是与该地的环境保护法有关。有些国家考虑到水质污染处理困难，所以很多法规对污水的排放从严控制，不允许水帘机的污水未经处理就排放，所以家具企业往往避开法规，采用干式过滤的方法吸附漆雾。根据我国目前的情况，水帘机产生的污水量比较小，将污水中的漆渣过滤以后排放对环境的影响较小。经过水帘机吸附空气中的溶剂和涂料比原来任意排放是一个进步，但离真正的环保要求还有距离，必须再进一步改造。

水帘机尽管有不足之处，但它有不少优点：投资低，一台工作面3m长的水帘机价格1万元左右；运行费用低，利用水循环反复冲淋，吸附漆雾成本极低；处理效果好，如果水帘机调整得好，处理效率可达85%以上。由于水帘机具有以上特点，在比较长的一段时间内还不会被淘汰。

5.2.2 选择水帘机喷漆房的注意事项

目前常见的水帘机有两种：带地栅的喷漆房型和不带地栅的风口型。带地栅的水帘机由两侧的侧板、地栅、顶板组成一个较完整的施工环境，喷漆施工时工件送入喷漆工位，喷涂完成后再取出。不带地栅的水帘机一般是产品直接通过式，即上道工序将产品移到水帘机前，经喷涂后继续流到下一道工序，十分适合流水线形式的生产，但漆雾排放的效果没有前一种好。

水帘机的水帘板是比较关键的部件，该部件始终在水中工作，极易生锈腐蚀，所以水帘板要用不锈钢制作，常用不锈钢板牌号为304，有些设备制造厂为降低成本，用不锈铁430制作水帘板，它的价格为不锈钢304的2/3，这种水帘板用不了多久就会出现锈蚀。另外，水帘板的形状与制造工艺也很讲究，形状正确的水帘板能使整个水帘板上水流都平缓地流淌，没有干区，没有水流跳动。水帘板最忌讳的是水流飞溅，飞溅的水珠溅到工件上就形成一个个疵点，直接影响产品的质量。

水帘机虽然结构简单，但为了保证设备的正常运行和使用寿命，水帘机用料也应符合规范。有的设备制造厂不考虑用户的利益用料非常随意，水帘机侧板钢板用料厚度应该在1.2mm以上，钢板太薄设备刚度不足，运行时容易发生振动，工作噪声也比较大。由于水帘机的水槽始终盛满水，这样就使本身的体量显得较大，为了保证使用寿命和工作稳定性，水槽钢板厚度应在2.5mm以上，水槽若能采用不锈钢制作就更理想了。

水帘机的照明光源的光色、亮度、光源位置应符合企业的使用习惯和喷涂产品的具体要求。

目前市场上所售的水帘机都不符合防火防爆的安全要求，对有防火防爆要求的水帘机，订货时要向供货商声明，让制造厂在水帘机的照明、控制电器、布线、电机等方面按防火防爆相关要求进行配置，当然产品价格要贵一些。

5.2.3 使水帘式喷漆房发挥作用的一些因素

水帘机是将喷涂中的废气强制排放的设备。水帘机对喷涂车间的环境没有净化作用。为了提高喷涂的质量，必须做好喷涂车间的净化工作。水帘机运行时在喷涂区域引成负压，整个环境的气流都流向水帘机，因此对补充的新鲜空气应过滤，过滤材料的种类很多，如滤布、天然植物纤维、无纺布、泡沫塑料等。对于过滤材料我们要考虑过滤效率、过滤材料的阻力大小、过滤材料的再生性以及使用成本等几方面因素。补充新鲜空气的过滤进气口面积不宜过小，可根据排风量计算进风口面积，风速不宜超过2m/s。对进风口的过滤材料应定时再生或更换，并落实到人。当气口的过滤材料饱和时就失去了过滤净化功能了。

5.3 意大利的喷涂设备和技术

现代家具表面涂饰方法主要是喷涂、辊涂和淋涂等。目前国内家具行业中90%左右的企业使用喷涂法喷涂家具。在各类喷涂中，手工喷涂又占据了很大的比例。采用手工喷涂的漆膜质量受人为控制的因素影响较大，如运枪的速度、喷涂的距离、喷涂量、采用的喷涂方法和工人的技术水平等。

随着科技的发展，更多的企业开始使用自动高效的喷涂设备。意大利SUPERFICI公司在以往的喷涂机基础上进行了一系列的改进，避免了喷涂机在使用中存在的不足，开发出了TWIN SPRAY2000新型自动往复式两组8喷头喷涂机，并在欧洲等国得到了广泛的应用。本文着重讲述这一新型喷涂机的主要结构、功能、控制系统和改进技术。

5.3.1 喷涂机的柜体

喷涂机柜体空间的设计增大了尺寸，以便工件在通过喷涂机时，给传送系统在喷涂时校正工件位置留有足够的空间。整个柜体采用直线型设计，并尽可能地将各个工作部分安装在柜体的顶部，使空气的流动更加顺畅和均匀。柜体两侧设有全敞式折叠检测门，以方便喷涂机管线的安装、内部检修、更换喷嘴、检查喷涂质量和工件的运行情况等，改变了以往仅在柜体的一侧设有半敞式开启门，如果要进行清洁和保养等工作，必须移动柜体下部的挡板，既耗时又费力，降低了设备的有效工作时间。柜体内由原来中央设置的一盏灯具增加到两盏，确保柜体内光照均匀，不会因柜内的喷枪等工作部分遮盖灯光形成阴影，便于检测喷涂质量和观察喷枪、工件的运行情况。

5.3.2 喷涂机的空气过滤系统

喷涂机的柜体上部设有水平和垂直的挡板，顶部设有空气预过滤系统和柜体内上部的过滤系统。柜外的空气通过柜体顶部大面积的预过滤系统进入柜体内部时，变频控制的离心风机均匀抽出柜内的空气或漆雾，有效地净化了空气，确保柜体内始终保持新鲜空气。控制系统根据要求自动控制柜体内的空气压力，确保整个柜体内的空气压力恒定不变，同时尽可能地降低空气的流动速度，使柜体内的空气形成动态的平衡气流，提高了喷涂时漆膜的质量。以往的空气过滤系统是在往复式喷涂枪之间的顶部进气，由于进气通道的狭小，通过过滤系统后，很难降低柜体内空气的流速和调节柜体内空气的进出平衡，因此整个柜体内压力不均衡，空气流速不均匀，易形成涡流，导致喷涂质量降低。

5.3.3 涂料的回收系统

TWIN SPRAY2000 型两组 8 喷头喷涂机具有高效的双系统涂料辊轮回收系统。采用该系统既可以提高涂料的利用率，又可以快速地更换涂料，确保生产的连续运行。当部分涂料喷涂到传送带上时，出料端回收系统中辊轮上的溶剂可以将传送带上的涂料溶解送入回收系统，残留部分的涂料将被塑料刮刀刮下送入回收系统，送入回收系统的涂料可以与新鲜的涂料混合重新使用。该机配备了两套可以独立工作的回收系统，当一套回收系统工作时，另一套回收系统可在柜体外部进行清洗、保养和检查，随时可以安装使用，避免由于更换涂料引起生产的间断，这项功能特别适合底漆和面漆交换使用的场合，而且所有的工艺参数如辊轮速度、刮刀压力等都可以进行单独的调整。以往的喷涂机变换涂料时必须对单一的回收系统进行彻底地清洗、检查，回收系统中的溶剂也必须全部更换、清洗，否则因为涂料的不同影响喷涂效果，两套独立工作的回收系统就可避免底漆、面漆变更中的清洗，同时也减少了涂料、溶剂的消耗。

5.3.4 传送系统

工件的传送系统采用双速电机控制，用于调节工件的运行速度。传送带是采用特殊的碳纤维（CFB）材料制成。整个循环的传送带在侧边设有快速更换系统的连接器，便于传送带的快速拆卸、清洗和保养，大大提高了生产效率，解决了以往喷涂机在传送带更换时需拆卸大量零部件的问题，耗用大量的生产时间。

5.3.5 两组 8 喷头喷枪

两组往复式 8 喷头喷枪不同于以往的喷涂操作，它是采用往复式交换喷涂，这样可以使工件的表面喷涂均匀，涂料流平性能好。每组喷枪在喷涂时都可以获得较高的喷涂质量。两组往复式 8 喷头喷枪是在精密的滑轨上移动，并由 3kW 的电机带动实现无级变速，其最大移动速度为 140m/min。

5.3.6 控制部分

TWIN SPRAY2000 型两组 8 喷头喷涂机喷涂量、往复式喷涂速度、工件的传送速度、涂料的回收等工作参数和技术条件都是由该机配备的 PC 机实现自动控制，各项工作指令可通过键盘和鼠标输入。PC 机采用多种语言支持，并采用图形界面，实现了人机对话，使操作更加容易、快捷。喷涂设备在工作时，两组 8 个喷头的喷枪喷头可以实现独立控制，改变了以往喷涂机仅采用 PLC 的控制技术。由于 PC 机具有强大的计算功能，喷涂机各个部分的控制可以由 PC 机各自控制，同时可以根据已使用的喷涂工作参数自动记录，可以随时调用已存储的工作参数。PC 机还可以外接打印机，将工作参数打印出来，并转化成数据库。以往的喷涂机的操作部分仅有 PLC 控制，操作者必须通过按钮或触摸屏输入命令进行控制操作，PLC 的计算速度和存储容量有很大的局限性，仅有一小部分的信息可以被存储或利用，因此自动化控制程度较低。

我国近几年才开始在家具的喷涂上使用往复式喷涂机，部分企业的使用经验还不足，设备的生产效率较低，但是随着设备和工艺技术的不断完善，自动喷涂技术必将在我国的家具企业得到广泛的使用。

5.4 其他新型的涂装工艺及技术

5.4.1 紫外线固化技术

在油漆烘干工艺中已开始采用紫外线固化技术替代延用已久的对流传热、红外线和微波辐射等方法，它有效地克服了这些方法中存在的穿透率低、能耗大和冷却时间长等缺点，同时由于低污染，有利环境保护。

5.4.2 室温固化水性木材涂料

目前，国外出现一种室温固化水性木材涂料，它由乙烯基聚合物水分散体、中和的聚氨酯分散体、水溶性乙烯基交联催化剂等组成。它不用加热或加化学试剂就会很快干燥，耐久性好，抗污染、抗日用溶剂和洗涤剂的侵蚀，稳定性相当好。

5.4.3 聚合功能基的高分子单体

日本成功开发一种具有聚合功能基的高分子单体，当用于有机溶剂型涂料时，可改善其硬度、加工性、干燥性、黏性、疏水性、润滑性和耐酸性。用于溶性涂料时，可改良其耐水性、耐热性，提高耐冲击性能，改善硬度和润滑性。

5.4.4 新型喷涂装置

德国 J. Wagner 公司研制一种喷涂装置，它有自动关闭功能系统，能保证在所确定的组分比例不正常时自动停止喷涂，确保表面层的喷涂质量。由于该装置采用电脑软件，使该装置具有工作可靠和操作简便的特点。另外，新开发的 AP－1 型自动喷涂装置可以做到对家具部件形状进行自动识别，它主要是靠一台喷涂分辨机器人通过进给工作台上设置的摄像机对工件形状进行扫描，扫描所得数据经计算机分析处理，然后控制喷涂装置的喷涂速度和条件使异型表面的涂层质量均匀一致，具有较高的生产效率。

思考题：

（1）喷涂设备主要有哪几种形式？它们各自有什么优缺点？

（2）静电喷涂的工作原理是什么？实现静电喷涂的条件是什么？

（3）旋杯静电喷涂的主要特点是什么？

（4）请叙述三种常规自动涂装方式的区别与联系。

（5）请介绍 2 ~3 种最新的涂装工艺及技术。

第6章　涂装与色彩

学习目标：掌握涂装与色彩的关系以及色彩对于涂装的重要性和复杂性；掌握基本的色彩知识与调配；了解家具涂装效果与色彩搭配的方法。

知识要点：色彩的基本要素，色彩的调配，家具涂装与色彩的关系。

学习难点：色彩的调配如何与家具相协调？

6.1　色彩的多样性与复杂性

从广义上讲，不同社会、不同时代、不同民族，对色彩的追求是有所不同的。从个人的角度来看，不同年龄、不同性别、不同性格的人，对色彩也各有所好。所以，制品与室内环境的色彩同样具有社会性、时代性、民族性及个人属性。再者，不同种类的制品与建筑物其色彩也会有所差异，这便构成了涂饰色彩的多样性与复杂性。

6.2　色彩的重要性

6.2.1　流行色

所谓流行色，是指一部分人对某一制品新设计出来的某种色彩很感兴趣，从而引起人们的共鸣，争相购买，使这一色彩的制品较为畅销，这种色彩便成为这一制品当时的流行色。

6.2.2　物体的色彩、形状对人的影响

人们在选购用品时，视神经对用品的色彩感觉最快、印象最深，其次才是用品的造型，最后才是用品的质感（包括用料及做工的好坏）。由此可以看出，对于造型、材质、做工相同或相近的制品，谁的色彩新颖受人们喜爱，谁就会压倒群芳占领市场而成畅销商品；相反，若色彩设计失败了，定会难以销售，甚至丧失市场而成为被淘汰的商品。现代室内设计至关重要的也是色彩设计。

6.2.3　色彩发展的趋势

总的来说，色彩的变化层出不穷，但总的发展规律是由简单走向复杂、由低级走向高级；同时又像色环一样循环变化。因此，家具与室内色彩设计工作者不仅要善于应用已创造的喜闻乐见的色彩，更重要的是要不断地去探索研究家具与室内装饰的新色彩，并发现其色彩的变化规律，不断地设计出更多更好的色彩，以达到发展生产和美化人类生活的目的。

6.3　色彩基本要素

6.3.1　色彩与光的关系

6.3.1.1　光

光是一种电磁波，白光是由各种不同波长的光组成的。当白光通过三棱镜时，可以分解成

红、橙、黄、绿、蓝、紫六种颜色的光。它们的波长范围在400～750nm，其中以红色光波最长，紫色光波最短。由于它们能为肉眼所见，故称可见光。在白光中，除了可见光波外，波长长于红光波的被称为红外线，而波长短于紫光波的被称为紫外线。由于红外线与紫外线都是肉眼看不见的，故称为不可见光。红外线含有大量的热能，可服务于人类，而紫外线对有机物及其他色彩有破坏作用。

6.3.1.2　色彩与光

物体之所以能呈现出各种彩色，是因为物体对照射它们的白光中不同波长的光线具有不同的吸收与反射的缘故。例如，物体吸收照射白光中的绿光波，而反射出红光波，那么该物体就呈现出红色。

把两种混合起来就能成为白色的光，称之互为补色的光。日光就是由无数对互为补色的混合光所组成。各种不同波长的颜色及补色光如图6－1所示。

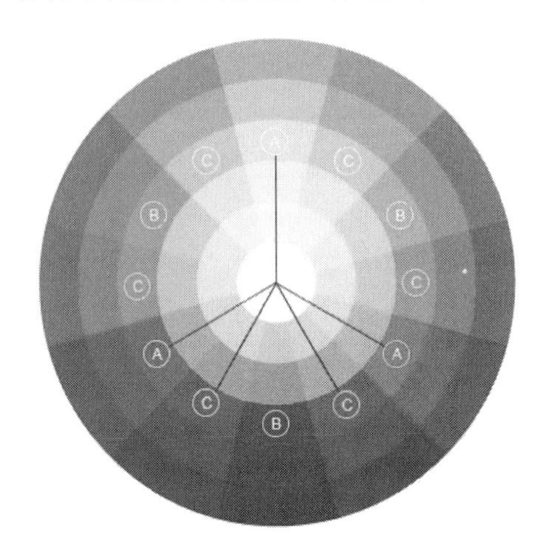

Ⓐ 三原色：红、黄、蓝
＋　＋　＋
蓝、红、黄
‖　‖　‖
Ⓑ 三间色：紫、橙、绿

Ⓒ 第三色：相临两色的组合

Ⓐ－Ⓑ 互补色

Ⓐ－Ⓐ－Ⓐ 基色三色组

Ⓑ－Ⓑ－Ⓑ 间色三色组

Ⓐ－Ⓒ－Ⓒ 分裂互补三色组

色轮上彼此相临的颜色组成类似色

图6－1　色轮及其之间的关系

说明：

邻近色：色轮上相隔15°色相对比。

类似色：色轮30°～60°色相对比。

中差色：色轮间隔90°色相对比。

对比色：相隔120°的色相对比。

补色：相隔180°左右的色相对比。

6.3.2　色彩三要素

任何一种色彩都有三个基本要素，这就是色相、亮度和纯度。若要比较两个物体的色彩是否相同，就得比较它们的三个基本要素是否相同。只有当三个要素相同时，才能说明它们是相同的。

6.3.2.1　色相

色相也称色调，是指物体产生某种色彩的“质”的特征，指色彩的相貌。物体的质不同，对照射它的白光的吸收与反射也就会不同，那么呈现出来的色彩也就不一样。

不同色调的物体，它们分子电荷的排列与振动频率是不同的。例如物体分子中的电荷排列与振动频率与白光中的绿色光的电荷排列及振动频率相同，就会吸收绿色光波，而把绿色光的补色光波——红色光波反射出来，而呈现出红色。因此说色调是发色体在“质”方面的特征。

6.3.2.2 明度

明度又称亮度，是指色彩光泽明、暗、强、弱的程度。一个物体表面的反光率越大，对视觉刺激就越大，就显得越明亮，这一色彩的明度越高。

明度是色彩的“量”的特征，即反射光的数量的多少。对于同一色相的色被不同强度的光线照射所呈现出来的色彩是不相同的，是因为它反射出来的光量不一样。

6.3.2.3 饱和度

饱和度也称纯度、彩度，是指彩色色彩中含消色的程度。消色也称无彩色，包括白色、灰色和黑色。除了消色以外的其他所有色彩统称为有彩色，俗称彩色。我国古代把黑、白、蓝称为色，把青、黄、赤称为彩，合称为色彩，彩色与消色的统称，俗称颜色。

饱和度是针对彩色而言的。如某一彩色中含消色越少，其饱和度就越大，即纯度或彩度就越高，其色调就越鲜艳。

6.4 色彩视觉效应及其应用

色彩普遍存在，跟人们有着密切的关系，并具有精神价值。它能通过视觉作用于人们的大脑，支配人们的精神，激发人们的联想，导致人们对不同的色彩产生不同的情感以及心理错觉，我们将这一现象称为色彩的视觉效应或心理效应。人们对色彩也有着共同的心理感受与错觉。

6.4.1 色彩直接视觉效应

色彩的直接视觉效应是由于色彩物理光的刺激，而直接使人生理产生反应。心理学家曾就此做过很多实验，发现在红色环境中，人的情绪会兴奋冲动，脉搏加快，血压也有所增高；而蓝色环境里，情绪平定安静，脉搏有所减慢。科学家还发现，色彩能影响脑电波。脑电波对红色的反应是警觉，对蓝色反应是放松。心理学家对色彩视觉效应的研究十分注重，从而确信色彩对人心理的影响。

6.4.2 色彩给人的错觉效应

所谓色彩的冷暖感、轻重感、干湿感、收缩与放大感等是由人们的视觉经验与心理联想所产生的一种错觉。

6.4.2.1 色彩的冷暖感

色彩的冷暖感并非真实的物理现象，如冷色与暖色就是根据这种错觉来分类的。因为红、橙、黄系列的色彩，其色光跟火相似，能给人以温暖感，故被称为暖色。紫、蓝、绿系列的色彩，其色光与碧清的水、蓝色的天空、绿色的植物相似，常给人以凉爽、清醒感，故有冷色之称。为此，有人在冬季挂上暖色的窗帘，到夏季又换上冷色窗帘，这种装饰会使人感到冬暖夏凉。又如教室的课桌椅涂饰成冷色，尤其蓝、绿色系列色彩，有助于学生大脑清醒，保护视力，防止近视，提高学习效果。冷食与冷饮的包装应以冷色调为主，以便使人获得冷与凉的心理感觉。

6.4.2.2 色彩的轻重感

色彩能给人轻重之感。暖色常给人以密度大而偏重的感觉，暖色越深（如黑红色、棕黄色等）越显得重，黑色是显得更为稳重的色彩。冷色能给人以密度疏松更偏轻的感觉，冷色越浅（如天蓝、浅紫、淡绿等）越显得轻盈活泼。白色是更为明宁轻快的色彩。同一色调的色彩，无论是暖色或是冷色，若明度越大显得越轻；相反明度越小就显得越重。对家具制品而言，其形态千变万化，有的力求庄重稳定（弯脚型家具），有的力求轻巧活泼（如圆锥形家具）。若制品涂饰的色彩能相匹配，给弯脚型（尤其是虎脚型）家具涂饰庄重的暖色，给造型活泼的家具涂饰轻快的冷色，就会收到更好的艺术效果。有的制品高而显得不稳定，如书架、货架等制品，若将其下半部分饰以深色，上半部分饰以浅色，就能消除不稳定感。又如室内装潢应使墙脚的色彩深于墙裙色彩，而墙壁的色彩须浅于墙裙的色彩，天花板的色彩应比地面的轻盈明快，以获得较好的整体装饰效果。

6.4.2.3　色彩的干湿感

色彩还能给人以干燥或湿润的感觉。暖色显得干燥，冷色显得湿润。在进行空间设计时，对于干燥、炎热的环境（如锅炉房、干燥室）及其设备应以冷色调为主进行装饰；相反对较阴凉潮湿的环境及其设备须以暖色调为主进行装饰，以调节人们对环境干湿度的心理平衡感。

6.4.2.4　色彩的距离感

色彩的距离感是指色彩具有退远与移近、扩大与缩小的作用。冷色与黑色具有退远与缩小感，暖色与白色具有移近与放大感。画家之所以能利用各种颜料绘出立体感很强的风景画，就是恰到好处地利用了色彩的这一作用。还有我们的涂饰大师利用这一作用，为彩色家具设计出立体感较强的图案，取得了很好的装饰效果。又如在室内装潢时，若想使房间显得宽敞，须将墙壁饰以明亮的冷色调。对于狭长的房间或走廊的两端壁面应饰以亮丽的暖色；而两侧壁面须饰以明快的冷色。这样可从心理上消除狭长感，使房间显得宽而接近方形。对于狭小房间的家具色彩，应以冷色调为主，让家具的形体有收缩作用，以减少室内的拥挤感。相反若房间很宽敞，其家具色彩应饰以明亮的暖色调，意在扩大家具的形体，而不使房间显得过于空旷。

从上述例子中可以看出，色彩的亮度对色彩的距离感有较大的影响，即色彩的亮度越高，则移近与扩大的感觉就越显著；反之亮度越小，则后退与缩小的感觉就越强烈。

6.4.2.5　色彩的兴奋与抑制作用

色彩有令人兴奋与抑制的作用。暖色调系列的色彩及色调对比鲜明的彩色（如原色对比、补色对比、间色对比），能造成热烈活泼而富有生机的气氛，使人感到兴奋激动而富有朝气。因此，宴会厅、歌舞厅等喜庆娱乐场所，常用各种色彩的彩灯、彩纸、彩缎布置成五光十色，形成强烈的色彩对比，造成热烈欢乐的气氛，以使人们精神焕发，兴趣倍增。据此，宴会厅、歌舞厅、会客厅、交易所、酒吧间等的家具与室内装潢的色彩，应以亮丽的暖色调为主，墙壁宜采用对比鲜明的色调进行装饰，以满足宾客心理或审美的要求。

冷色及色调不明显的二次色或三次色以及协调的色彩，能造成平静的环境，抑制人们的兴奋情绪，给人以安逸舒适之感。为此，休息室与卧室装饰及其家具等制品的色彩，宜以冷色调及协调的色调为主。室内墙面若采用对比色，宜采用类似色相对比，如蓝色跟蓝绿色或蓝紫色对比，因色彩近似，故对比不鲜明，虽有变化但不失协调。其次，可采用邻近色相对比，如红与橙、红与紫、黄与橙、黄与绿、蓝与绿、蓝与紫的对比，属弱对比范畴，相对比的色相虽较清晰，但又无刺激感。

6.4.3　色彩的表情及其象征意义

色彩还具有表情及象征意义。色彩自身没有生命与灵魂，只是一种物理现象，但由于人们生活在色彩的世界中，时刻受到各种色彩的影响，对它们有着深刻的印象，并借助它们来表达心理各种情感，这便是人们赋予色彩的表情特征与象征意义，这已成为共识。

无论是彩色还是消色都有其表情特征与象征意义。而且每一种色相，当其纯度或明度发生变化，或者与不同色彩相搭配，其表情也会随之改变。因此，要想说出各种色彩的表情特征或象征意义，就像要说出世上每个人的性格那样困难，然而对典型的性格作些描述，是完全能做到的事。如我们对红色、紫色等都赋予了它们情感和象征意义，概括如下：

红色：一个与激情、兴奋和活力有着密切联系的颜色。这是一种较具刺激性的颜色，给人以大胆、强烈的情感，使人情绪奔放，产生热烈、活泼的情绪。

紫色：与王族成员联系最接近的颜色。给人的感觉似乎是沉静的、脆弱纤细的，总给人无限浪漫的联想，追求时尚的人最推崇紫色，紫色是梦幻和创造性的代表。

蓝色：放松和安宁的颜色，蓝色是人们普遍喜爱的颜色。很容易使人想到蔚蓝的大海、晴朗的蓝天，是一种令人产生遐想的色彩。

绿色：一种与大自然联系最密切的平静色彩，这是一种令人感到稳重和舒适的色彩，是视觉调节和休息最为理想的颜色。绿色可以帮助您创造一个宁静平和的空间。

棕色：充满了大自然气息，给人感觉温暖，是一种鲜艳、热烈、瑰丽的颜色。它因为充满热情动感而给人勇气、信念和活力，与热情奔放相联系，棕色表示爱情、憎恨和勇气。

黄色：给人轻快、透明、辉煌、充满希望的色彩印象。黄色属于暖色系统，象征温情、华贵、欢乐、热烈、跃动、任性、权威、活泼。

粉红色：粉红色是温柔的最佳诠释，这种红与白混合的色彩，非常明朗而亮丽。粉红色意味着似水柔情。

黑色：黑色具有高贵、稳重、科技的意象，黑色的庄严意象也常用在一些特殊场合的空间设计，它也是一种永远流行的主要颜色，适合和许多色彩作搭配。

白色：是所有颜色的综合体，既无比高尚、纯洁、友爱，又充满幻想。它包含多种含义，像盛夏的阳光那样灿烂，又像严冬的坚冰那样寒冷。

灰色：是一种极为随和的色彩，具有与任何颜色搭配的多样性，所以在色彩搭配不合适时，可以用灰色来调和。灰色可以算是中间色的代表。

现就人们接触较多、较熟悉并形成共识的色彩及其应用予以分析与阐述。

6.4.3.1　彩色及其应用

（1）红色及其应用

红色是波长最长的色相。红色代表着吉祥、喜气、热烈、奔放、激情、斗志、革命。颜色鲜艳强烈，刺激和兴奋神经系统，增加肾上腺分泌和增强血液循环。

在许多国家和民族中，红色有驱逐邪恶的功能。比如在中国古代，许多宫殿和庙宇的墙壁都是红色的，官吏、官邸、服饰多以大红为主，即所谓“朱门”、“朱衣”。在中国，红色传统上表示喜庆，比如在婚礼上和春节都喜欢用红色来装饰。

由于红色容易引起人们的注意，因此许多警告标记都用红色的文字或图像来表示。例如，在红绿灯中红色表示停止；红色还被看成流血、危险、恐怖的象征色。

红色被认为能激起人雄性荷尔蒙的分泌，所以在运动比赛中身着红色服装者能取得更好的成绩；红色表示爱的颜色，使人感觉热情而温暖，在花语中，红色玫瑰代表热情的爱；红色是圣诞节常用的一种颜色；北美的股票市场，红色表示股价的下跌；在东亚的市场，红色表示股价上升。

从心理学上说，红色属性的人性格多活泼、热情、大胆、新潮，对流行资讯感应敏锐，容易感情用事；有强烈的感情需求，希望获得伴侣慰藉。他们居家态度上比较注重外表修饰，有追求物质欲望的倾向。

红色与家居

如火一般热烈的红色代表着热情与活力。作为家居的主配色之一，红色能带来热烈、活跃、向上的气氛，因此，十分受年轻装修者的欢迎。

在西方，很多教堂的大门被涂成红色，因为红色象征远离邪恶的神圣；在中国，我们相信红色的大门是幸运的标志。如果你喜欢红色，不要犹豫，把你的墙壁或者大门用这热情的颜色铺上吧，或者红色和白色的门窗看起来也非常的热情而友好。红色能带给你热情活跃的另一面，把红色使用在那些有大量活动的房间，如厨房也非常合适。

没有一样东西可以像红色那样热情而诱人。红色可以温暖和丰富空间，如果你是红色爱好者，应该记住何时选购红色沙发或椅子。如果沙发的面料是红色的，或以红色花纹为主的，切记沙发看起来可能比实际更大。如果你的客厅很宽敞，而你希望它看起来更紧凑和谐，那么就可以选购红色沙发。如果你的房间非常小，那就尝试它的画龙点睛之笔，可以选择放在沙发上的红色垫子，或是选择一个红色的陶瓷花盆摆在茶几上，明艳的红色是一种情绪活跃的色彩，让人轻松的同时，调动人们的快乐因子，这样的空间让人觉得放松而有活力。红色应用案例如图 6 –2 所示。

图 6 –2　应用红色为主色彩的室内设计案例

红色小贴士

居室红色系列多者，使人眼睛负担过重，而且人的心情容易暴躁，所以，红色只可作为搭配的少部分色调，不可作为主题色调，且过久凝视大红色会影响视力，易产生头晕目眩之感，心脑血管病患者一般应避免红色。卧室和书房也要避免过多运用红色，因为色彩上的活跃性会让人长时间处于兴奋中。建议选择红色在软装饰上使用，比如窗帘、床品、靠包等，而用淡淡的米色或清新的白色搭配，可以使人神清气爽，更能突出红色的喜庆气氛。

（2）黄色及其应用

黄色，可爱而成熟、文雅而自然，使得这个色系正在趋向流行。水果黄带着温柔的特性，牛油黄散发着原动力，金黄带来温暖。黄色还对健康者具有稳定情绪、增进食欲的作用。

黄色属于暖色系统，象征温情、华贵、欢乐、热烈、跃动、任性、权威、活泼，给人轻快、透明、辉煌、充满希望的色彩印象。颜色明亮，可刺激神经和消化系统。

黄色有希望、幸福和愉快等正面的象征含义，与此同时它还有危险、注意和不安等负面的象征意义。从全世界范围来看，各国对黄色的评价也不尽相同。中国、印度和马来西亚等国家视黄色为高贵的颜色，因而倍加推崇。然而，基督教世界因犹大穿的是黄色衣服而不喜欢黄色。伊斯兰教中，黄色代表死，是不吉利的象征。

提到黄色，自然便会想到黄色的小雏菊，清新淡雅、娇小玲珑，早春开花，生机盎然，具有君子的风度和天真烂漫的风采。那静谧纯净的美，令人惊世。

从心理学上说，个性积极、喜爱冒险、乐观、爽朗、喜欢结交朋友、达观、乐天的社交型人物是黄色属性的典型。他们喜欢休闲、自在、随意、简洁的居家环境。

黄色与家居

一天繁忙的快节奏工作中，自由休闲的生活方式是现代都市生活追求的渴望。黄色系时时散发着水果的甜润，适合搭配柔软的家饰来强调这种自然的温馨。色彩是富有感情且充满变化的，会给人带来温暖、阳光、乐观、愉悦的感觉。可在洗浴间里设计一个柠檬色的洗浴台，会有一种酸酸甜甜的感觉。淡黄色的客厅壁纸温馨舒适，也易搭配各种家具。儿童房里也可以适当运用这种轻松的色彩。

黄色通常被视为一种让人心情为之一振的颜色，所以在卧室里选择较为含蓄的色度，这样你才会确定得到充足的休息。黄色有辐射效果，最常用于光洁的表面，应避免用黄色做地板色，因为它是非常不稳定的颜色。

黄色也可搭配其他颜色使用，青春色调以浅绿色、浅黄色为主色。如橄榄绿地毯、草绿色墙纸、浅色家具和窗帘，再点缀些粉红、嫩黄的饰物摆设，所带出的是一室的春天气息。轻柔色调以奶黄色、白色为主色。如奶黄色的地面与墙面，象牙白的家具，再配以大面积轻薄的提花涤纶落地窗，整个气氛会显得轻柔而淡雅。黄色应用案例如图6－3所示。

黄色小贴士

黄色能促进健康者的情绪稳定，但对情绪压抑、悲观失望者，则会加重这种不良情绪。家中漆黄多者，心情闷忧、烦热不安，有一种说不出来得的惊、忧感觉，因此使人的脑神经意识充满着多层幻觉，有的神经病患者最忌此色了。黄色最不适宜用在书房，因为长时间接触高纯度黄色，会让人有一种慵懒的感觉，会减慢思考的速度，所以建议在客室与餐厅适量点缀一些就好。

（3）蓝色及其应用

蓝色非常纯净，是一种可以令人产生遐想的色彩，通常让人联想到海洋、天空、水、宇宙。纯净的蓝色表现出一种美丽、冷静、理智、安详与广阔。由于蓝色沉稳的特性，具有理智、准确的意象，在商业设计中，强调科技、效率的商品或企业形象，大多选用蓝色当标准色、企业色，如电脑、汽车、影印机、摄影器材等；另外，蓝色也代表忧郁，这是受了西方文化的影响，这个意象也运用在文学作品或感性诉求的商业设计中。在西方，蓝色一般是男孩的颜色，女孩一般用粉色。

鉴于蓝色是一种令人身体和心灵都得以放松和洗涤的颜色，所以它在我们这个充满压力的世界里是一种最流行的颜色。生活简单得就像是一条穿旧了的牛仔裤，而蓝色是那种最简单原始的舒适和熟悉。蓝色情调，应该是蓝山咖啡里的轻舞飞扬，寂静空谷中的那抹幽兰。蓝调主

图 6－3　应用黄色为主色彩的室内设计案例

义，应该是一种蓝色情结，一种唯美无瑕的精神向往；同时也是一种蓝色文化，一种能把物质与精神融合并将它们精致化的生活主张。

从心理学上说，蓝色属性的人具有常人所不具备的崇高精神境界，态度明朗、诚实，处事方式偏向中庸，做事颇有弹性，留有回旋余地。他们喜欢大方、主次分明的住宅环境。

蓝色与家居

蓝色拥有这样一种魅力，能让空间的气氛安静下来，一切的喧嚣扰攘似乎都被隔绝在屋外。无论在外有多么的疲惫与烦躁，回到家，回到这个宁静的港湾，一切压力都可以被它包容、被它融化，生活变得简单而舒适。淡蓝色友善、扩张、易于创造气氛；深蓝色则坚实、紧缩。

据调查显示，在蓝色的冷色调下工作甚至能让你变得更聪明——在蓝色天花板下面做测试的人比在其他颜色的天花板下做测试的人分数更高。既然如此，何不将你的书房天花板装饰成具有现代和年轻感的蓝色呢？

热情的夏日，我们对大海的憧憬不断萦绕心间，尤其是唯美浪漫的爱情海，清澈的蓝白交织出诗画般的情景。现在就动手吧！客厅里，以白色为主的墙体背景色，配上冰蓝色的曼妙窗帘，再摆上能调和互衬的蓝白相间的沙发和白色的桌子，那么你就可以在家中尽情享受地中海的湛蓝海岸与白色细沙了。

在浴室空间，想到水就会想到蓝色，蓝色是清爽的、透彻的。蓝色马赛克让你沐浴时时刻享受清凉，喜欢蓝就把地面也漆成蓝色，沐浴时赤脚踏着蓝色的地面亦如踩着海水那样舒缓放松。蓝色应用案例如图 6－4 所示。

图 6-4　应用蓝色为主色彩的室内设计案例

蓝色小贴士

蓝色具有调节神经、镇静安神、缓解紧张情绪的作用。蓝色的灯光在治疗失眠、降低血压中有明显作用，还能减少噪声对城市居民的情绪干扰。虽然蓝色的家居环境让人感到幽雅宁静，但抑郁症患者过多接触蓝色会加重病情。一个人无论性格如何都不会一直保持相同的心情，所以最好不要把房间布置成一个色调，否则容易使人情绪紊乱，在定下主色调后，再选择一些辅助色加以点缀，应避免过多地使用蓝色。

（4）绿色及其应用

绿色象征着生命、活力、健康、清新，被看作是一种和谐的颜色。它象征着生命、平衡、和平和生命力。这是一个崇尚绿色的时代，鲜艳的绿色非常美丽、优雅、宽容、大度。

绿色是一种关于自然和生活的平静的颜色。就是因为这个原因，绿色总是被视为一种积极的颜色。绿色是植物的颜色，在中国文化中有生命的含义，也是春季的象征。世界上大多数国家的军服颜色都是以绿色为基调。绿色也是环保的象征（特别是在广告内）。医院里到处都用绿色创建宁静的环境来促进患者康复。

从心理学上说，绿色属性者为人严谨、安分，做事稳重，是值得信任的坚实派人物，感性方面较缺乏，经常不苟言笑，有耐心及实践能力，坚韧、认真、凡事按部就班，金钱使用也颇有计划性，能在稳定中发展事业。这类人对家居环境的要求一般会比较高，有完美主义的倾向。

绿色与家居

心理学家认为，绿色明亮而不刺眼，会令居室充满生机却又不会过分刺激眼球。绿色典雅、温馨而神秘；幽幽的绿色、纯白而梦幻的家居装修，更添清爽，彰显绝色神韵！

客厅开阔明朗，光照充足，洁白色调纯洁安静，可以搭配绿色的布艺，如沙发套、窗帘、靠包甚至插花植物，让春的活力迸发，清新淡雅，生态健康。在布艺的材质方面，笔者最推崇丝绸和麻。丝绸布料轻盈、富贵、色彩丰富、光泽感好，是品质极佳的材质，而麻这种材质给人感觉古朴至真，极富自然气息，同时它也是绿色环保的材质。而儿童房干净活泼，绿色调氛围有利于孩子的健康成长。绿色点缀卫生间，戏水的同时还可以沐浴阳光，是让人释放压力、抛弃疲劳的好地方。

绿色源于大自然，树木、花卉、绿叶能给生命注入活力，能为生活增添情趣。将大自然景观微缩引入居室，将给居室带来无限的生机，这对于长期脱离大自然的城市居民来说尤为重要，因为它能在一定程度上满足人们“回归自然”的心理需要。

绿色植物色彩丰富艳丽，形态优美，作为室内装饰性陈设，与许多价格昂贵的艺术品相比更富有生机与活力、动感与魅力。含苞欲放的蓓蕾、青翠欲滴的枝叶，给居室融入了大自然的勃勃生机，使本来缺乏变换的居室空间变得更加活泼，充满了清新与柔美的气息。室内绿化不仅能使人赏心悦目、消除疲劳，还能够愉悦情感，影响和改变人们的心态，在优美的绿化氛围中，人们很容易保持平和愉快的心境，减少焦躁与忧虑。不少植物能散发出各种芳香气味，有的能驱除蚊虫，有的能杀菌抑毒，有的对人的神经系统有镇静作用，其实它们才是生活中真正的艺术所在。绿色应用案例如图 6－5 所示。

图 6－5　应用绿色为主色彩的室内设计案例

绿色小贴士

这是一种令人感到稳重和舒适的色彩，具有镇静神经、降低眼压、解除眼疲劳、改善肌肉运动能力等作用，对人的视觉神经最为适宜，是视觉调节和休息最为理想的颜色。但家中绿色多者，会使居家者意志渐消沉，并非一般所说的眼睛应多接绿色，事实上，绿色是指大自然的绿色，而非人为的调配绿色。长时间在绿色环境中，易使人感觉冷清，导致食欲减退。自然的绿色对昏厥、疲劳与消极情绪均有一定的克服作用，所以应该多摆自然绿色——绿色植物。

（5）紫色及其应用

紫色的波长是可见光波中最短的，明度在彩色中也最低。紫色的色相变化幅度大，在自然界中有各种各样的紫色，在蓝色中加少量红或在红色中加少量蓝都能获得鲜明的紫色。

紫色，是浪漫、梦幻、神秘、优雅、高贵的代名词，它独特的魅力、典雅的气质吸引了无数人的目光。紫色界于冷暖之间，又不失自由。

紫色是一种有助于发挥想象力与创造力的色彩，喜欢紫色的人大多是极度感性、情绪化的梦想家。紫色本身有助于提高直觉、增进灵性，而温哥华一名色彩疗法师 Susanne Murphy 指出，早在数百年前达·芬奇就相信，在紫色的灯光下沉思能有多达 10 倍以上的效益，而洗一个紫色的泡沫浴能让人感觉受启发与振奋，头脑清楚。要做有创意的提案？来个紫色想象浴！

紫色的梦充满了浪漫和神秘，让人遐想和回味。紫色是优雅女人最爱的一种色调，温馨而浪漫，仿佛秋日里普罗旺斯铺天盖地的薰衣草！一个暗的纯紫色只要加入少量的白色，就会成为一种十分优美、柔和的色彩。

从心理学上说，紫色属性的人谨言慎行，喜怒不形于色，许多内心的想法都深藏着，不愿表露出来。姿态优雅，富神秘气质，不擅长交际，给人冷漠、高傲的感觉；喜欢思索，很会压抑、控制自己的情感。他们比较感性，喜欢浪漫清雅的家居环境。

紫色与家居

神秘、优雅、性感、高贵……人们把所有赞誉的词都赋予了紫色。紫色向来给人一种飘忽暧昧的感觉。不管何时何地，百变的紫色一直是女人眼中的最爱。即使你有敏锐的时尚嗅觉，也没法捕捉飘忽不定的紫色。迎着紫色魅影的浪潮，沉醉在酣畅淋漓的紫色梦境中，让我们一同用感观来体验紫色天籁般的魅力吧！

紫色是神秘色，它将红色的热烈、兴奋和蓝色的宁静、沉着集于一身。宁静舒缓的淡紫色窗帘，宛如吹过的一阵秋风，让卧室成为身心彻底放松、思想随意驰骋的舒适之地。淡紫色蕾丝与白色纱幔构成了一幅如宫廷般的映象，纯棉质地的厚实床饰正在讲述着只有童话中豌豆公主才能享受到的舒适。淡紫的优雅和深紫的迷醉，都让人沉醉于此情此景无法自拔。

紫色系布艺软饰是奢华家居的最佳选择。紫色是一种高雅的颜色，偏红的暖紫色凸显高贵气质，偏蓝的冷紫色带有忧郁的格调。紫罗兰色、玫瑰紫、亮紫、流光紫……这些在沉暗中略带神秘的紫色，华丽高雅，最受成熟自信的 OL 女性的青睐。

神秘的紫色是暖红和冷蓝两种对立色彩交融的产物，散发着雍容、华贵，还夹带着敏感、微妙，另有一丝丝暗淡。正因为紫色复杂，它能平衡天真无邪与圆滑世故，热情洋溢与微妙淡定。可装潢选择墙面颜色时，人们习惯了浅蓝、米黄或淡粉这些不易出错的保守颜色，很少有人敢大胆挑战高难度的紫色调。但是，你真能抵抗得了紫罗兰、薰衣草色和浅紫丁香墙面的诱惑吗？其实，只要装潢前运筹得当，紫色便能让你的家卓然独步、品位非凡。

紫色又是创意和好主意的体现。可为你的工作室墙壁选择紫色，因为这个颜色可以刺激我们的想象力和创造力。紫色应用案例如图 6－6 所示。

图 6－6　应用紫色为主色彩的室内设计案例

保持紫色清透淡雅些，以免造成空间的压迫感。

花案壁纸打破黯淡：紫色调总是显得比本身真实的色彩还要暗，就像它会吸收光亮。可以在四壁中选一个主要的墙面粘贴花案壁纸，来打破过分整体的紫色，避免黯淡感。

添加白色：某些区域，注入更明亮的色调来搭配紫色是个好主意。

添加光泽织物：选择有闪亮光泽或不同质地的织物，例如华丽的丝绸、昂贵的天鹅绒或手工编织、绳绒质地的织物，以增加层次感。

饰品考虑对比色：紫色墙壁上，运用深色调的饰品能起到强调作用，混入更鲜明对比的颜色能让效果更好，比如鲜亮的粉红色。

紫色小贴士

大面积的紫色会使空间整体色调变深，从而产生压抑感。建议不要放在需要欢快气氛的居室内或孩子的房间中，那样会使得身在其中的人有一种无奈的感觉。如果真的很喜欢，可以将居室的局部作为装饰亮点，比如卧房的一角、卫浴间的帷帘等小地方。

（6）粉红色及其应用

这种红与白混合的色彩是热情与纯洁的混合。浅粉色代表青春的甜蜜，而鲜明的粉红色代表兴致勃勃和活力。粉红色是轻松、愉快和活泼快乐的。经实验，让发怒的人观看粉红色，情绪会很快冷静下来，因粉红色能使人的肾上腺激素分泌减少，从而使情绪趋于稳定。孤独症、精神压抑者不妨经常接触粉红色。

粉红色通常是浪漫主义和女性气质的代名词，它常与少女服装、甜蜜糖果和化妆品等紧密联系，粉红的鲜花或花瓣更在包装上频繁出现，展示着一种梦幻感。

当粉红色用来代表温柔和实力的时候与红色一样强大。由对乳腺癌的调查得知，粉红色丝带已经变成一个全世界的关爱象征。

粉红色与家居

粉红色家居总会给人梦幻的感觉，在寒冷的冬季也是打造居室温暖度的色彩之一，粉红色的卧室、粉红色的家具、粉红色的布艺都会让你的心情舒缓下来。迷人的粉红色家居到处弥漫小女人的味道。当粉红色和不同的颜色碰撞，就产生了不同的家居效果。

如要营造优雅色调，热情的大红碰上甜蜜的粉红，搭配上理性的黑色和沉稳的大地色，使家居呈现出优雅的品位。闲适的午后，浓浓的咖啡香和精装书让人沉醉其中。如要营造娇媚色调，主色为粉色和乳白色，如墙面可贴以粉红色为主的碎花仿丝绸壁纸，家具为白色并饰以金边，沙发为与墙面成同一色调丝绸罩面，另铺以深粉红色的地毯，再点缀一些橘红色饰品，这种色调体现性感、细致等特点。

如果开支比较紧，而且墙看上去光秃秃的，那么你可以自己做个艺术家：将房间的三面墙涂成鸽子灰，既然我们都想要粉红色，可以在与眼同高的位置给三面墙都涂上 30cm 宽的粉红色的水平横纹，然后，将第四面墙全部涂红色。这种技巧，能将两种颜色均等地结合在一起。

粉红色给人温暖、放松的感觉，适宜在客厅里使用。如地板用柔和的粉红色，再选用同色的台灯罩、画框以及有粉红色印花的窗帘，在白色的沙发、米黄色墙的衬托下，再加点儿淡蓝色，就会形成花坛般的罗曼蒂克格调，颇适合年轻人的品位。

粉红色是温暖和讨好的，而且能给大部分的肤色健康的光亮，这就是许多妇女选择使用粉红色灯泡的原因。粉红色应用案例如图 6 - 7 所示。

图 6 - 7　应用粉红色为主色彩的室内设计案例

粉红色小贴士

大量使用粉红色容易使人心情烦躁。有的新婚夫妇为了调节新居气氛，喜欢用粉红色制造浪漫。但是，浓重的粉红色会让人精神一直处于亢奋状态，过一段时间后，居住其中的人心情会产生莫名其妙的心火，容易拌嘴，引起烦躁情绪。建议粉红色作为居室内装饰物的点缀出现或将颜色的浓度稀释，淡淡的粉红色墙壁或壁纸能让房间转为温馨。

6.4.3.2 消色及其应用

消色是黑、白、灰色的统称，虽属无彩色，但在人们的心理上具有同样的价值。用黑白两色分别代表宇宙的阴阳两极。在太极图中就是用黑白两色的循环形式来表现宇宙永恒的运动。黑白两色所具有的抽象表现力及神秘感似乎能超越任何色彩的深度。黑色意味着空无，像太阳的毁灭、像永恒的沉默，没有未来与希望。而白色的沉默不是死亡，而是有无穷的可能，充满光明与希望，是纯洁的象征。黑白两色又总是以对方的存在而显示自身力量，对比极为强烈鲜明，好似整个色彩世界的主宰。然而它们有时候又令人感到它们彼此又有着以公讲明的共性，如它们均能表达对死亡的恐惧、悲哀及哀悼，都有一种不可超越的虚幻与无限的精神。

（1）黑色及其应用

与白色相反，它象征一种沉稳、庄重、冷酷。高贵并且可隐藏缺陷，它适合与白色、金色搭配，起到强调的作用，使白色、金色更为耀眼。黑色长久以来与魔术和秘密、邪恶甚至死亡有关。另一方面，黑色也是性感的、富有魅力的和具有高度的复杂性的。

黑色具有高贵、稳重、科技的意象，许多科技产品的用色，如电视、跑车、摄影机、音响、仪器，大多采用黑色。在其他方面，黑色的庄严的意象，也常用在一些特殊场合的空间设计，生活用品和服饰设计大多利用黑色来塑造高贵的形象，也是一种永远流行的主要颜色，适合和许多色彩作搭配。

从心理学上说，性格内向，心态阴郁，喜欢独行独往，遇事冷静、沉着，常表现出忧绪满怀的心态的人是黑色属性的代表，这是一个少数群体。他们在居家思想上希望保持独特的个人活动空间。

黑色与家居

在维基百科中，黑色被解释为“是一种具有多种文化意义的颜色，一向不会过时”。在时尚界，黑色是永恒不变的流行色；在进行家居设计时，黑色可以是神秘的，也可以是优雅的、稳重的。就看你是如何根据自己的喜好去搭配它了。

家居艺术中的黑色调，向来以高贵典雅、冷艳神秘而著称，它强烈的抽象表现力超越了任何色彩体现的深度，尤其是与纯白色相搭配叠加之时，可深邃、可灵动、也可奢华浓艳，在当前都市人追求自由平和生活的心理诉求下，纯净的黑色无疑是祛除浮躁的最佳色彩利器，因而日渐成为俘获人心的流行之道。

几件饱经风霜的黑色家具将会使你小屋的风格宛如垂涎欲滴的糖蜜一般。有它们做基础，白色、粉色这些颜色将表现得更加美丽动人，小屋的感觉也将使那些满腹牢骚的人居住得更加畅快、更加舒心。

红色能取得生机勃勃的效果，这也是为什么若想使房间更加充满生气就要选择红色的原因。同红色搭配在一起的颜色容易显得黯然失色，但黑色和白色与之搭配反而格外光彩照人。

黑与白是一种哲学，代表了率真自信的质感，而现在，这种质感已经被视为永远的流行。黑白带来复古的场景，既回到了光彩的过去，同时也收纳了美好的记忆。对于黑白前卫的诠释显得理性，气氛友善的环境令人有余暇静下心，脱离匆忙的现实，保持纯净。然而，黑白看上去似乎有些寒冷和单调，添加其他颜色，即使少量地添加，都能长期地使这组经典组合更容易结合在一起。

现在普通业主家里装潢都以浅色调为主：浅色的墙面，浅色的地砖。其实有的时候，不妨打破常规，用一些深颜色来营造一种品质格调。很多人认为黑色太沉重，不好搭配，其实只要搭配得当，黑色空间就能变得独具魅力，有时，几件家具的配合使用就能给房间一种新的视觉享受。下面为大家介绍的就是黑色系空间的家具搭配。黑色应用案例如图 6－8 所示。

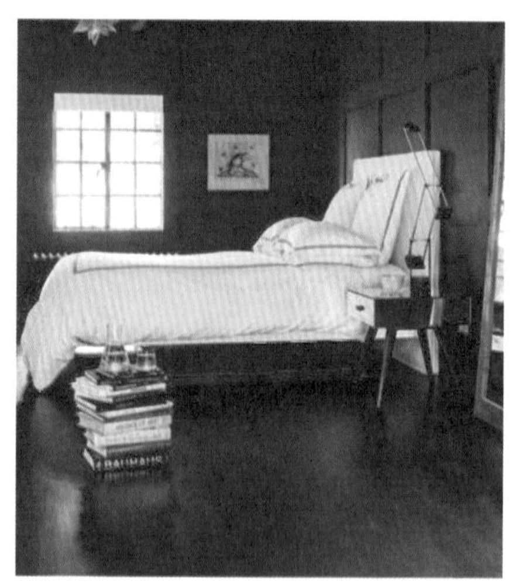

图 6－8　应用黑色为主色彩的室内设计案例

黑色系之家具选用——客厅区

要点：材质运用是重点

黑色系空间的客厅区，如果全是黑色，可能给人一种冰冷的距离感，并且也不适合男女主人的性格特点，黑色给人的印象就是更多的男性化，而相对来说，女性的妩媚柔美就不容易展现。其实，在打造黑色系的客厅区时，可通过一些布艺材质或者是柔和色调来达到烘托主题的作用。一般可以选用一两件黑色的家具，然后再用一些浅色的材质去融合它，让客厅变得更加舒适。皮革在汽车内饰和衣物里一直被视为奢华的选择。当涉及家居用品时，皮革已成为追求高级时尚和耐用性的人的酷爱，所以选用黑色真皮沙发是不错的选择。

在掌握好色调的前提下，黑色客厅的家具材质选用就是一大注意要点了。除了亲肤材质的布艺选用，还可选择一些有反光材质的家具。烤漆玻璃、陶瓷制品，这种反光材质的客厅家具能提升黑色空间的质感，同时，家具也会显得更有档次，还能让空间不再沉闷。

黑色系之家具选用——配饰

要点：彩色饰品搭配使用

黑色作为简练的空间色彩，只有颜色填充未免显得有些单调，但任何空间重在搭配，最好的搭配就是选择有亮丽颜色的小饰品。这些彩色小物件，在整体的黑色空间中会显得更加出挑。

黑色相框嵌着白色底画，让挂画显得醒目鲜明。在小饰品的选择中，几乎所有配饰都采用了经典的黑白搭配，简约大气。但是缺少了一些温暖元素，不过，选取一些材料质地柔软的布艺配饰就能轻易地解决这个问题，布织品、毛制品都是家居冬装最佳选择，保暖、装饰两不误，为略显冰冷的房间带来了浓浓暖意，让你拥有风度，同时不缺温度。

黑色小贴士

黑色忌大面积运用，黑白配的房间很有现代感，是一些时尚人士的首选。但如果在房间内把黑白等比使用就显得太过花哨了，长时间在这种环境里，会使人眼花缭乱、紧张、烦躁，让人无所适从。最好以白色为主，局部以其他色彩为点缀，空间变得明亮舒畅，同时兼具品位与趣味。

（2）白色及其应用

白色象征纯洁、神圣、明快、清洁与和平，最能表现一个人高贵的气质，特别是在夏季，穿着一身白色的服装，将比深色服装更凉爽。

白色明亮、干净、畅快、朴素、雅致与贞洁。但它没有强烈的个性，不能引起味觉的联想，但引起食欲的色彩中不应没有白色，因为它表示清洁可口，只是单一的白色不会引起食欲而已。

在商业设计中，白色具有高级、科技的意象，通常需和其他色彩搭配使用，纯白色会带给别人寒冷、严峻的感觉，所以在使用白色时，都会掺一些其他的色彩，如象牙白、米白、乳白、苹果白，在生活用品、服饰用色上，白色是永远流行的主要色，可以和任何颜色作搭配。

从心理学上说，性格开朗、单纯、泾渭分明、喜欢表露、生活中爱清洁、讲究个性特点的人属于白色属性的人。他们的家居布置宜宽敞明亮。

白色与家居

快节奏的生活使人们更渴望在家中得到彻底放松。而从色彩学上看，包括米白、米黄在内的白色系列，能够让人心境平和，具有安全感。同时，白色在视觉上最让人感到平稳、大方、明快、光亮。白色洁净，能反射全部的光线，具有敞亮的感觉。在空间较小的居室，以白色为主会提升空间宽敞感。因此，白色家居越来越受到人们的喜爱。

在室内设计中大量运用白色时，空间和光线是白色家居的重点设计因素。室内装饰选材时，墙面和天花板一般均为白色材料或在白色中带有隐隐约约的色彩倾向。在大面积运用白色材质的情况下，装修的边框等部位往往采用其他色泽的材料进行对比。

白色上配白色更考验设计水平，纯白是单调的，但只要注意物与物质感对比，那么，微妙的纹理变化、光影变幻就会给人带来丰富的感官效果。常用的往往采用反光与吸光材料、光滑与粗糙材质、柔软与坚硬材质、天然与人工材料进行对比。

不同材质和光线，能让白色更有生机。比如纸、皮、木、漆等不同的材质刷上白色后，因为本身的纹理效果，产生的感觉不同。采光会影响白色调，当自然光不足时，要加强间接光源的设计。通常白色家居室内有不同光源，利用光线的明暗使白色更具立体感。

在实际的硬装修设计中，白色可分为温暖和冷两种感觉，喜欢温暖的可使用白橡木、偏黄的大理石材、多层板这类颜色的材质；喜欢冷色调可选择不锈钢、玻璃、深色的饰面板等材质。软装饰的选择余地更大，想要使房子变得活泼，可加入绿色植物或色彩丰富的装饰品。

白色给人纯洁、文雅的感觉，能增加室内亮度，使人增加乐观感或让人产生美的联想。白色以外的色彩往往会带给人们一种本身所特有的感觉，而白色则不会限制人的思绪。使用时，又可以调和、衬托或对比鲜艳的色彩。与一些刺激的色彩（如红色、黄色）相配时产生节奏感。因此，近现代的许多室内设计都采用白色调，再配以装饰和纹样，产生明快的室内效果。

使用白色作为家居主调，一般会有专门的风格与之搭配，效果比较好的风格是简约风格和乡村格调。要令白色家居有其独特的个性，最好先设定一个风格合适的设计主题，再循着主题表现白色魅力。

要设计一个白色家居环境，首先考虑的当然是自然采光，因为采光会影响白色调。家居中经常使用的灯具颜色白带黄，色温较冷，为了强化层次与造型，设计师就会利用灯槽来增加间接光源，表现空间张力，这样空间就会白得更自然明亮。

从色彩心理学的观念来看，白色有明显的扩张效果，看起来比较宽敞；在白色空间中，只要使用一点不同的颜色，就可以轻易改变家居形象，弹性很大，白色家居可以随意更换地垫、窗帘和抱枕的颜色，随心更换家居表情。

很多人在使用了白色油漆后，通常觉得空间不够白。其原因在于调油漆不到位，一般调油漆时要用纯白为底色，再加入自己喜欢的白色，配合适当的灯光后，再看效果，才能得到自己真正喜欢的颜色。当然也有人喜欢那种带点灰色调的白色，因为它不那么白，显得不抢眼，更容易搭配其他色彩或家具。

人们喜欢摆放白色家具，认为白色家具会令房间的空间显得大一些，但购买白色家具一定要和房间的整体风格相符，例如，白色家具可以搭配浅绿色或淡黄色墙面，这样房间看起来有温馨感。

厨房里的橱柜除了考虑它的实用价值外，色彩也相当重要，以白色为主调的橱柜呈现朴素、淡雅、干净的感觉，对于喜欢洁净、安静的人，无疑是最好的选择，白与黑这一对比色的搭配会制造出一种单纯的沉稳效果，白色与任何色彩搭配都会很和谐。白色应用案例如图 6－9 所示。

图 6－9　应用白色为主色彩的室内设计案例

白色小贴士

家中颜色最佳为乳白色、象牙色、白色，这三种颜色与人的视觉神经最适合，因为太阳光是白色系列，代表光明、人的心。眼睛也需要光明来调和，而且家中白色系列最好配置家具，白色系列也是代表希望。

白色对易动怒的人可起调节作用，有助于保持血压正常。孤独症、抑郁症患者不宜在白色环境中久住。

(3) 灰色及其应用

灰色属于保守色，象征胆小、敏感、疑虑、多愁善感。

灰色不像黑白色彩是两个极端，它更多的是介于两者之间，中性的、无感情的、没有刺激性的、无性格的。它跟有彩色搭配，表现的就是有彩色的性格。灰色与任何颜色都能搭配，与纯色组合时可以使那些面貌张扬的纯色变得柔和。

灰色虽没有色相，但明度层次丰富，从最深的炭灰到浅鸽灰，形成了极丰富的灰色变奏曲。炭灰色——古典优雅；银灰色——弥漫着现代气息；珍珠灰、烟灰等色彩。灰色在艺术家的眼里永远是最美丽最神秘的颜色，那丰富的层次感和色彩感令人陶醉。灰色时尚、冷酷、运动、更妩媚——一种琢磨不透的妩媚。灰色包容、宽广、低调、更安静——一种抚慰人心的安静。

从心理学上说，灰色属性的人一般缺乏毅力，性格怯懦，比较依赖他人，主观思想容易受他人影响。他们的居室设置一般比较保守，按部就班，古典型的风格是他们所青睐的。

灰色与家居

在色彩学中，灰色具有柔和、高雅的意象，给人深思及平和的视觉感受。在普通家装中，由于人们一直以来对家的温馨的强调和偏爱，却迟迟未能“登堂入室”。今天，在简约主义“Less is more”的西风东渐中，灰色成为了竞相学习的现代气质——从写字楼延续到住宅。不起眼的灰色内敛而含蓄，对身居喧嚣都市的人们或许可以讨回一分宁静，“而无车马喧”。

“灰色并不沉闷，相反的，它是生动的!”在设计师的眼里，灰色调是这套雅居的灵魂。作为彻底的中性色，它依靠邻近的色彩获得生命。在这种普遍性中，灰色又是和谐的。把禅意最高修为视为一种无言的境界，而灰色调创作单纯的空间和禅修有着异曲同工之妙，“内敛的神韵让灰色和谐与禅宗意境相互共生于空间”。

色彩的表情在更多的情况下是通过对比来表达的，色彩对比有的显得五彩缤纷、辉煌灿烂、鲜艳夺目；有的则是色调模糊、纯度含蓄、明度稳重而表现得朴实无华。创造什么样色彩才能表达出所需要的情感，完全依靠于色彩设计者自己的灵感、创造性及经验，没有固定模式。

综上所述，色彩的情感及其应用涉及的领域较广，需要人们不断地去探索、去发现、去总结，以更好地发挥色彩制品的装饰作用与对环境的美化作用。

6.5 色彩的调配

6.5.1 三原色定义

自然界中除红、黄、蓝外的所有色彩都可由它们调配而成，而红、黄、蓝却不能用别的色彩调成，故将它们称为原色。原色红为既不带紫味又不带橙味的品红，原色黄为既不带绿味又不带橙味的淡黄，原色蓝为既不带绿味又不带紫味的青色。

6.5.2 色彩的调配

如果把红、黄、蓝三原色按一定比例相混合，可以获得黑色或黑灰色。若用两种原色混合就可得到橙、绿、紫三种色彩，并把它们称为二次色或间色。两种不同的二次色相配合或任何一种二次色跟原色配合，或黑色跟原色配合，所得到的色称为三次色或复色——黄灰、蓝灰、红灰。

6.5.2.1 余色定义

所谓余色是指两种色彩配合在一起会相互消减，这两种色彩就是互为余色，也称补色。

6.5.2.2 余色原理的应用

三原色中的任一种原色跟其他两原色配合后的二次色即互为余色，如蓝色跟红、黄色配成的橙色是互为余色。同理红色跟绿色，黄色跟紫色均是互为余色，如前文中图 6－1 所示。假如配出某种色彩偏红，那么可加红色的余色即绿色去消掉红色，使其符合要求。配色时应先将相应的余色颜料溶化好，然后边加、边调、边观看，直到符合要求为止。

6.5.3 调配方法

调配色彩一般应对照色彩样板（简称样板）进行，先要分析样板含有哪些色调，并确定其中的主色调与副色调，然后选择相适应的色料品种，假设主色调为红色，那么是用铁红还是用大红粉或是甲苯胺红呢？这就得根据样板艳丽程度来确定，最后再着手进行调配。

6.6 色彩的表示方法

6.6.1 色彩的表示方法

色彩的种类繁多，正常人眼可分辨的颜色种类可达几十万种以上，而用测色器则可以分辨出 100 万种以上的颜色。为了正确表达和应用色彩，每种色彩都用一个名称来表示，这种方法叫色名法，色名法有自然色名法和系统化色名法两种。

6.6.1.1 自然色名法

用自然界景物色彩的方法为自然色名法，使用自然景色、植物、动物、矿物色彩，例如：海蓝色、宝石蓝、栗色、橘黄色、象牙白、蛋青色等。

6.6.1.2 系统色名法

系统色名法是在色相加修饰语的基础上，再加上明度和纯度的修饰语。通过色调的倾向以及明度和纯度的修饰就比较精确了。国际颜色协会（ISCC）和美国国家标准局共同确定并颁布了 267 个适用于非发光物质的标准颜色名称（简称 ISCC－NBS 色名）。

6.6.2 牛顿色环与色立体

6.6.2.1 牛顿色环

英国科学家牛顿在 1666 年发现，把太阳光经过三棱镜折射，然后投射到白色屏幕上，会显出一条像彩虹一样美丽的色光带谱，从红开始，依次接临的是橙、黄、绿、青、蓝、紫色。

在牛顿色相环上，表示着色相的序列以及色相间的相互关系。如果将圆环进行六等分，每一份里分别填入红、橙、黄、绿、青、紫六个色相，那么它们之间表示着三原色、三间色、邻近色、对比色、互补色等相互关系。牛顿色环为后来的表色体系的建立奠定了一定的理论基础，在此基础上又发展成 10 色相环、12 色相环、24 色相环、100 色相环等。

牛顿色环的发明虽然建立了色彩的色相关系上的表示方法，但是色彩的基本属性还有明度与纯度。显然，二维的平面是无法表达三个因素的，所谓色立体，就是借助于三维空间的模式来表示色相、明度、纯度关系的一些表色方法。

6.6.2.2 色立体

所谓色立体，即把色彩的三属性有系统地排列组合成一个立体形状的色彩结构。色立体对于整体色彩的整理、分类、表示、记述以及色彩的观察、表达及有效应用，都有很大的帮助。

色立体的基本结构，即以明度阶段为中心垂直轴，往上明度渐高，以白色为顶点，往下明度渐低，直到黑色为止。其次由明度轴向外做出水平方向的彩度阶段，越接近明度轴，彩度越低；越远离明度轴，彩度越高。

各明度阶段都有同明度的彩度阶段向外延伸，因此，构成某一种色相的等色相面。以明度阶段为中心轴，将各色相的等色相面依红、橙、黄、绿……顺序排列成一放射状的结构，便形成所谓的色立体。

6.7 简介色彩的表示体系

全世界自制国际标准色的国家有三个，代表机构是美国的蒙塞尔（MUNSELL）、德国的奥斯特瓦尔德（OSTWALD）及日本的日本色彩研究所（P. C. C. S）。

6.7.1 蒙塞尔色彩体系（MUNSELL）

MUNSELL：蒙塞尔的色相分为10个，每色相再细分为10，共有100个色相，并以5为代表色相，色相之多几乎是人类分辨色相的极限。蒙塞尔的明度共分为11阶段，N0、N1、N2、N3……N10，而彩度也因各纯色而长短不同，例如5R纯红有14阶段，而5BG只有6阶段，其表色树状体也因而呈不规则状。

蒙塞尔所创建的颜色系统是用颜色立体模型表示颜色的方法。它是一个三维类似球体的空间模型，把物体各种表面色的三种基本属性色相、明度、饱和度全部表示出来。以颜色的视觉特性来制定颜色分类和标定系统，以按目视色彩感觉等间隔的方式把各种表面色的特征表示出来。目前国际上已广泛采用蒙塞尔颜色系统作为分类和标定表面色的方法。

6.7.2 奥斯特瓦尔德体系（OSTWALD）

奥斯特瓦尔德体系：奥斯特瓦尔德色相以8色相为基础，每一色相再分3色，共24色相，明度阶段由白到黑，以a、c、e、g、i、l、n、p记号表示，所有色彩均为C纯色量+W白色量+B黑色量=100。并以无彩色阶段为一边，纯色在另一顶点，每边长依黑白量渐变化排成8色，形成等色相的正三角形。由于奥斯特瓦尔德表色系的秩序严密，是配色时极方便的表色系统。

奥斯特瓦尔德（1853—1952），是德国的物理、化学家，因创立了以其本人为名字的表色空间，而获得诺贝尔奖金。该颜色体系包括颜色立体模型、颜色图册及说明书。

奥斯特瓦尔德颜色体系的基本色相为黄、橙、红、紫、蓝、蓝绿、绿、黄绿8个主要色相，每个基本色相又分为3个部分，组成24个分割的色相环，从1号排列到24号。

奥斯特瓦尔德色系通俗易懂，它给调配使用色彩的人提供了有益的指示。在做色彩构成练习中的纯度推移时，奥斯特瓦尔德色系的色相三角形不仅可以视为一种配方的指导，此外，色相三角形的统一性也为色彩搭配特性显示了清晰的规律性变化。

奥斯特瓦尔德色系的缺陷在于等色相三角形的建立限制了颜色的数量，如果又发现了新的、更饱和的颜色，则在图上就难以表现出来。另外，等色相三角形上的颜色都是某一饱和色与黑和白的混合色，黑和白的色度坐标在理论上应该是不变的，则同一等色相三角形上的颜色都有相同的主波长，而只是饱和度不同而已，这与心理颜色是不符的。目前采用混色盘来配制同色相三角形，以弥补这一缺陷。

6.7.3 日本色彩研究所（P. C. C. S）

日本色彩研究所即 P. C. C. S 表色系，其色相分为 24 个，明度则以垂直阶段为 9 个，由黑（1.0）到 8.5，白（9.5）。彩度阶段由无彩色到纯色共 10 个阶段，0s，1s……9s。日本色彩研究所把明度和彩度的变化综合起来成为色调的变化，无彩色有 5 个色调：白、浅灰、中灰、暗灰、黑；有彩色则分为鲜色调和加白的明色调、浅色调、淡色调，加黑的深色调、暗色调以及加灰的纯色调、浅灰调、灰色调、暗灰色调，其色票并以色调分类，很容易依色彩感觉来使用色彩。

6.8 家具涂装与色彩的处理

家具涂装中与色彩关系最大、最复杂的主要是实木家具，因为木材是一种自然材料，木材的芯材与边材颜色差异、早晚材的密度不同、木材生长环境不同、木材内含物的不同等都会造成木材颜色的差异。家具生产中采取质量管理的措施，例如配料工序、部装工序等经过挑拣可减小相关部件的色差，但要根本上消除木材颜色差异，只有通过涂装对木材进行着色处理才能将整件产品的木材颜色基本趋于一致，不仅如此，着色处理还能够改变木材原有的颜色，表现木材丰满的层次和满足设计的要求，使家具有更多的色彩选择，提高设计的附加值和市场竞争力。

着色处理是家具涂装中既非常复杂又十分重要的工艺。着色处理主要有以下几个内容构成。

6.8.1 着色剂

在着色处理中用于调整色彩效果的着色材料都称为着色剂。现在涂料生产商提供给用户的着色剂分两类，即色精和色浆。

6.8.1.1 色精

色精是染料型着色剂，常用于透明涂装。色精常以粉末形式供货，可溶解于有机溶剂、水、醇类。将色精溶解于有机溶剂、水、醇、醚等材料中就制成了染料型着色剂。染料型着色剂的显著特点是清澈透明。染料型着色剂主要用于透明涂装的基材上层涂装或者直接加入清漆中。染料型着色剂大部分是运用现代化工艺从煤焦油等原料中提炼而成的药剂，非常类似于纤维工业的化工染料。部分色精耐候性差，受阳光照射会变色，注意要选择优质耐候的染料。染料的密封储存稳定性一般 2 年以上，储存温度不得过低。

6.8.1.2 色浆

色浆属于颜料型着色剂，是以磨得很细的颜料粒子分散在各种辅助材料中制成的浆体。颜料着色剂很多是天然物质，如氧化铁、氧化铁黄、棕土等。当使用色浆着色时，色料粒子会停留在木材表面而形成颜色均一的外观，但对木材纹理的表现力则比色精差，主要用于不透明着色或半透明着色效果。色浆的耐候性比色精好许多，色调也很丰富，但色泽的鲜艳度较低。

6.8.1.3 几种着色剂

（1）不起毛着色剂　不起毛着色剂是染料溶解于醇类溶剂中而成。不起毛着色剂有水性着色剂的优点，但不会使木纤维吸湿而隆起，一般可直接使用，当色精浓度较高时，可加入混合溶剂调成所需的浓度。色剂透明，可使用喷枪作业，用于工业化涂装生产。

（2）渗透油性着色剂　渗透油性着色剂是可溶性染料混合于油中而成。渗透油性着色剂比其他着色剂易于使用，且不会留下条纹。其主要性能是可使木材的导管突显，用于加深木材纹理的清晰性，增加层次感，常用于深木眼底材。

（3）颜料油性着色剂　颜料油性着色剂是添加到亚麻油及松节油的制品。此种着色剂有很多颜色，通常买来即可使用，涂饰方便，不会使木纤维隆起。可和木材的填充剂混合成着色填充剂，但颜料油性着色剂不易渗入木材，因而容易被砂磨掉。

6.8.2　着色工艺

在透明涂装中有底着色、修色、面着色等多种着色工艺。在涂装的工艺过程中，着色是非常重要的工艺环节。着色工艺可以以亮丽的色泽强化木材的纹理，表现木材的层次感，甚至使一些平常的木材显示珍贵木材的视觉效果。

6.8.2.1　漂白

漂白是对木材的前处理，对浅色涂装和木材存在色泽缺陷影响后续涂装时，必须对木材进行漂白处理，减少木材中的色素，便于涂装。

6.8.2.2　边材着色

边材着色主要是将边部材染成和芯部颜色相同，使整个产品的颜色趋于一致。这是在着色之前必须进行的，边材着色以醇溶性着色剂为主，也可用水溶性的着色剂刷涂或喷涂在浅色的边材区域。可连续施涂几次，直到淡色边部的颜色与木材一致。边材着色也是着色工艺的前期准备。

6.8.2.3　着色

着色前的木材表面一定要清洁处理，任何缺陷都可能使着色不均匀。必要时，要用400#砂纸打磨木材表面，经打磨后的木材表面形成微小的磨痕有利于着色剂的吸收，使得颜色更加明显。打磨后的表面用不掉纤维的布清除磨尘。

着色的木材要干燥，过高的含水率不仅影响着色效果，干燥后还会发生开裂等质量问题。

着色剂用前要充分搅匀，防止着色剂不均产生色差。正式着色前先在小木片上反复试涂，与样板的颜色比较，基本一致后才正式着色。刷涂着色要甩干刷中的水分再蘸着色剂。平面施工时要保持湿边，以免形成搭接痕迹。着色中不得有堆积和刷痕，否则造成干后色深。

着色的方向沿木纹进行，如木纹不规则，涂下一道色时可改变方向。对着色剂过多和过厚的地方，在着色剂干燥之前尽早用布擦去，擦得越晚渗入木材中的着色剂越多，颜色会越深。

着色后应充分干燥后再涂封闭漆。

6.8.2.4　稀薄封固涂装

稀薄封固涂装是在木材着色后施行的封固作业，其作用是防着色剂产生渗色，提供管孔着色一个坚实的表面及改善涂膜的韧性。

稀薄封固涂装采用与面漆相配套的底漆，稀薄封固不能完全地填充管孔而妨碍管孔着色填充剂的使用。封固涂装喷涂为主也可刷涂，0.5～1h 可干燥。经砂纸轻砂、拭净，就可进行管孔着色的填充作业。

6.8.2.5　管孔着色

管孔着色是为了突出管孔的色彩、添加木材表面颜色及封闭木材表面的管孔。使管孔颜色与材面色彩形成反差，增强木材的立体感和美观性。无管孔或管孔很小的木材不需要管孔着色。管孔着色的另一作用是填充管孔，减少了管孔对涂料的吸收，起节省涂料的作用。管孔着色通常采用擦涂的方法，使着色剂充分进入管孔。

6.8.2.6 修色

修色能使木材的纹理更有立体感、层次感，颜色更加独特。修色在中间涂层进行，也可在面漆涂层进行。修色材料根据需要选用，颜色的深浅由加入的着色材料数量来调节，也可以由修色涂层的厚度来调节。但修色涂层不宜过厚，以薄涂多涂为宜。

6.8.3 着色工艺注意的问题

着色处理首先要鉴别要上色的是什么木材，木材的材种不同吸收着色剂不同。高密度木材，木材孔隙少，吸色和吸收液体的能力小，应选深色的着色剂或采用多次着色的方法才能获得所需要的颜色。

木材着色的均匀性取决于木材表面的状态，表面平滑吸色少，着色浅而均匀；然而横断面孔隙多，吸色力强，着色很深，有时会发现着色后颜色严重偏离了所期望的颜色。木材经过防腐、加压等预处理会影响其吸色性能。

着色剂的调配很复杂，通常由涂料厂根据客户提供的样板进行调配，或者由着色经验丰富的涂装技师调整着色材料。

家具产品的色泽受多种因素影响，除了着色剂，木材的质量对色调有很大关系，同一种颜色的着色剂在不同的木材上着色后呈现的颜色不尽相同，在浅色材上着色比在深色材上着色显示的色调会强许多。家具产品的最终颜色取决于木材的本色、着色剂的颜色和透明罩光漆的色泽这几方面。

根据企业使用经验提示，涂装着色所用各类涂料和着色剂最好为同一涂料厂的产品，这样比较“配套”，以保持涂层之间的附着力。

6.9 家具色彩设计与涂饰方法的关系

6.9.1 木质家具透明涂饰的色彩

木质家具透明涂饰的色彩，无论是单件还是成套家具，传统习惯喜欢采用相同色调，并讲究均匀协调。在色彩明度上，现多数人仍喜欢高明度，部分人偏爱亚光，其趋势是逐渐朝亚光方向发展。现市场家具的色彩，多为仿红木色、柚木色、淡黄色及木材本色（如核桃木、紫檀木、水曲柳等名贵材家具），其次是咸菜色、蟹壳青色、荔子色、栗壳色、咖啡色、天蓝色、浅绿色、桃红色等。由于受到染料品种的限制，木质家具透明涂饰的色彩种类不丰富，仍以传统的暖色调为主，冷色调的较少见，有待探索与创造，以丰富木质家具透明涂饰的色彩。

这类方法主要用于实木家具、贴木皮的家具或者一些实木拼板的零部件。总之，面层材料为天然木材的纹理和质地，通过透明涂装突出木纹的真实感和美丽的花纹，突显木材的珍贵。

6.9.2 木质家具不透明涂饰的色彩

木质家具不透明涂饰的色彩繁多，由于色彩不受木材材质及材色的影响，可以利用各种色彩的色漆任意调配，可谓应有尽有。

较流行的色彩有天蓝色、浅紫色、翠绿色、粉红色、枣红色、蓝闪光色、绿闪光色、枣红闪光色、仿大理石色等。现市场上的刨花板与中纤板家具以及材质较差的实木家具表面多采用各种贴面材料（各色装饰板与装饰纸）进行装饰。

贴面材料表面很多是仿各种名贵木材（如柏木、檀木、花梨木、樱桃木、杨木、水曲柳等）的花纹及色彩，且很逼真，有的真假难辨；也有的印制各色优美的天然或设计的彩色图案。总之，不透明木质家具表面涂饰或贴面的色彩与图案种类繁多，且暖色与冷色并重，较为开放，完全能满足各种使用要求。

木质家具不透明涂饰可采用对比色进行装饰，以减少同一色彩装饰的单调感。使用对比色须注意“大调和、小对比”的原则，即大色块强调均匀协调，小色块跟大色块讲究对比。也就是说，总体上强调协调，有重点形成对比，以使整体色彩既协调又有变化，富有生动活泼感，可获得更好的装饰效果。

思考题：

（1）涂装与色彩有什么样的关系？

（2）木质家具的着色涂装主要考虑哪几个方面的因素？着色工艺是什么？应该注意些什么问题？

（3）全世界自制国际标准色的国家有几个？其代表的机构各是谁？其标准色体系各有什么特点？

（4）家具的色彩设计与涂饰方法之间有什么关系？

第7章　涂装质量检验标准

学习目标：涂装的总体标准、外观质量标准、油漆质量检验标准等；常见涂装缺陷与防治方法；色板的制作与管理；油漆线的质量标准等。

知识要点：涂装质量检验标准以及缺陷预防与处理。

学习难点：各种涂装质量检验标准。

7.1　质量检验标准

7.1.1　涂装的总体标准

（1）产品涂装的表面必须尽可能做到没有瑕疵，并力争在如下方面做到最好：木料及薄片的选取，加工技术，砂光和打磨，特别重要的部位在面板、抽屉及门的油漆。

（2）外露的涂装表面在正常的灯光条件下出现不正常或不规则的缺陷：

① 面漆下有灰尘，泥或其他微粒；

② 薄片开裂、拼接不密、重叠及胶水印；

③ 流漆、脱漆、橘皮；

④ 拼板木材颜色差异过大；

⑤ 明显的修补不良；

⑥ 表面粗糙。

（3）外露的表面颜色必须保证统一，无论是单独一件不同位置相比较或是整个系统相比较都要求颜色统一。

（4）实木中间板、边框、封边条或PU条的颜色都必须要同周边的颜色相互协调。

（5）产品的涂装亮度要求无论在每一件还是整个系统都要做到统一。

（6）饰条要求：

① 涂装要求和整体外观风格统一；

② 饰条整齐，没有变形、污点、白斑等；

③ 饰条应该装在限定的范围内。

（7）破坏处理、牛尾及布印要求所使用的手法和整体浑然一体。

（8）修色对比卡的使用要求避免出现双色风格。

（9）装饰部件（PU、雕刻）要求和木材表面的颜色、亮度及油漆的透明感相吻合。

（10）大理石组件要求不能有明显的表面异常（开裂、刮伤、斑点、蚂蚁路等）。

（11）涂装的五金和合页颜色要求同周边颜色协调并符合设计思想。

（12）电镀及修饰的五金要求不能出现诸如橘皮、起毛、开裂、不均匀的颜色、斑点污、污点和锋利的边角等。

（13）镜框的镜槽上色均匀以免因为镜子的反射而让消费者看到不均匀的部分。

（14）抽屉和门的框边、遮光条、板边和企柱如果是外露的，就必须涂装，并和周边外部颜色协调。

（15）床尾要求正反涂装一致。

（16）床头板的背面不要求涂装，但须背色均匀且与涂装的色系协调（雪橇床正反要求涂装一致）。

（17）车件要求光滑，且全部涂装，并同周边的颜色效果协调。

（18）白身的修补不能过于明显。

7.1.2　外观的总体标准

（1）外观表面必须可以提升产品的整体外观质量，在正常使用的情况下，消费者最常接触到的位置的表面必须是光滑无缺陷的。

（2）消费者最常使用到或可能看到的部位必须完整涂装。

（3）所有外露的表面必须没有明显的碰划伤（如拖痕、撕裂、横砂等）。

（4）涂装的不良修整必须使整修效果和外观相协调。

（5）任何零部件的变形程度应为每米不得超过2.67mm。

（6）柜类的产品要求组装后水平误差在±1.5mm之间，并且要求上视对角线误差在±3mm之间。

（7）柜类产品面板突出量须控制在1.5mm。

（8）门、抽屉、面板及底座的饰条要求平整、顺滑，并且连接处无裂缝。

（9）脚座框必须置于柜子的正中部位，并控制突出量一致，允许误差在±1.5mm。

（10）顶冠前饰条必须能够完全盖住侧面饰条的端面。

（11）柜子前面和后面的饰条的水平误差控制在1.5mm内。

（12）顶冠必须完全盖住侧面饰条，其突出量误差为0～0.8mm

（13）隔间用的书柜或音响柜左右两边顶冠必须处于同一直线。

（14）嵌入的材料（如玻璃、大理石），要求正确置于中间，线条要对准成一条直线。沿边缘的最大缝隙为1.5mm，并且周边不可有透光的缝隙。

（15）所有层板的水平要求为小于1.5mm。

（16）柜子前面外露的连接点要求接合紧密，不可使接口处的缝隙超过0.4mm，除非客户接受缝隙处做开槽处理，如此则开槽的规格最大为1mm×1mm的通直U型槽。

（17）柜子侧面的接合点的缝隙不得超过0.8mm。

（18）拉槽或压花线内必须整洁、平滑，无起毛、开裂等，并且在涂装上既不可有涂膜不足又不可有涂料堆积现象。

（19）有薄片封边的面板，边框四周等距。

（20）装饰性的把手与片状五金及装饰性的五金，要求适当得放置在一条直线，并且保证牢固，除非设计上的指明另有要求（悬挂式的五金则在装配上要求对称）。

（21）在外露部位使用的钉针、浪型钉及其他固定物，要求沉入部件或补平（除非设计上有特别的要求）。

7.1.3　抽屉

（1）抽屉前板上的木纹应当安排以保证各个抽屉的木纹呈水平方向平行，特殊要求除外。

（2）抽屉要抽拉顺畅，不可晃动。

（3）内缩式抽屉与柜边必须有一个均匀的缝隙，范围在1.5～2.5mm。

（4）内缩式抽屉的后挡片必须安装得能让抽屉在关闭抽头内缩齐平，且所有抽屉保持一致。

（5）抽屉的上边缘必须齐平。

（6）PB 板及 MDF 板的抽屉前板的边缘要求封边，完整涂装。

（7）抽滑轨的部件必须安装准确及牢固平直，以确保抽屉的自如。

（8）使用金属抽滑轨时，在抽屉滑轨尾处至少用 2 个“U”型钉固定在抽后板，在抽前位置用一个螺丝或一个“U”型钉固定，滑轨两侧用两块三角木固定。

（9）使用木滑轨须知：

① 没有节疤或其他缺陷；② 安装前须上蜡；③ 置于抽屉的底板中间。

（10）导轨同柜子框架连接固定时要用螺丝并上胶。

7. 1. 4　门

（1）外盖式的门，门背与框的间隙应力求密合，其可接受的范围为 1. 5mm。

（2）相邻的两扇门之间的边缘都要在水平的位置上，误差不能超过 1. 8mm。

（3）内缩式的门必须保持与边框缝隙维持均匀，其间隙均匀控制在 4 ~ 8mm。

（4）门必须能紧密关闭，无论是上沿或下沿。

（5）抽拉式的门必须使用挡片，以免在正常使用中出现损坏。

（6）抽拉式的门的滑轨和导轨须在一条直线上，且能自如得滑动。

（7）门上的涂装不可因为拉进拉出而碰掉油漆。

（8）门须能开合到最大程度，且要保持与框体齐平而不出现内缩或外突现象。

（9）一个柜子如果既有内缩也有外盖式的门，则所有门的边缘都必须成一条直线。

（10）嵌入式门板的门肚板边缘须预着色，以免以后伸缩或松动而造成露白现象。

（11）活页的螺丝必须安装好，以免螺丝头突出而挤碎了门板企柱。

（12）活页所使用的螺丝必须齐平，螺丝头保证没有锋利的尖角外露。

（13）活页必须同整个柜子的颜色协调，污损的活页为不接受，除非设计上另有要求。

（14）活页不允许弯折或过多得翘起，使门无法保持在一条直线上。不允许以折弯活页的方式调整门以保持门的齐平。

（15）活页的轴突出在门外位置的多少要整齐如一。

7. 1. 5　内部要求

（1）内部部件不得在涂装的颜色下面留有灰尘、污渍、glaze 残留痕迹。

（2）抽屉部件必须没有胶水痕迹和污点、喷涂过度及砂光残留物。

（3）抽屉的内面必须没有碎片、锋利的突出物、毛刺、胶水痕迹、焦黑及喷涂过度的现象。

（4）抽屉的燕尾榫接合必须紧密并且没有突出的边缘。

（5）饰条和贴板必须由背面打钉，如果部件的钉针要打在外露的表面，打上去后应当手感顺滑或填平钉孔。

（6）背板的固定不能出现翘起或波纹状。

（7）门夹扣和活页必须没有多余的涂料残留。

（8）固定门玻璃的塑料压条必须安装整齐、牢固、长度适当，接头处密缝。

7. 1. 6　结构标准

（1）柜子在结构中最少需用到 4 块三角支撑木，当柜子高度超过 1 219mm 时，最少使用 6

块以达到所需的更大的支撑力量。

（2）音响柜放置TV的必须使用增加一后上横或中间的隔板且增加三角支撑木，以确保层板的支撑强度。

（3）宽度超过711mm的柜子结构上必须设计成用一根中立文件支撑或相类似结构，除非设计上另有要求。

（4）柜子的长度超过1 778mm必须使用一支中脚，起支撑作用。

（5）柜子所有脚应装有脚垫。

（6）连接上下座的五金须附于上座包装内。

（7）45°接口处打型要齐平。

（8）三角木和连接木组立时必须上胶，并用螺丝或打钉固定。

7.1.7 材料标准

（1）材料要求没有影响质量和涂装效果的缺陷。

（2）实木部分要完全干燥，木材含水率降低到8% ~12%，特殊要求除外。

（3）装入家具中的电器设备和部件必须通过UL及CSA标准。

（4）木头或薄片外露部分必须用无毒物质喷涂，如：面漆。

（5）层玻或侧玻必须边角光滑，无划伤、水泡。

7.1.8 油漆质量检验标准

（1）所有表面不可有剥漆、起泡、龟裂或橘皮现象。

（2）油漆必须均一，无浮色或白化。

（3）端部纹理必须能够显现，且感觉为经过均匀涂装的平滑面。

（4）涂装表面不可有能以手感觉出或以区域（ZONE）评定法观察到的凹痕、抓伤、擦伤等。

（5）以区域评定法可察觉的砂痕为不允许。

（6）以区域评定法可察觉的流油为不允许。

（7）在整件仿古涂装表面上喷（黑）点必须分布均匀，斑点直径若超过2.5mm为不允许，在某一位置若斑点过于密集为不允许。

（8）仿古打点必须分布良好，但并非均匀一致且不是过度布满整个表面。

（9）涂装的颜色及光泽在整件家具的各分件间或整组家具的各件间必须一致，且须与色板契合。

（10）家具的内部不可有木屑、过多的灰尘或任何其他异物。

（11）涂装表面不可有指印、灰尘、线头或其他任何异物。

（12）涂装的整修作业，例如电补、修补，必须均匀相似，且与邻近区域相吻合，此类维修必须无法以区域评定法观察到或以手触摸感觉到。

（13）五金配件不可有电镀脱落、变色（除非指定），铁锈堆积，过度擦伤。

（14）抽斗内部的溢胶为不允许。

7.2 涂装常见问题与解决方法

无论对实木家具还是板式家具的企业来说，涂装都是家具产品中最重要的一项主要增值活动。然而涂装的缺陷是家具产品各类缺陷中种类最多，也最难以解决的。产品质量的大部分问题、工期延误以及成本上升都容易出在油漆工段，而此工序的增值率也往往占到整个加工的22%左右，仅次于增值率为54%左右的机械加工工序。

下面将涂装中出现的常见缺陷进行归类，共为十二个方面，并将解决这些问题的方法通过集思广益，加上自己的总结归纳到一起，供家具企业参考。由于经验和收集的渠道有限，也许方法并不完整或有偏差，敬请谅解和指正。

7.2.1 缺陷之一——白化或发白（Blushing）

（1）症状 产品在面漆加工后，涂层表面呈现出白雾症状。

（2）症状的根源

① 空气的相对湿度在80%以上时，特别在阴雨潮湿天气最为常见；

② 稀释剂挥发速度太快或稀释剂含有水分；

③ 涂层表面潮湿、受到污染，没有清除干净；

④ 压缩空气中含有水分。

（3）解决方法

① 在涂装区加强空气除湿功能，降低相对湿度；

② 加强涂装线的烘房高温强制性干燥，降低湿度对涂装的影响；

③ 过滤压缩空气并定时进行排水处理，以杜绝水分通过喷枪直接污染物面；

④ 选择与季节性相适应的稀释剂，如冬季型和夏季型的；

⑤ 相对湿度高时，应适量地防白水，如不超过3%的BCS，并避免厚涂；

⑥ 涂料和容器避免放在潮湿的场所，防止受污染。

7.2.2 缺陷之二——针孔（Pinhole）

（1）症状 在喷涂底漆或面漆后，涂层表面呈现出密密麻麻的小孔症状。

（2）症状的根源

① 涂料黏度过高过稠或一次性喷涂过多过厚，致使内部的溶剂无法挥发；

② 物体砂光不良或木材含水率过高；

③ 前一道涂层干燥不彻底，而下一道涂层干燥又过快；

④ 用了过期或变质的涂料；

⑤ 烘房的温度过高或与烘房外的温度差异大；

⑥ 使用错误或变质的稀释剂；

⑦ 双组分涂料的硬化剂添加过多。

（3）解决方法

① 加强物体砂光质量；

② 检查木材含水率是否在10%以下；

③ 检查涂料是否过期或变质；

④ 检查稀释剂是否用错或变质；

⑤ 使用双组分涂料时，务必按标准配方操作；

⑥ 多次喷涂时，涂层之间的干燥时间要充分；

⑦ 涂料的黏度调整至适当程度；

⑧ 高温干燥前，务必让涂料内的溶剂有充分挥发的时间；

⑨ 烘房内外的温度差异不要太大；

⑩ 已有针孔的产品在再涂前，须彻底研磨。

7.2.3 缺陷之三——气泡（Bubbles）

（1）症状　涂层表面呈现出一个个大小不一的气泡。

（2）症状的根源

① 涂料的黏度过高或一次性喷涂过多；

② 烘房的内外温差过大或烘房的温度太高；

③ 导管深的木制品没有良好的填充，如 OAK（柞木）、ASH（水曲柳）等；

④ 稀释剂的挥发速度太快；

⑤ 多次喷涂时，底层没有充分干燥就连续喷涂；

⑥ 空气压缩机中的空气压力过大；

⑦ 空气压缩机的空气里含有水分；

⑧ 木材的含水率太高。

（3）解决方法

① 调整涂料的黏度至适当，喷涂时按标准作业，不可一次性厚涂；

② 调整烘房温度至适当范围内，一般在 35～50℃；

③ 加强木材导管的填充；

④ 调换与季节气候相适应的稀释剂；

⑤ 多次喷涂时，加强底层的干燥时间；

⑥ 调整压缩空气的压力至标准范围内；

⑦ 过滤空气压缩气，空气压缩机要定时放水；

⑧ 测试木材含水率，并控制在 10% 以下；

⑨ 已有气泡的产品，在回修再涂前须经仔细研磨。

7.2.4 缺陷之四——鱼眼（Fisheye）

（1）症状　面漆喷涂时，涂层表面出现一粒粒凹凸不平类似鱼眼的麻点。

（2）症状的根源

① 产品表面黏有油或蜡等；

② 涂料中含有油或蜡等；

③ 涂装线的环境被污染，空气中含有油或蜡等；

④ 使用了被污染了的抹布；

⑤ 使用了过期或变质的涂料；

⑥ 空气压缩气里有水或油。

（3）解决方法

① 产品在涂装前，用甲苯（Toluene）、二甲苯（Xylene）或丙酮（Acetone）等稀释剂清理表面；

② 检查涂料如被污染，立即更换；

③ 清查并排除油漆线范围内的污染源，如黄油、蜡或已被污染的手、容器、衣物和碎布等；

④ 过滤空气压缩气，压缩机定时排水；

⑤ 涂装线范围内应充分通风排气，减轻空气污染的可能性；

⑥ 检查涂料品质，拒绝使用过期或已变质的涂料；
⑦ 鱼眼发生时，应立即停线，清理现场并在涂料中添加不超过3%的流平剂；
⑧ 已有鱼眼的产品，在返工前应彻底砂光。

7.2.5 缺陷之五——橘皮（Orange peel）

（1）症状 涂膜表面呈现出类似橘子皮的皱纹。
（2）症状的根源
① 涂料的黏度过高或一次性喷涂过多；
② 稀释剂挥发快，使涂料成膜块而不能及时流平；
③ 压缩空气的压力不够，涂料不能成雾状；
④ 涂料使用前没有充分搅拌，涂料与稀释剂没有充分混合溶解；
⑤ 使用了过期或变质的涂料；
⑥ 现场和烘房温度太高；
⑦ 涂料喷涂后，风干过于强烈；
⑧ 涂层之间的研磨不良。
（3）解决方法
① 调整涂料的黏度，并减少一次性喷涂量；
② 调换与季节性气候相适应的稀释剂；
③ 调整压缩空气的压力至标准范围内；
④ 涂料在使用前须经过充分搅拌，促使涂料与溶剂之间能充分混合，增加涂料流平性；
⑤ 确认涂料过期或变质后，应立即更换；
⑥ 调整烘房温度至35~50℃，并增加通风设备，改善现场温度；
⑦ 端正喷枪手的不良习惯和操作手法；
⑧ 涂层之间的研磨要平滑；
⑨ 多次喷涂时，要确保底层涂料充分干燥；
⑩ 已有橘皮的产品，在返工前须研磨平滑。

7.2.6 缺陷之六——砂纸痕（Sanding scratch）

（1）症状 涂层表面呈现出一道道类似人的皮肤被抓伤的痕迹。
（2）症状的根源
① 在白身砂光时，操作不当或逆木材纹理纵向砂光；
② 使用过粗的砂光材料，如砂纸、砂布或丝瓜等；
③ 涂层砂光时，涂膜没有彻底干燥或使用了过粗的砂纸；
④ 两液型涂料在使用时，硬化剂添加量不够；
⑤ 使用了过期或变质的涂料；
⑥ 稀释剂添加过量或挥发速度太慢。
（3）解决方法
① 选用适当的砂纸，按照由粗到细的砂纸使用规则进行操作；
② 砂光时，应按木材纹理顺方向操作；
③ 涂层砂光时，涂膜应完全干燥，喷涂前，应清理表面的灰尘；
④ 涂层砂光时，在不同的工序应使用不同番号的砂纸；

⑤ 两液型涂料在使用时，应按标准比例调配；

⑥ 检查涂料的制造日期，是否过期或变质；

⑦ 使用与季节性气候相适应的稀释剂；

⑧ 控制涂料的使用黏度，不可过低或过高。

7.2.7 缺陷之七——油漆流挂或流油（Sealer/Lacquer runs/Sages）

（1）症状 由于一次性喷涂过多或操作不当，造成涂膜成流动状，严重时成垂帘状，主要在侧面操作时容易发生。

（2）症状的根源

① 一次性喷涂过多；

② 涂料中添加了过多的慢干剂，造成涂料过稀或过于慢干；

③ 喷涂时，操作角度和距离不对，使涂料涂不均匀；

④ 喷枪保养不良，喷针孔道被堵塞或过于磨损，造成喷出的图形不均；

⑤ 空气压力不够或忽高忽低，使涂料喷涂流量无法控制与空气压力成正比例，造成喷涂不均；

⑥ 作业现场相对湿度太高，温度过低，造成涂料干燥过慢，涂料流动力度失调。

（3）解决方法

① 调整喷涂量，特别侧面操作时，不可一次性喷涂过厚；

② 根据季节性气候，选用配套的稀释剂，并控制调配比例和干燥速度；

③ 纠正操作手法，一切按作业标准操作；

④ 安排专人保养喷涂工具，确保工具的良好作业状态；

⑤ 添加压缩空气储存装置，控制并固定空气压缩力度在5kg，以便于控制油漆喷流量与气压成比例；

⑥ 控制作业现场的相对湿度，添加强制性烘干装置，缩短干燥时间，减少季节性气候对作业的影响力度。

7.2.8 缺陷之八——回黏（Sticking）

（1）症状 产品在包装后，涂层面有包装材料的黏附痕迹。

（2）症状的根源

① 涂料中的慢干剂添加过多；

② 双组分涂料中硬化剂添加不够；

③ 涂层表面被污染；

④ 空气相对湿度过高，添加过多的防白水（BCS）；

⑤ 涂料的硬度不够；

⑥ 多层喷涂时，底层干燥不彻底即进行上涂；

⑦ 包装前，涂层没有完全干燥；

⑧ 使用了品质不良的涂料；

⑨ 混合使用了不同性质的涂料。

（3）解决方法

① 选择与季节性气候相适用的添加剂；

② 双组分涂料应按标准量添加硬化剂；

③ 保持工作场所的清洁明亮，通风干燥；
④ 防白水添加量不要超过 5%；
⑤ 调整涂料黏度；
⑥ 多层喷涂时，要确保涂层间干燥彻底；
⑦ 选择硬度得当的涂料；
⑧ 检查涂料的品质是否优良；
⑨ 包装前，确保涂料已完全干燥至可包装的程度；
⑩ 不同性质的涂料不可混合使用。

7.2.9 缺陷之九——光泽不均匀（Uneven gloss）

（1）症状　涂层表面的光泽呈现不均匀。
（2）症状的根源
① 喷枪手操作不当，喷射幅度重叠相接不均匀；
② 喷嘴的气孔或漆孔被异物堵住，造成喷涂幅度大小不一；
③ 涂料的黏度过高；
④ 烘房的温度过高，干燥速度过快，造成涂层干燥前没充分流平；
⑤ 喷枪的喷射距离过远或干喷；
⑥ 涂料本身的流平性不好；
⑦ 压缩空气的压力过高，造成涂料喷射不均匀。
（3）解决方法
① 按作业标准操作，喷射幅度重叠相接要均匀；
② 清洗保养喷枪，保持喷枪在最佳作业状态；
③ 调整涂料的黏度；
④ 控制烘房温度在 35 ~ 45℃；
⑤ 调整作业距离，保持喷涂均匀的作业标准；
⑥ 在涂料中添加适量（约 1%）的流平剂；
⑦ 调整空气压力，控制在标准压力之内。

7.2.10 缺陷之十——抓漆（Clawing）

（1）症状　涂层表面出现类似皮肤被抓伤的痕迹，多数出现在两液型涂料操作系统上。
（2）症状的根源
① 涂料的硬化剂添加量不够，造成涂料硬度不够或涂层无法完全干燥；
② 不同性质的涂料组合不当，上层的涂料稀释剂溶解力过强或在 NC 涂层上涂不了 PU/AC 系统涂料，因而把底层涂膜抓伤；
③ 在高温情况下，一次性喷涂过量，使涂层无法彻底干燥，进行上涂时又强制性干燥；
④ 使用了品质不良的涂料或涂料已被污染；
⑤ 涂料的黏度过稠；
⑥ 涂料的硬化剂储存时间过长已变质。
（3）解决方法
① 多液型涂料的配比要按标准量添加，使用前应充分搅拌；
② 选择性质相通的涂料和溶剂进行组合，并且按标准作业；

③ 控制烘房温度在 35 ~45℃，避免在异常高温下涂装；
④ 杜绝一次性喷涂过量，并且涂层间应充分干燥；
⑤ 检查涂料品质，并更换已有问题的涂料；
⑥ 调整涂料黏度；
⑦ 保持作业场所的清洁通风，避免污染；
⑧ 检查硬化剂的使用期，避免使用过期的涂料。

7.2.11 缺陷之十一——粗糙涂装（Seediness）

（1）症状　涂膜的手感和视感粗糙，严重时涂层表面呈现出砂粒状。
（2）症状的根源
① 涂料的黏度过高；
② 稀释剂的挥发速度过快；
③ 工作场所的灰尘污染或产品喷涂前没有清洁干净；
④ 多液型涂料中的硬化剂添加过多或使用前未充分搅拌均匀；
⑤ 使用了过期的涂料；
⑥ 涂料使用前未充分搅拌或过滤；
⑦ 使用了溶解力差的溶剂，涂料无法得到充分的溶解；
⑧ 超喷（Over spray）时，漆雾污染了涂膜。
（3）解决方法
① 调配时，注意按季节性比例配比；
② 选择与季节性气候相适应的挥发性溶剂；
③ 及时清理现场的环境，喷涂时产品和喷漆房达到绝尘状态；
④ PU/PE 型涂料使用时，应按比例调配，使用前应搅拌均匀；
⑤ 检查涂料的储存期，及时变更变质的涂料；
⑥ 选择与涂料相溶的稀释剂；
⑦ 涂料使用前应充分搅拌；
⑧ 及时纠正喷涂手法，尽量避免超喷现象。

7.2.12 缺陷之十二——龟裂（Cracking/checking）

（1）症状　指涂层表面出现类似乌龟背上纹路的不规则裂痕。
（2）症状的根源
① 木材的含水率过高；
② 一次性喷涂量过多或黏度过高；
③ 多次喷涂时，底层涂料未充分干燥即进行另一道喷涂；
④ 多液型涂料的硬化剂添加过量；
⑤ 混合使用了不同性质的涂料；
⑥ 涂料本身的品质不良；
⑦ 涂料中的颜料或粉质过量；
⑧ 使用了错误或次品的稀释剂。
（3）解决方法
① 测试木材的含水率是否超过 14%；

② 涂料一次性喷涂要适量均匀，调配时注意季节性比例；
③ PU/PE 型涂料的硬化剂注意按比例调配；
④ 多种涂料混合使用时，选择性质相溶的涂料；
⑤ 检查涂料的储存期或是否变质；
⑥ 测试涂料的粉质含量或更换涂料；
⑦ 测试稀释剂的品质及与涂料的相溶性；
⑧ 多层次喷涂时，应注意层次间的干燥程度。

7.3 油漆颜色管理办法

色板是家具企业涂装工艺的质量标准，是决定产品附加值的重要因素。板式家具和实木家具经过几十道工序之后，质量能否达到客户和消费者的要求，色板的制作和管理起了决定性的作用。然而，大多数企业在色板的制作和管理方面都比较粗放，造成涂装工序的大量返工，由于色差造成的退货以及由于色板的缺失而造成补件重新制作色板等原因，都造成大量人力、物力和时间的浪费。因此，研究和学习色板的制作和管理对提高企业经济效益和市场的占有率、建立客户的信心、提高企业管理水平具有重要的意义和作用。

7.3.1 色板的来源与制作

7.3.1.1 原始色板

原始色板一般来说由客户提供，它或许是一个橱柜的门、一块桌面、一个抽屉头或一片有涂装的木板，基本上它是我们要发展的新颜色的最原始样本。

7.3.1.2 主色板

（1）业务部收到客户提供的原始色板并完成登记后，应随即交油漆顾问复制主色板提供客户确认。

（2）主色板往往由 MDF 板与底薄片再加上一条 500mm × 50mm × 25mm 四面刨光带两边倒角的实木结合而成，如果有两种以上（含两种）薄片时，须另外专门准备色板素材。

（3）油漆技师在复制主色板时，应参考家具公司相关油漆线的特性与限制设计油漆步骤。在完成复制主色板的同时，应正确记录各步骤的油漆配方，涂装工程应注意要诀以及留存原始样品等，供日后生产时参考。

（4）复制主色板一式四片，其中一片由客户留存，三片由客户签署确认后交品质保证部及油漆顾问保存。

（5）主色板复制完成后，应加黑色西卡纸封面以利保存。背面贴标签并注明型号、签认者及日期。

7.3.1.3 主色样柜

打样品由油漆主管依原始色板或主色板制作，并经客户签字确认，供日后生产色板及生产核对用，批量生产后由质量管理者保管。

7.3.1.4 生产步骤色板

（1）生产步骤色板其尺寸标准化制定为 500mm × 500mm × 15mm，由拼花面薄片、MDF 板与底薄片再加一条 500mm × 50mm × 25mm 四面刨光带两边倒角的实木结合而成。

（2）在色板制作时须在每道程序间隔 20 ~ 25min，其程序应包括白坯—素材调整（修红）—不起毛着色剂/吐纳（底色）—格丽斯（仿古漆）—底漆—面漆。

（3）油漆技师应于产前样品涂装前 7 天完成生产步骤色板的复制，并完成经品质保证部及 ATS 和该中心最高主管会签确认等工作。

（4）油漆技师在完成生产步骤色板的复制的同时，应再次留存调漆配比表，调漆用样品漆（Production Wet Retain）注明产品型号、油漆类别及日期，供日后调漆时对比颜色用。

（5）生产步骤色板复制完成后，背面贴标签并注明客户名称、型号、签认者、日期、涂装流程，封面应加黑色西卡纸以利保存。

（6）生产步骤色板和调漆用样品漆其有效期为 6 个月，白洗色为 3 个月，逾期应更新。

7.3.1.5　生产用色样柜

试作或试跑时选取或经整理后由品质保证部或客人确认，供生产时用。其数量如下：床头或床尾 3 件。也就是希望床线有柜子可对，柜线有床可对。确保不同生产线的颜色及质量能互相搭配。此类生产色样柜由品质保证部保管。

7.3.2　调漆室颜色管理

（1）油漆线可取用产品配件，如抽屉，制作临时分层色板，临时分层色板应置于底色一、底色二、底色三、仿古漆、面修色等处供对色用，生产色样柜可供布印及面漆比对用。

（2）临时分层色板应与生产步骤色板比对，无误后由油漆线、品保、油漆制造企业人员会签时使用，并于尾数时连同产品一起油漆掉。

（3）为控制油漆颜色稳定，油漆线品管每小时应于底色一、底色二、底色三、仿古漆、面修色等处对色，并填写涂装线对色会签单。

（4）油漆线应予适当地点设置补色区（面漆前或面漆后），对局部色差进行补色。

（5）各油漆线须每小时在对色区对色一次。

（6）每批生产留样供下批生产比对，且于下次新批量生产时可以整理出货，如床头柜，床尾，餐桌等就可以发走。因此，请生产管理主管在第一次生产时就要将此样品的生产数量和品种加入生产计划中。

7.3.3　色板分发保管及更新

（1）品质保证部负责主色板及生产步骤色板的分发保管更新。

（2）发出及保管的色板应登记列管。

（3）品质保证部通知油漆制造企业需更新色板系列，由油漆企业的技术人员制作新色板。

（4）品质保证部应定期通告色板更新状况，内容包括色别、适用产品（群）、签认者及签认日期，以防止过期失效色板被误用。

（5）过期的色板应回收注销。

（6）重新复制色板前各单位须送一套产品至对色室对色。

（7）生产步骤色板经签认后交品质保证部进行统一包装、编号、分发。

（8）色板制作材料由品质保证部请购提供。

7.3.4　经过签认的主色板由品质保证部分发到相关管理层

（1）生产色板须由各单位车间主任或以上级主管签收。

（2）在签收同时将所有旧色板回收交品质保证部保管。

（3）各单位不得使用过期或受污染色板。

（4）各单位须制定适当的色板保管程序，确保色板的完整。

（5）各单位如需借用色板或生产色样柜，必须办理借用登记手续。

7.4 油漆线的标准

（1）色差

① 原则上遵照色板制作，制作过程中不可以更换色板，以免造成许多色差。

② 颜色的标准，一般颜色要均匀一致，不可有污痕及不柔和感觉。

③ 桌面一般颜色稍深可接受，床、柜子及椅子一般可以略偏浅。

（2）漆膜厚度

① 一般一道湿膜厚约 0.2 ~0.25mm，干膜厚约是湿膜的 1/3。

② 外观观感要有油润感，不可有枯竭、不饱满的感觉，手可触及处或目视可及处，不可有粗糙情形。

（3）光泽度一般为 ±10°。

（4）烘房温度一般为 45℃，应定时跟踪和查看记录。

（5）不可有凹孔、针孔等缺点。

（6）不可有水印、胶印等不洁物，水印在白身时要砂除，胶印也应砂除或将颜色修补好。

（7）打布印时要均匀柔和，不可有颜色深浅、很大的块状或污痕，更不可用擦拭的方法作业，也必须经过砂磨再作业。

（8）不可有发白（白化）情形。

（9）不可有流漆及拼板胶线痕迹，原则上视距 1.5m 可看见者均不允许。

（10）拼花/拼板色差，颜色要柔和，不可看出有深浅不同的色差，油漆前最好能先作事前素材调整。

（11）补土痕在 1.5m 处可看见时应修补。

（12）逆砂痕着色后看得出来不允许。

（13）砂光一般标准为素材表面有起毛情形不可涂装，油漆后以不可有粗糙及污黑痕迹为原则。

（14）不可有底色喷太湿从导管渗出或仿古漆渗出开花的污痕。

（15）薄片不可有砂穿情形，涂装后看得出薄片砂穿痕，也不可接受。

（16）沟槽的砂光不可有粗糙起毛情形，以免涂装后造成粗糙及污黑的情形。

（17）桌面漆膜不可太厚，以免以后油漆收缩或造成龟裂，一般喷面漆允许 PU 来回三道，NC 来回一道。

思考题：

（1）油漆一般有哪些缺陷？不同的缺陷如何去防治？

（2）家具企业的色板有什么重要性？如何做好色板的制作、保管和发放？

（3）油漆质量应该从哪几个方面去检验？各自的检验标准是什么？

第8章　案例教学——某家具企业油漆车间实习研究报告

学习目标：通过案例学习，掌握到家具企业实践学习的方法和路径，并培养发现问题、分析问题、研究问题和解决问题的能力。

知识要点：涂装车间的基本知识与工艺。

学习难点：涂料车间的布局、工艺和管理问题。

以下这个案例，是笔者指导的家具工艺的学生在毕业实习阶段，在某家具企业油漆车间实习和研究的一个总结。经过老师的任务设置、方法传授、思路开拓，通过3个月在6个不同车间的学习和总结，已经初步培养了学生去企业学习的方法、路径和研究能力。他们每个人都通过在6个车间巡回实习，对企业的基本生产情况、工艺技术、加工设备、管理现状有了初步的认识，然后总结提炼。他们写的报告，尽管还有很多不足，认识也不是很深刻，但依然培养和提升了家具专业的学生如何在实践中培养发现问题、观察问题和解决问题的能力，同时掌握了一些关键的工艺技术，并从管理的角度学会分析问题，从而培养了学生的综合素质，使他们毕业之前就能熟悉企业，毕业后愿意去企业，同时工作后又能快速适应企业并能在企业生存，满足了企业对专业人才以及复合型人才的需要。

在学生去企业之前，笔者都会安排学生查阅一些资料，给他们每个人或每个组确定一个研究方向，并给出具体的要求，包括文字格式，内容的基本框架，做到的程度以及配套的PPT，要求图文并茂，用案例说明观点和问题，用数据说明程度，从而培养他们的思维习惯和研究能力，为以后在企业做技术或管理奠定基础。

以下就是该报告的所有内容。

8.1　油漆车间概况

经过3个组对油漆车间的调查，大家都对油漆车间——一个实木家具公司的命脉有所认识。通过几个组的共同努力，对油漆车间进行了一些数据的研究和调查。以下就是调研报告。

油漆车间是关系产品质量的一个重要车间，是一个工厂命脉。油漆的作用主要是对板件和木材进行一个保护和装饰的作用，防止木材和板件吸水变形，还增加产品的美观效果。油漆车间现有人数81人，车间总面积为7 547.15m^2。车间主要以手工操作为主，有2台窄带砂光机，1台宽带砂光机。车间内半成品的摆放比较乱，是影响工作效率的一个重要原因。打磨区的灰尘大，是打磨工人流失的一个很大原因。里面的操作环境混乱，工作效率有待提高。

8.2　油漆车间生产流程

油漆车间的流程如图8－1所示，具体的工艺在后面再详细介绍。

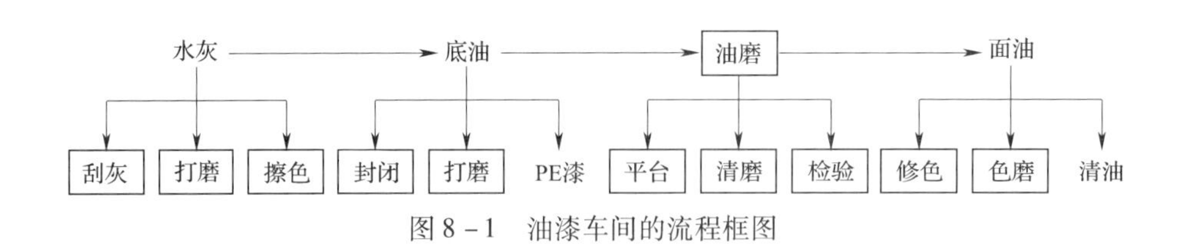

图 8－1　油漆车间的流程框图

8.3　油漆车间各工序介绍

8.3.1　白坯检验

（1）检查白坯有无划伤、起泡，实木封边有无开裂现象。

（2）用 180#砂纸打磨，去除木毛、木刺，提高板面平整度，便于下个工序加工。

8.3.2　抹底得宝

作为头道底漆使用，直接涂布于白坯上，干后轻磨，能有效清除木刺，提高涂层表面的装饰效果，阻隔木材中剩余水分及挥发性物质向外扩散，减缓木材的吸湿、散湿和变形，防止起泡。该工序如图 8－2 所示。

图 8－2　抹底得宝

8.3.3　刮水灰

水灰填充于木眼内，填充木材导管并增加木材纹理鲜明度，增强木纹立体感，同时达到填充与着色两种功能；填充加工过程中的钉口等不平整部位，若水灰填充打底做得好，可节省底漆与面漆的喷涂次数，节约油漆用量，使表面涂装做得更好。

灰分别有樱桃灰、黑灰、猪红灰、枫木灰。该工序如图 8－3 所示。其中猪红灰要结合石灰使用。各种灰如图 8－4 至图 8－7 所示。

图 8－3　刮水灰

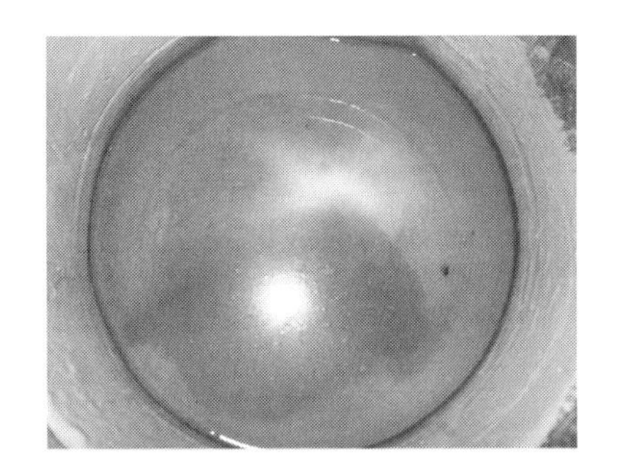

图 8－4　樱桃灰

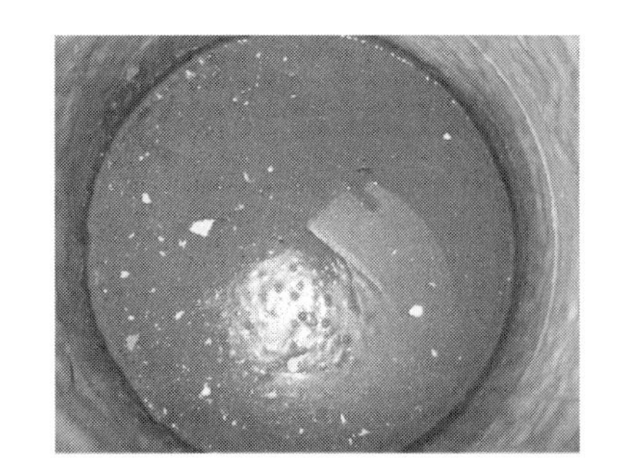

图 8－5　黑灰

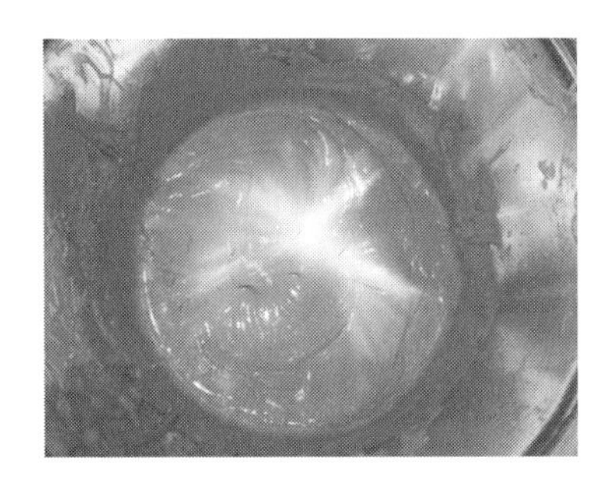

图 8－6　枫木灰

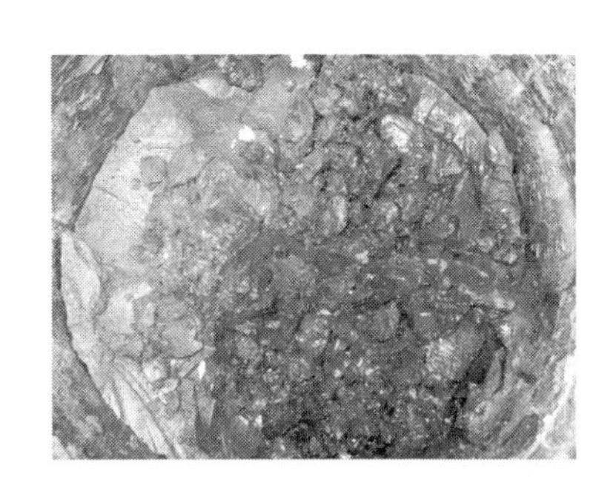

图 8－7　猪红灰

8.3.4　打磨

使涂装表面更加平滑，增加涂膜的手感及提升涂膜美观性，打磨分为人工打磨及机器打磨，当产品部件较小时一般采用人工打磨，当部件较大时采用机器打磨。如图 8－8 和图 8－9 所示。

图 8－8　手工打磨

图 8－9　卧式砂光机打磨

8.3.5　擦色

擦色也称为底着色或者素材着色，是将素材底色调成趋近于色板的颜色，手工涂于产品表面，这是一项至今保留完整的手工工艺。擦色工序区别于直接面着色，它把素材底色巩固于底层，擦色后经过底油与面油的保护，素材颜色不会挥发，保证了产品不褪色，耐用性强。该工序如图 8－10 所示。

8.3.6 喷底得宝封闭

把擦色完整的素材底色封闭于底层，防止上层油漆向木材或底层渗入而产生下陷。

8.3.7 底油喷涂

底漆是使用于颜色涂层和漆面之间的涂料，它含有研磨剂，能起到保护色层的作用。该工序如图 8－11 所示。

图 8－10 擦色

图 8－11 喷底油

8.3.8 底油打磨

喷涂完底漆后在 25～35℃下烘干 6h 后，用 320#～600#砂纸轻磨。

8.3.9 面油喷涂

面油喷涂（修色/罩光油）的技术含量及作业环境要求非常高，面油喷涂要求表面平整，喷涂均匀丰满。面油喷房要求封闭，与打磨车间隔绝，避免灰尘和颗粒物黏于表面。

（1）修色着色　这是整个涂装过程中最后一道着色工序，这道过程必须对照标准色板进行修色，修色可以全面喷涂，也可按实际状况作局部加强修色，一般有棕色、橙啡、酸红、酸枝、琥珀黄等颜色。

（2）罩光油　罩光油是涂装流程的最后一步，是产品最直觉的外观，所以罩光油的涂膜丰满度和透明性是非常重要的。

8.3.10 油漆晾干

产品喷涂完面油后送烘干房，30min 内保持常温，待表面干透后，再将温度升至 35℃左右，养护 16～24h 后可送往成品车间包装。需要注意以下三点：

（1）油漆质量检验（环保油漆）　亮度、硬度均要求达到质量要求。

（2）油漆品牌　易涂宝（德国配方，中国制造）。

（3）油漆质量检验要求　无明显流挂、无针孔、无皱皮、无涨边、无橘皮现象。

8.4 油漆车间的基础数据表（见表 8－1）

表 8－1　　**油漆车间的基础数据表**

序号	工序名称		作业类型	设备名称	设备型号	设备数量	单个设备占地面积/m^2	工作台数量	单个工作台占地面积/m^2	人员配置	单个作业面积/m^2	产地总面积/m^2	主通道宽度/m	区域通道宽度/m
1	水灰	刮灰	手工作业	—	—	—	—	2	2.2×0.9	5	3.9×2.7	94.05	4.08	3
		打磨	设备手工配合作业	打磨机	9045B	8	—	8	1.0×2.0	7	2.8×3.6	429.28		
		擦色	手工作业	抹布	—	—	—	4	2.03×0.88	5	4.5×3.33	95.58		
2	底油	封闭	设备手工配合作业	喷枪、水帘机、砂纸	—	8	—	—	—	8	7.78×4.67（共4间）	825.08		
		打磨	手工作业		—		—	—	—					
		PE漆	设备手工配合作业		—		—	—	—					
3	油磨	平台	设备作业	宽带式砂光机	GOLD	1	2.52×2.44	—	—	23	8.52×9.15	126.27		
			设备作业	宽带式砂光机	JMDD－600	1	1.25×1.28	—	—		4.25×4.28			
			设备作业	卧带式砂布床	MM2215	2	3.3×1.77	—	—		7.70×5.31	139.83		
		清磨	设备手工配合作业	打磨机	9045B	24	—	24	1.93×0.96		4.80×3.30	732.96		
		验收	手工作业	抹布、502胶水、刀片	—	—	—	3	2.45×1.23	5	8.15×2.57	131.2		
4	面油	修色	手工作业	喷枪、水帘机、砂纸	—	8	—	—	—	16	5.00×8.50（共4间）	943.59		
		色磨	手工作业				—	—	—					
		清油	设备手工配合作业	—	—		—	—	—					
5	椅子区		设备手工配合作业	—	—	—	—			15	—	249.92		

续表

序号	工序名称	作业类型	设备名称	设备型号	设备数量	单个设备占地面积/m^2	工作台数量	单个工作台占地面积/m^2	人员配置	单个作业面积/m^2	产地总面积/m^2	主通道宽度/m	区域通道宽度/m
6	底油晾干房	—	—	—	—	—	—	—	—	9.67×11.8（共4间）	456.42	4.08	3
7	面油晾干房	—	—	—	—	—	—	—	—	11.13×13.2（共5间）	734.58		
8	水灰周转区	—	—	—	—	—	—	—	—	—	144.14		
9	油磨周转区1	—	—	—	—	—	—	—	—	—	57.96		
10	油磨周转区2	—	—	—	—	—	—	—	—	—	9.1×12		
	油磨周转区3	—	—	—	—	—	—	—		—	109.2		
	油磨周转区4	—	—	—	—	—	—	—		—	37.8		
	油磨周转区5	—	—	—	—	—	—	—		—	9.1		
	油磨周转区6	—	—	—	—	—	—	—		—	90.52		
	油磨周转区7	—	—	—	—	—	—	—		—	94.35		
11	面油周转区1	—	—	—	—	—	—	—	—	—	33.2		
12	面油周转区2	—	—	—	—	—	—	—	—	—	29.25		
13	面油周转区3	—	—	—	—	—	—	—	—	—	18.9		
14	面油周转区4	—	—	—	—	—	—	—	—	—	86		
15	面油周转区5	—	—	—	—	—	—	—	—	—	62.3		
16	擦色周转区	—	—	—	—	—	—	—	—	—	46.98		
17	油漆调配区	—	—	—	—	—	—	—	—	—	14.06		
18	油漆摆放区	—	—	—	—	—	—	—	—	—	12.18		
19	办公室	—	—	—	—	—	—	—	—	—	15.86		
20	烤房	—	—	—	—	—	—	—	—	—	62.29		

经测算，油漆车间的总面积为6 372.15m^2。其中通道面积为639.21m^2，占总面积的10.03%；中转区的面积为877.92m^2，占总面积13.78%；生产面积为4 855.02m^2，占总面积的76.19%。以后要对油漆车间进行改造，就要根据实际产能增加或者减少各种面积，有效提高单位面积的产值。

8.5 油漆车间的工时测定

8.5.1 打磨工时测定

8.5.1.1 研究方法

本测定使用连续法，即表不停时就要对要素断开的时刻进行观察记录的方法。每个要素的时间能够按上下时间之差计算出来。它可以重复反映一个操作的整个时间。

8.5.1.2 研究对象

通过对打磨区的观察，就选定的一贴木皮的床屏（1 600mm×1 250mm×22mm）作为测定对象。这工件尺寸比较大，较有代表性，可以作为一个工时的参考值。具体测定数据如表 8－2 所示。

表 8－2　　打磨时间研究用表

作业名称		打磨（把工件的表面打磨光滑）										
工件名称		柜侧板										
工件规格		1 600mm×1 250mm×22mm 基材：夹板　贴面材料：木皮										
加工设备		金田窄带砂光机										
作业人员		一打磨男工和一男助手										
分析人员		欧阳同学										
分析时间		2010－1－18　15:00—15:30										
	动作要素	1	2	3	4	5	6	7	8	9	10	合计	平均
1	抬板到机器（2 人）	17.98	23.54*	13.43	14.20	17.98	11.93	17.83	14.20	13.41	15.47	136.43	15.16
2	开始打磨（1 人）	26.54	35.47*	21.53	27.86	26.54	35.64*	22.57	27.86	21.53	22.45	196.88	24.61
3	搬下工件（2 人）	9.07	6.14	8.53	6.87	9.07	9.54	13.12*	6.87	8.53	9.07	73.69	8.19

注：① 时间测定栏中的数据单位为“s”；
② 抬板到机器指两个工人把板抬上工作台，打磨工抓住机器手柄的时间；
③ 开始打磨指操作工把主操作手抓住机器手柄开始打磨的时间；
④ 搬下工件指操作手脱离手柄和辅助工一起搬板的时间；
⑤ 打磨尺寸为 1600mm×340mm。
⑥ 表中带＊的为异常值，在计算时剔除。

从表 8－2 数据可以看出，打磨一个工件从搬工件到工件打磨完成放置好的平均时间是 47.96s，差不多 1min 打磨一件。以这样来计算的话，1h 就能加工 67 件。但是工人在这 30min 里只打磨了 15 件，这样的工作效率就只有 50% 。很大一部分原因是工人找叉板、搬叉板浪费时间或者通道阻塞有工人停下工作，移开工件等出现一些不创造价值的时间浪费。所以，工具的摆放和物流线的流畅能大大的影响生产效率。

8.5.1.3 研究目的

（1）作为生产能力分析的依据。

（2）作为生产计划与日程生产安排的依据。

（3）作为工序布置与物流线分析的依据。

（4）作为效率分析的依据。

8.5.2 刮胶工时测定

8.5.2.1 研究方法

本测定使用连续法，即表不停时就要对要素断开的时刻进行观察记录的方法。每个要素的时间能够按上下时间之差计算出来。它可以重复反映一个操作的整个时间。

8.5.2.2　研究对象

通过对打磨区的观察，就选定的一贴木皮的柜门 700mm×650mm×22mm 作为测定对象。门的数量比较多，较有代表性，可以作为一个工时的参考值。具体测定数据如表 8－3 所示。其加工工序如图 8－12 所示。

表 8－3　　刮胶时间研究用表

	作业名称	刮胶											
	工件名称	柜门											
	工件规格	700mm×650mm×22mm 基材：夹板 贴面材料：木皮											
	加工工具	刀片											
	作业人员	一男工											
	分析人员	欧阳同学											
	分析时间	2010－1－18　15:00—15:30											
	动作要素	1	2	3	4	5	6	7	8	9	10	合计	平均
1	抬板到工作台	13.15	10.45	9.13	7.13	10.06	10.20	9.12	7.13	8.38	9.31	94.06	9.4
2	刮胶	39.73	24.15	37.91	37.63	28.19	50.19	75.87*	28.78	36.13	21.48	304.19	33.79
3	搬下板件	3.35	3.91	3.68	4.03	3.67	4.37	3.18	6.61	2.72	3.57	39.09	3.9

注：① 时间测定栏中的数据单位为“s”；
② 抬板到工作台指工人把一块工件搬到工作台的时间；
③ 刮胶指工人拿起刀片刮胶迹的时间；
④ 搬下工件指工人把加工完的放到指定位置的时间；
⑤ 表中带 * 的为异常值，在计算时剔除；
⑥ 刮掉两条 650mm 长胶迹。

图 8－12　工人在刮掉透明胶的胶迹

从表 8－3 看，工人加工一块工件的平均时间为 47.09s，而刮胶时间就是 33.79s。以这样的速度，1h 就能刮 76 个工件。刮胶是每一个贴木皮的工件都需要的步骤，如果有方法可以减少刮胶的时间，工作的效率不仅提高，还能减少人力的浪费。如果可以把刮胶的时间减少 10s，原来加工 100 块的时间就能加工 127 块，效率就提高 27%。

8.5.2.3 研究目的

（1）作为生产能力分析的依据。

（2）作为生产计划与日程生产安排的依据。

（3）作为工序布置与物流线分析的依据。

（4）作为效率分析的依据。

8.5.3 面漆工时测定

8.5.3.1 研究方法

本测定使用连续法，即表不停时就要对要素断开的时刻进行观察记录的方法。每个要素的时间能够按上下时间之差计算出来。它可以重复反映一个操作的整个时间。

8.5.3.2 研究对象

通过对打磨区的观察，就选定的一贴木皮的床屏（1 600mm×1 250mm×22mm）作为测定对象。这工件尺寸比较大，较有代表性，可以作为一个工时的参考值。具体测定数据如表8－4所示。

8.5.3.3 研究目的

（1）作为生产能力分析的依据。

（2）作为生产计划与日程生产安排的依据。

（3）作为工序布置与物流线分析的依据。

（4）作为效率分析的依据。

表8－4　面漆时间研究用表

作业名称		面漆											
工件名称		床架侧板											
工件规格		1 600mm×1 250mm×22mm　基材：夹板　贴面材料：木皮											
加工工具		喷枪											
作业人员		一男工（主枪手）和副手											
分析人员		欧阳同学											
分析时间		2010－1－20　14:28—15:48											
	动作要素	1	2	3	4	5	6	7	8	9	10	合计	平均
1	搬工件（2人）	14.18	7.07	10.01	5.72	8.44	9.14	8.07	11.57	6.60	6.22	87.05	8.71
2	清洁工件（1人）	5.41	4.97	2.97	4.06	2.80	4.24	4.73	4.11	5.12	1.99	40.4	4.04
3	喷色油（1人）	4.33	6.41	4.14	3.90	5.90	4.36	6.56	6.80	7.27	6.49	56.16	5.62
4	换枪（1人）	3.22	1.85	1.09	2.33	2.11	1.10	2.23	6.36	5.57	1.44	27.3	2.73
5	喷清油（1人）	10.44	4.02	2.96	2.89	5.75	3.53	3.21	3.52	6.75	3.54	46.61	4.66
6	翻板（2人）	8.22	7.38	8.31	7.18	6.75	8.53	7.96	11.33	19.35*	10.35	76.01	8.45
7	清洁工件（1人）	12.33	13.22	9.75	12.63	13.20	11.01	7.19	8.95	8.23	15.82	112.33	11.2
8	喷色油（1人）	24.88	36.52*	18.80	17.45	16.08	40.86*	32.94	30.65	22.73	33.41	196.94	24.62
9	换枪（1人）	1.55	1.01	1.91	1.80	2.28	1.26	2.01	2.00	2.43	21.86*	16.25	1.81

续表

	动作要素	1	2	3	4	5	6	7	8	9	10	合计	平均
10	喷清油（1人）	22.66	20.17	11.34	12.39	11.15	27.28	22.37	19.37	26.27	16.51	189.51	18.95
11	放工件（2人）	21.91	19.27	13.48	15.90	13.21	14.10	13.43	12.13	14.91	14.75	153.09	15.31

注：① 时间测定栏中的数据单位为“s”；

② 抬板到工作台指工人把一块工件搬到工作台的时间；

③ 清洁工件指主枪手用喷枪的气清洁工件的时间；

④ 喷色油指主枪手拿起喷枪喷色油的时间；

⑤ 换枪指主枪手放下色油枪换上清油喷枪的时间；

⑥ 喷清油指工人拿起清油喷枪的时间；

⑦ 翻板指主枪手和副手一起把板件翻转的时间；

⑧ 清洁工件指主枪手用喷枪的气清洁工件的时间；

⑨ 喷色油指主枪手拿起喷枪喷色油的时间；

⑩ 放工件指主手和副手一起把工件抬进烘干房，把工件放下的时间。

⑪ 表中带 * 的为异常值，需要除去不计。

⑫ 被加工工件如图 8－13 所示，工作地的布置和相互位置如图 8－14 所示。

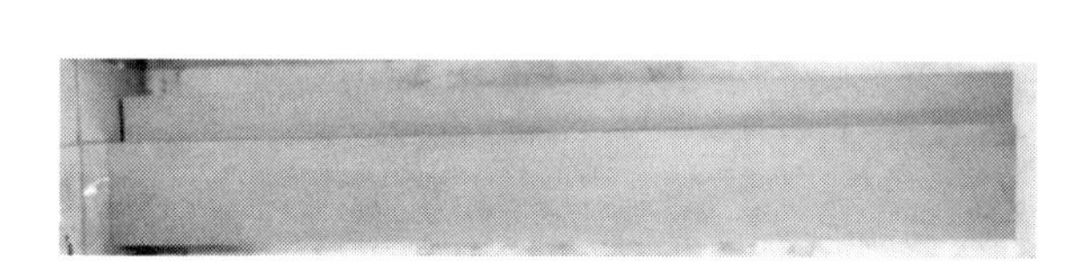

图 8－13　被加工的工件

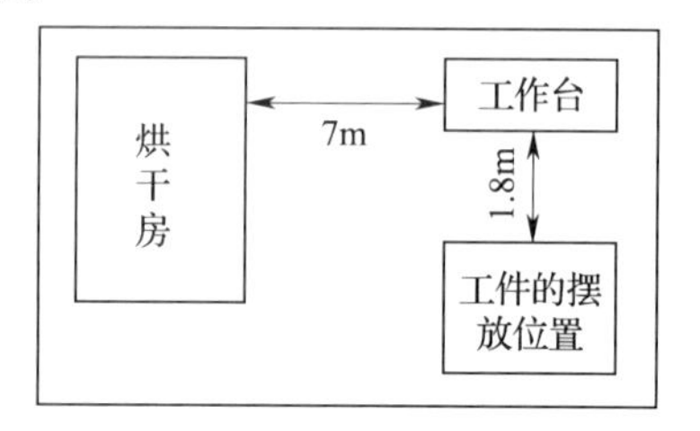

图 8－14　工作地的布置

从表 8－4 可知，工件从搬运到加工完成放进烘干房的时间为 106.1s，以这样的速度来计算的话，一个小时就能加工 33 个工件。而搬工件和放工件的时间为 24.02s，占总时间的 22.6 %。如果能再把搬运的时间和放工件的时间减少 10%，按喷漆工一天（8h）的工资为 100 元，1 分钟就是 0.21 元，一个小时就能节省 360s（6 分多钟），8h 就能节省 48min，20 个人来算公司一天就可以多赚 200 多元。第一次喷色油和第二喷色油的时间相差那么大，主要是两次喷的面积不同。

8.6　现场发现的问题并改善

（1）底漆房地面不平　工人用层板架搬运工件时常常会由于地面凹凸不平，使工件掉在地上。容易摔坏工件，损坏工件的边、角、棱。如图 8－15 所示。建议：把地面的漆层铲掉，把地面弄平整。

（2）底漆房离平台区的距离较远　两个工人用拖车从 1 号烘干房搬运 40 个（705mm × 670mm × 135mm）的工件用时 1min58s，路程为 58m。物流线乱，出现交叉返流的现象。如图 8－16 和图 8－17 所示。

（3）底漆房的通道阻塞　被加工的工件占道，阻碍其他工人搬运，要搬运工人停下搬开占道的工件才能继续走。这种现象时常出现在底漆房，有一次工人搬运在 3 号烘干房把已喷好的工件搬到平台区时，要停下来两次搬开工件，才能通过底漆房，到平台区用时 5min04s，浪费了不少工作时间。如图 8－18 所示。

图 8－15　底漆房的工件从架子上掉下

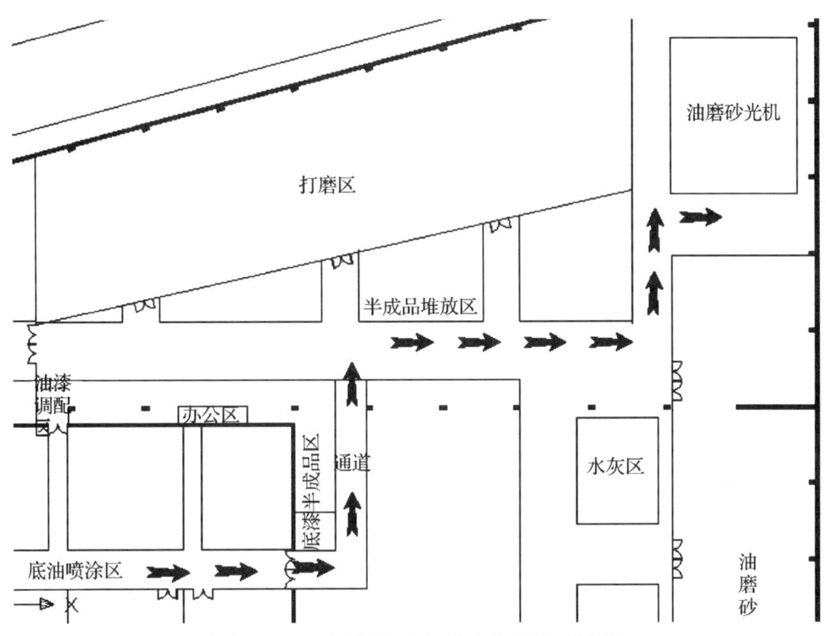

图 8－16　底漆烘干房到平台的搬运路线

图 8－17　工人在把工件从烘干房搬去平台区

建议：规划好喷漆房的工作范围，划出通道，免得工件超出工作范围造成占道。保证物流线的流畅。

图 8－18　底漆房的通道现场

（4）在打磨房的地上增加布垫　工人对工件的保护意识不强，随便丢工件，工件边、角、棱损坏的现象时常出现。

建议：提高工人的意识，尽量在层板添加布垫和在打磨区的地面也铺上布，可有效保护好工件的边角。设置合适的工作椅，使工人操作起来舒服，这样不用规定工人在操作台操作，工人也自然会在工作台上操作。工作椅设计图纸如图 8－19 所示。

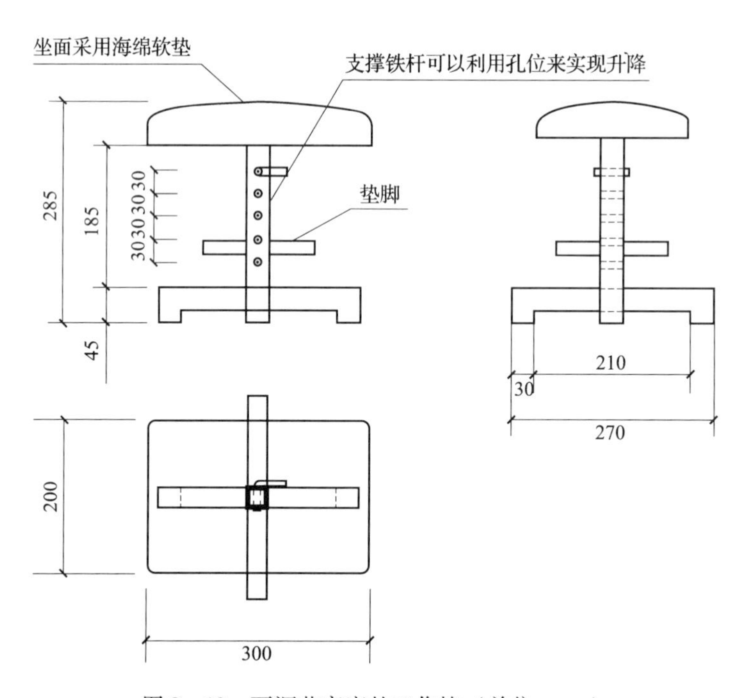

图 8－19　可调节高度的工作椅（单位：mm）

（5）解决车间的一些安全隐患　之前拆掉的铁架拆得不彻底，还留下一些螺丝。工人很多时候都是用手抱着一堆货走来走去，如果工人一不留意碰到，不仅工人跌倒，板件还会碰坏。如图 8－20 和图 8－21 所示。

图 8－20 油磨区边上的螺丝（1）

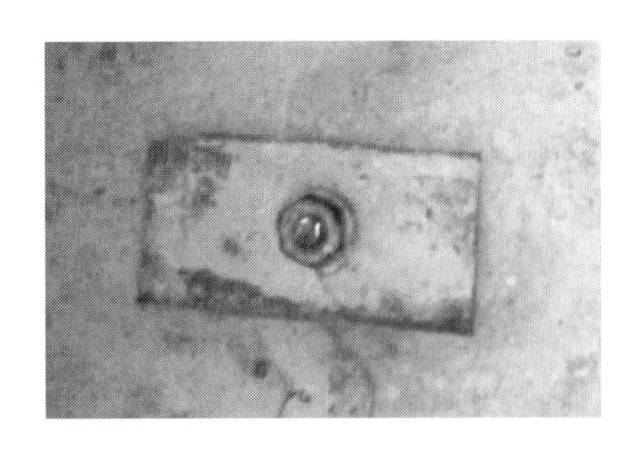

图 8－21 油磨区边上的螺丝（2）

建议：尽快把这些遗留物清洁掉，免得发生意外。

（6）打磨区的灰尘很大 工人时常都蹲在地上或者躬着背在打磨，工件摆放混乱，连通道都塞得不能搬货。工人的工作环境恶劣，而且蹲着打磨的劳动强度较大，很容易使工人疲劳和烦躁。这样工人工作的心情就低下，工作质量低下，从而反映在工件上，产生产品的质量问题。还有工人都会想到这样大灰尘工作环境会严重影响到他们的身体健康，所以很多工人都会做 2～3 年就走。打磨的人员流失比较严重，熟手的员工走了，公司又没有那么快找到人或者找来都是新手，这样就会造成生产效率降低。如图 8－22 至图 8－25 所示。

图 8－22 灰磨区工人的打磨情况（1）

图 8－23 灰磨区工人的打磨情况（2）

图 8－24 油磨区的工作现场（1）

图 8－25 油磨区的工作现场（2）

建议：增加吸尘系统，改善打磨区的环境。添加合理的工作台和工作椅，一些尺寸小的工件就可以在工作台上操作，这样不仅可以减少工人的工作疲劳，还可以保证工件、产品的质量。公司为工人着想，工人工作起来舒服，效益高，最后得益的还是公司。

（7）需要对油漆车间进行一些改善 车间的物流线比较乱，不够通畅。工人时常都要花费很多的时间在工件搬运上。将擦色区和砂光机区调换，就可以减少物流线路过长，减少搬运的时间。但是会造成底漆区灰尘大这个问题，要做好吸尘措施。对打磨区的工作台进行重新排布，可以扩大生产，使该区里面的物流更加通畅；采用中央除尘的装置，能有效减少灰尘，但是需要公司更大的财力投入。图 8 –26 为油漆车间改造前的布局，图 8 –27 为车间做了局部调整后的布局，这只是一个示意图，表示各个工序位置的调整。

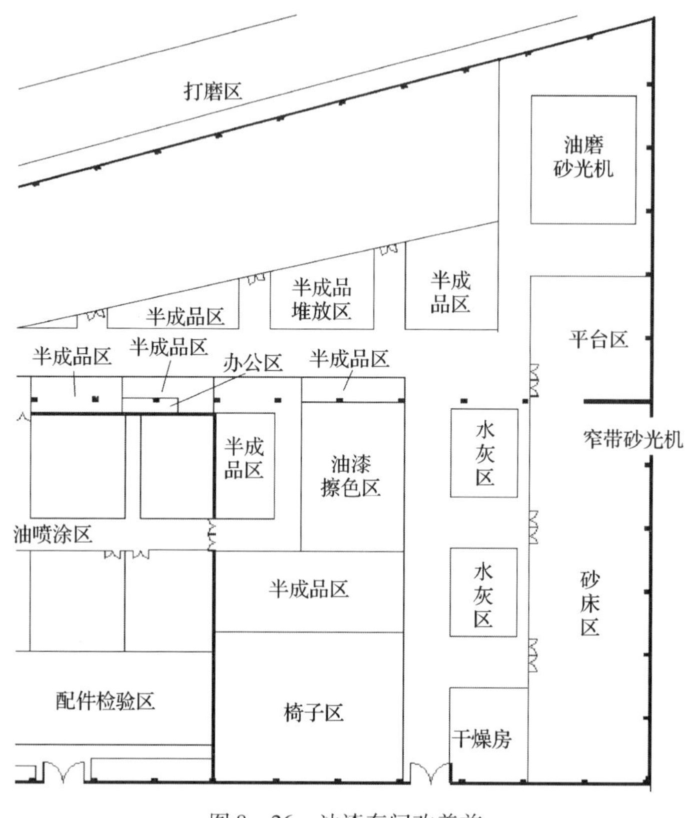

图 8 –26　油漆车间改善前

油漆车间流程改善后，从底漆房到平台区的距离就减少了 58m，大大缩短了搬运的时间，减少了人力和增加了产值的时间，提高生产效率。而且工件要背对背得摆放，方便搬运。搬运的时间减少，产值的时间自然就会增加。

在打磨区，工作台重新摆放，不仅工作台得到充分利用，而且工作台的数目也增加了，还留出了很多放工件的空间，减少工人因搬运造成浪费的时间。产能增大，工作效率也有了进一步的提高。工人都在工作台操作，不用蹲着干活，劳动强度减少，体力消耗慢，工作效率也会跟着提高，最后得益的还是工厂。

为了减少打磨房的灰尘，公司就需要花点成本，增加中央吸尘的装置。打磨区的空气质量就能提高，工人的身体得到保障。工人都会想的，工作又舒服，人工照样没有减少，不但不怕工人流失，还会自动有工人来找工作。熟手的工人流失少，再加上工人不断工作，熟练度也会提高，生产效率也会跟着提高。

（8）工作台利用不充分　从这个工人的操作方法来看，虽然工作台有 2m 长，但是工人只利用了工作台一半的位置，工作台得不到充分的利用。当中间打磨完之后就要停下来移动一下板件，才能继续打磨，影响工作效率。笔者测定了一下他的工作时间，工件大小 2 000mm × 1 000mm，打磨时间为 3min12s，两次移板的时间为 15s。如果以这样来计算，工人打磨 20 块就浪费300s。如果减少这个不必要移板，工人可以再多打磨2块。原来1h打磨20块，现在就可以22块。如图8－28所示。

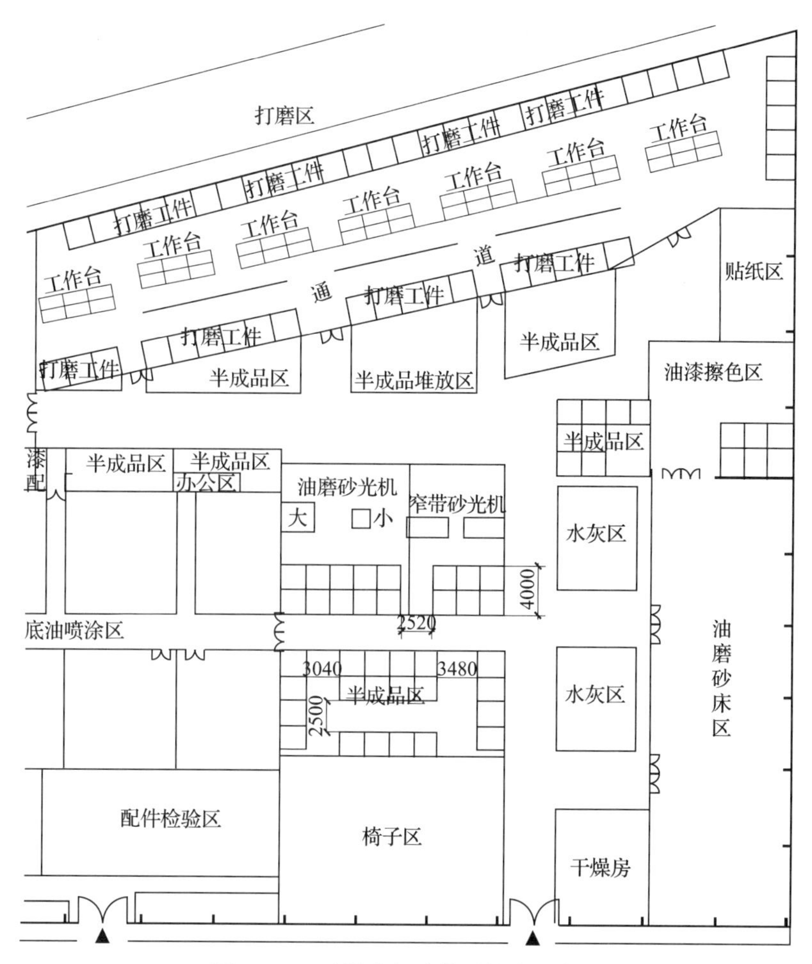

图8－27　油漆车间改善后的流程布局

图8－28　手工打磨

8.7　面漆车间各工人的单位面积用量的测定

面漆车间问题比较多，尤其是油漆的消耗比较大，但又没有数据能说明油漆单位面积消耗量的真实情况。为此，跟企业商量，让笔者来测一下面漆房里油漆的消耗情况，设计了测试方法，绘制了测定表格，通过观察几天后，就开始测定。经过整整一个星期每天 12h 的跟踪测定，得到一些有价值的数据，表 8－5 和图 8－29 只是测定的一部分数据，以此来说明实际工作中油漆的消耗情况。

表 8－5　　油漆车间单位面积的工件油漆用量测定表

序号	产品类别	主操作手	色油的总用油量/kg	清油的总用油量/kg	总喷面积/m^2	色油单位面积油漆用量/(kg/m^2)	清油单位面积油漆用量/(kg/m^2)	备注
1	CAS－03 床柜和 BDE－02 小床架	陈某	27.3	17.9	112	0.24	0.16	1. 单位面积油漆用量＝总用油量/总喷面积 2. 总用油量＝开油量－剩下的油量 3. 总喷面积＝单个产品油漆面积×产品数量
2	CAS－02 电视柜	卢某	16.85	9.25	76	0.22	0.12	
3	MY－0920－010 电视柜和冰箱柜	杜某	21.7	14.4	84.7	0.26	0.17	
4	CAS－02 电视柜	杨某	17.4	13.8	76	0.23	0.18	
5	MY－0920－010 电视柜	张某	15.81	5.98	57.5	0.27	0.11	

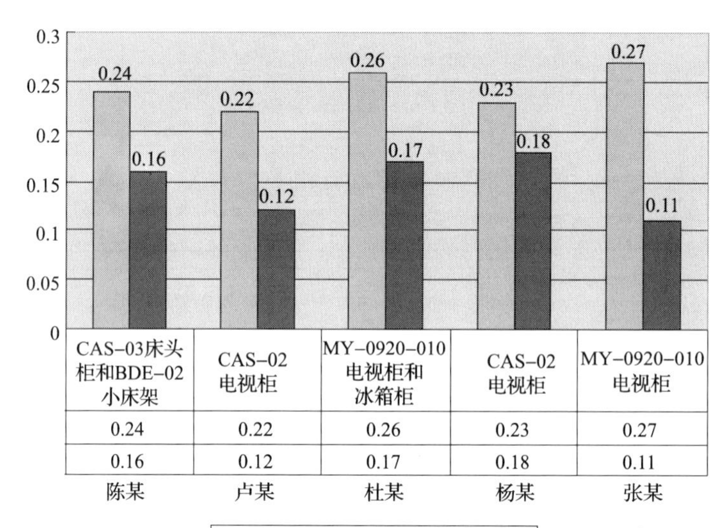

图 8－29　面漆单位面积使用量对比

从图 8－29 可以看到，色油的单位面积的使用量都在 0.2kg 以上，有两个就达到 0.25kg 以上。清油和色油的柱高度不同，这是由于部分产品的背面只需要喷色油，没有喷清油，因而不同面积油漆的损耗就会不同。喷相同产品而单位面积的油漆量却不同，比如卢某和杨某的清油单位面积的使用量相差 0.06kg，这就说明不同工人操作，喷枪的手法不同，技术也不稳定，缺乏规范操作，因而造成油漆在喷涂中消耗不同。

建议：制作面漆作业指导书，制定喷漆的标准手法，按照标准对工人进行培训，减少喷漆手法所造成油漆的损耗。

油漆车间的搬运和物流线路是影响工作效率的重要原因，从上面的一些数据统计中，搬运占了工作时间的很大一部分。如果能有效减少不必要的搬运时间，就能大大提高生产效率，增加单位时间的产值。还有就是工序的位置如果调整一下，可以减少搬运路程，使得物流线路清晰流畅。底油区的环境需要改善一下，特别是地面凹凸不平，在工件搬运时容易掉工件从而造成损坏。还有就是水帘坏了就要及时修理，没有水帘吸收油漆的话，就会由于空气返流影响工件表面的光滑度，还会影响到底油区的环境，从而影响工人的身体健康。

对于打磨区的灰尘问题，已经困扰了油漆车间很长的时间，但是一直没有改善好，是造成熟手人员流失的一个重要原因。打磨区的灰尘那么大，工人都知道会影响他们的身体。所以很多工人就会做1~2年就走，换工作或者换一个环境好一点的地方。油漆车间人员流失，环境是一个不可忽视的问题。改善油漆车间灰尘大、油漆味重的问题是一项重要的工作。哪个工厂能把油漆车间搞好，就能在同行里出类拔萃。

8.8 总结

通过在油漆车间的学习，使学生学到了很多书本上没有的知识，了解油漆车间运作，各个工序对产品的要求，对喷漆的过程和面漆所要达到的功能、作用有了一个很深的印象，对面漆的单位面积使用量有了一个数据的概念。这些数据不仅对学生有用，也对企业正确计算油漆的用量、节约成本、规范操作起到了很有价值的参考作用。

8.9 教师对各个实习同学实习报告的点评

学生在家具企业期间，一定要经常去看他们，并要求每次去都要学生汇报自己的学习心得，同时，老师就出现的一些问题给予指导，并提出新的任务，这样，学生在不断学习、不断讨论、不断总结、不断演讲中，在吃苦耐劳、自信、思考力以及文字口才能力方面发生突飞猛进地变化和进步。

经过5~6次检查、写报告和答辩，这些以前什么都不懂的学生开始步入专业的轨道。只要工作后继续保持和努力，就能在很短时间成长为企业的技术和管理骨干。

笔者对学生写的报告，常常都要评价，下面就举一个例子来说明笔者是如何培养学生学习和思考能力的。这仅仅是一种方法，来做一个说明。评价方式及具体内容如表8-6所示。

表8-6　对学生实习小组在某家具企业实习报告的问题分析

序号	报告对象	报告人	不足	优点
1	实木车间	麦同学 李同学 林同学	（1）工艺流程图没有画出（有流程，但形式不够合理和美观）；对各个工序的解释和说明不够深入和具体，以后需要补充 （2）工时测定数据偏少，数据分析不够深入；工时测定表里的情况说明不充分，如操作的周期确定、工件的描述等 （3）木材的常用规格没有列出；木材的各种规格使用的部位和注意事项没有说明	（1）实木车间的机器设备说明很充分，图文并茂，很有价值 （2）对使用的木材列表说明，这种形式比较简练明晰

续表

序号	报告对象	报告人	不足	优点
1	实木车间	麦同学 李同学 林同学	（4）在讲实木工序机器设备时，最好先列一个设备明细表，注明设备名称、所在的工序名、型号、数量、加工精度等，然后分头说明，这样效果会更好 （5）缺乏最后的总结，应该分车间的问题总结和个人的学习心得 （6）报告中的图和表的标题都没有写，格式不够规范 （7）在基础数据表中，工作台的数据都是空白，需要考虑继续测定或换作其他的数据名目，更能体现这个工序的特点	（3）在改善方面有创新，尤其是磁性压紧装置的设计与实验很可贵，还需要继续拓展思路，有效解决问题
2	木工车间	袁同学	（1）对木材的规格应该列表；板材也应该列表，并说明什么规格用在什么地方、各有什么好处等 （2）工序说明如何再具体一些，更有价值，这需要时间 （3）基础数据记录比较详细，但对于汇总的结果分析还不够，如道路占车间面积的多少，中转区占多少，生产面积占多少等 （4）“全月质量总数”这个说法不是很正确，可以改成“2009 年 10 ~ 12 月质量问题统计与分析”，另外，就具体的表格分析也不够 （5）最后，缺少一个最终的总结，对木工车间的问题、对策、改善的方向等做一总结，同时总结一下自己在学习中的一些体会	（1）有车间概况，这一点很好；有框架式工艺流程图，一目了然，很好 （2）使用的木材有图片，板材有规格，还对具体使用有一些说明 （3）对各个工序进行说明，图文并茂，格式规范 （4）对产品进行分类和梳理，是一个亮点 （5）数据测定充分翔实，很有说服力，但分析不够深入 （6）改善的创新意识比较强，有待下一步深入实践，把改善的方案实施行动
3	油漆车间	欧同学	（1）对油漆车间首先应该简介，说明油漆车间的作用、规模、人数，车间的特点和问题等 （2）对车间的布局改善，应该先说存在的问题，然后再说为什么要调整，调整的理由、好处等，调整可能存在的问题等，否则理由不充分，问题也不清楚，则这项工作也没有价值 （3）基础数据记录比较详细，但对于汇总的结果分析还不够，如道路占车间面积的多少、中转区占多少、生产面积占多少等，这样才知道以后要减少的面积是什么	（1）有工序流程的框图，很好；有各个工序的详细介绍，图文并茂，很不错的做法 （2）报告中的图表格式规范，书写准确，继续保持 （3）工时测定后的分析比较充分

续表

序号	报告对象	报告人	不足	优点
3	油漆车间	欧同学	（4）工时测定后的结论还不够明确，即通过目前的测定，单位时间的生产效率是多少没有注明。每一个工时测定都缺乏这一个环节 （5）对色油和清油在喷涂过程中的一些变化没有分别计算和说明，如有些工件只需喷色漆，不用喷清漆，则在面积总量的油漆耗用不同，但如果去除了不同的面积，其中两位工人的用量相差不大，说明技术是关键；另外两位用量差距很大，说明技术不稳定，缺乏规范操作 因此，在分析问题的时候，应该分类计算，过程中的稍许变化都要仔细观察，并且记录下来 （6）最后，缺少一个最终的总结，对油漆车间的问题、对策、改善的方向等做一总结，但是自己的总结是写了的	（4）数据测定工作量很大，观察细致，分析有独到的见解，对企业的帮助比较大
4	成品车间	黄同学 吴同学 孙同学	（1）报告的开头，首先应该是车间的简介，说明车间的功能、特点、规模（占地面积、员工人数等）、在整个生产中的地位等 （2）平面图的画法还不够准确，道路和入口的画法都不是很清楚，一个颜色最好是同一类工序和作用的区域比较好 （3）图表的格式不够规范，标题有的有，有的没有 （4）没有对流程中的每一个工序进行介绍，应该图文并茂。可以学习其他同学的分析方法 （5）在工时测定表中，对于类似“T／T周期（%）”的写法，在表格中就没有说明，别人很难看懂，同时表格的设计有些问题，列和行的计算不是很合逻辑。如360.883s对应的列是“T／T周期（%）”，跟行的合计意义完全不同，因此，表格设计要重新修改 （6）报告不完整，最后应该有总结和结论	（1）有对比试验和分析，很有说服力 （2）有问题发现，并有问题处理的方案 （3）对作业和安装现场的问题观察细致，发现很多有价值的问题，值得表扬 （4）工作量比较饱满，说明工作很负责、很钻研

续表

序号	报告对象	报告人	不足	优点
5	胶板车间	黄同学 吴同学 孙同学	（1）报告的开头，首先应该是车间的简介，说明车间的功能、特点、规模（占地面积、员工人数等）、在整个生产中的地位等 （2）平面图的画法还不够准确，道路和入口的画法都不是很清楚，一个颜色最好是同一类工序和作用的区域比较好 （3）图表的格式不够规范，标题有的有，有的没有 （4）没有对流程中的每一个工序进行介绍，应该图文并茂。可以学习其他同学的分析方法 （5）在工时测定表中，对于类似“T／T周期（%）”的写法，在表格中就没有说明，别人很难看懂，同时表格的设计有些问题，列和行的计算不是很合逻辑。如360.883秒对应的列是“T／T周期（%）”，跟行的合计意义完全不同，因此，表格设计要重新修改 （6）报告不完整，最后应该有总结和结论	（1）有对比试验和分析，很有说服力 （2）有问题发现，并有问题处理的方案 （3）对作业和安装现场的问题观察细致，发现很多有价值的问题，值得表扬 （4）工作量比较饱满，说明工作很负责、很钻研
6	五金车间	李同学	（1）报告的开头，首先应该是车间的简介，说明车间的功能、特点、规模（占地面积、员工人数等）、在整个生产中的地位等 （2）平面图的画法还不够准确，道路和入口的画法都不是很清楚，一个颜色最好是同一类工序和作用的区域比较好 （3）工时测定表不完整，没有数据汇总和处理，没有最后的测定结果和分析 （4）图表的格式不够规范，标题有的有，有的没有，图也没有编号，表没有标题 （5）报告不完整，最后应该有总结和结论 （6）工时测定还是比较少，工作研究的不够深入，工作量也不够很饱满	（1）对材料进行了统计和分析，比较细致，但还需要归类，最好使用表格归纳比较明确，并说明每个材料的用途和用在哪里以及原因 （2）五金车间的工序分析比较好，图文并茂，而且有一些细节的说明和注意事项，说明观察得比较细致

续表

序号	报告对象	报告人	不足	优点
7	软体车间	欧同学 袁同学 李同学	（1）报告的开头，首先应该是车间的简介，说明车间的功能、特点、规模（占地面积、员工人数等）、在整个生产中的地位等 （2）本报告的车间简介内容太少，不够充分 （3）对材料的描述和研究比较少，缺乏归类，这一点应该向木工车间的分析方法学习；对各个工序的分析也没有 （4）图表的格式不够规范，标题有的有，有的没有，图也没有编号，表没有标题 （5）报告不完整，最后应该有总结和结论 （6）工时测定还是比较少，工作研究不够深入，工作量也不够很饱满 （7）对具体数据缺乏分析	（1）对电子看板的提出具有创意 （2）有工艺流程框图，比较清晰，但缺乏分析

思考题：

学习该案例，了解和培养作为一个学生如何在企业学习和研究的过程中提高能力，学习如何发现问题、分析问题、解决问题，以便在有限的时间内学到更多的知识、技能和思想，并培养自己活学活用、因地制宜的能力。学生可以以某一个车间或工序为研究对象进行撰写研究报告，并进行答辩，教师给予评价和辅导。

要求：有理有据，用数据和图片说明，主题鲜明，语言简练通顺，有自己的观点和思想。字数在3 000字左右，并制作同样主题的PPT，25张以上，进行答辩。

附录　课程部分教学文件示例

学习目标：了解本课程的教学过程，教学文件以及主要的教学内容和学习任务，同时了解课程的实践教学要求、内容和具体的操作方法。

知识要点：了解和掌握实践教学的要求、目的和安全事项，掌握四种较典型的涂装工艺特点及其操作方法，掌握分析和处理涂装缺陷的原因和方法等，掌握基本的关于涂饰的专业英语词汇，了解世界优秀涂料生产企业的情况等。

学习难点：实践部分需要深入了解理论的基础上进行操作，对涂装的白坯处理，封边，打磨等重要工序不容易掌握方法、程度、缺陷、原因和处理等，需要加强。

说明：以下内容是笔者在教学过程中的一些教学文件和教学方法，仅供参考，而不作为教学的标准，可作为本校本专业教学使用。

附录1　顺德职业技术学院课程授课计划

顺德职业技术学院课程授课计划

2012～2013学年第一学期
主管教学系主任签名：2012年9月8日
授课教师姓名　刘晓红　职称　教授
课程名称　家具涂料与涂装工艺
授课专业班级　11级家具设计与制造［家具制造工程］
采用教材名称　家具涂料与涂装工艺

授课时间：第　8　周至第　11　周
讲　授　20学时　　课堂讨论　10　学时
实验课　　学时　　习题课　学时
实训课　　1周　　一体化课8学时
总　计　　54　学时（周）

表1　　家具涂料与涂装工艺课程授课计划

周次	星期	其中（在对应栏目中打√）						教学内容摘要（章节名称、讲述的内容提要、实训的名称内容、课堂讨论的题目等）	上课地点
		讲授	实验课	一体化课	实训课	习题课	课堂讨论		
第8周	一	√	—	—	—	—	—	第1章　涂料概述 教学内容： （1）涂料存在的问题及发展趋势 （2）我国涂料行业的现状 （3）木用涂料的涂装 （4）家具与涂装的关系 （5）家具涂装的作用 （6）涂装与涂装中存在的问题	311

续表

周次	星期	其中（在对应栏目中打√）讲授	实验课	一体化课	实训课	习题课	课堂讨论	教学内容摘要（章节名称、讲述的内容提要、实训的名称内容、课堂讨论的题目等）	上课地点
第8周	二	—	—	—	—	—	√	第2章　涂料的成分 教学内容： （1）涂料的定义及作用 （2）涂料的组成 （3）涂料的基本名称 （4）涂料的分类 （5）涂料的命名 （6）涂料的型号 （7）辅助材料	311
第8周	三	√	—	—	—	—	—	第3章　常用木质家具涂料 教学内容： （1）硝基涂料 （2）酸固涂料（AC，Acid Curing Varnish） （3）聚氨酯涂料（PU，Polyurethane Paint） （4）不饱和树脂涂料（PE，Unsaturated Polyester resin）	311
第8周	五	√	—	—	—	—	—	UV与水性涂料的应用 （1）紫外光固化涂料（UV，Uv－Cured　） （2）水性木器涂料（WC，Water Based ）	—
第9周	一	—	—	—	—	—	√	第4章　涂装工艺 教学内容： （1）手工涂装 （2）美式涂装 （3）一般的木质家具的涂装工序 （4）水性实色漆施工工艺	参观涂料企业一次，邀请企业技术专家讲解最新的涂装工艺
第9周	二	—	—	√	—	—	—		
第9周	三	√	—	—	—	—	—		
第9周	五	√	—	—	—	—	—	第5章　涂装设备与涂饰技术 教学内容： （1）水帘式喷漆房 （2）喷涂设备和技术 （3）其他新型的涂装工艺及技术 第6章　漆膜质量检测标准 教学内容： （1）涂饰常见缺陷及其修复 （2）家具漆膜质量标准 （3）涂膜理化性能检测 第7章　涂装实训设计与安排	311

续表

周次	星期	其中（在对应栏目中打√）						教学内容摘要（章节名称、讲述的内容提要、实训的名称内容、课堂讨论的题目等）	上课地点
		讲授	实验课	一体化课	实训课	习题课	课堂讨论		
第10周	一	—	—	—	√	—	—	色板制作 涂装工艺色板制作	实训室
	二	—	—	—	√	—	—	色板制作 涂装工艺色板制作	实训室
	三	—	—	—	√	—	—	色板制作 涂装工艺色板制作	实训室
	五	—	—	—	√	—	—	色板制作 涂装工艺色板制作	实训室
第11周	五	—	—	—	—	—	√	课程总结：作业答辩和总结 （分10个组进行答辩，每组20min）	311
备注	上课时间：2012年10月17日~2012年11月11日								

说明：（1）本课程授课计划由授课教师负责填写，于每学期开学第二周内送交教师所在系主任审定、签字后备查。

（2）此表一式三份，其中，任课教师留一份，教师所在系留一份，教务处留一份。

附录2　家具涂料与涂装工艺课程作业设计与要求

本课程作业以小组形式团队完成。全班分成10个大组，每个组5人，按照自由结合的方法组成，由学习委员上报名单，每个小组推选一名组长。这个作业，需要贯穿整个教学过程。每学期学生的作业都不同，本附录只是写一个作业案例给大家展示本课程是如何指导学生自学和学习团队合作的，从而培养学生的自学能力和综合素质。作业时间都是利用课下完成的，上课的时间主要以教师讲解和实训为主，部分时间用于作业检查和讨论。

内容说明：

（1）对每个小组将要研究的对象的发展现状和趋势做一个概括。然后，系统介绍这种涂料的基本构成、物理化学性能、漆膜性能、适合涂装的家具种类及其原因；涂装工艺、涂装设备、涂装技术；此类涂料涂饰工程中容易出现的质量问题及其预防方法以及国家关于家具涂饰的相关标准等，总之是对每一个课题都要进行。

然后是小结：对这种涂料进行精练的总结。最后，是学习和作业的心得总结，组员每人写500字左右的作业心得，组长写整个小组和自己的心得总结，对整个活动进行小结，放在总结的最前面，1 000字左右，再按照小组学号的次序，依次把其他组员的心得编辑到一起。

（2）将所有的资料编辑好后，通过一定的版面设计，要有目录，最终进行编辑、排版、打印并装订成册，排版要求统一，不能自己随意改变。

表 2　　　　本课程的作业设计与要求

组别	章节/题目	组长/成员	要求	备注
1	涂料概述	李同学\ 何同学、陆同学、何同学、黄同学	① 根据现有的教材和资料，学习、掌握和填补新的有价值的内容； ② 按照学习的一般规律，层次分明地把主题内容介绍清楚，多用图标，进行内容提炼； ③ 最少增加引用 5 篇文献； ④ 增加相应的图片； ⑤ 艺术和科学地完成 PPT 的制作，至少 50 张片子	—
2	涂料的成分	卢同学\ 麦同学、卢同学、林同学、陈同学		
3	常用木质家具涂料	潘同学\ 温同学、游同学、陈同学、王同学		
4	涂装工艺	郭同学\ 张同学、丘同学、冯同学		
5	涂装技术及设备	李同学\ 王同学、赵同学、程同学、邓同学	① 尽量采用最新的涂装技术及设备方面的资料来写该章，多一些图片； ② 最少引用 5 篇以上文献； ③ 艺术和科学地完成 PPT 的制作，至少 50 张片子	—
6	涂装与色彩	胡同学\ 黄同学、冼同学、凌同学、黄同学	① 减少文字，增加图片与案例，更加直观形象地说明涂装与色彩的关系； ② 最少增加引用 5 篇文献； ③ 艺术和科学地完成 PPT 的制作，至少 50 张片子	—
7	涂装质量检验标准	黄同学\ 郑同学、梁同学、姜同学、冼同学	① 查阅现有标准，尽量按照标准的方法，把涂装质量检验标准写成比较规范的形式，并进一步完善检验标准； ② 最少引用 5 篇文献； ③ 艺术和科学地完成 PPT 的制作，至少 50 张片子	—
8	涂装实训操作指导书	吴同学\ 伍同学、李同学、周同学、戚同学	① 把实训的四个项目逐一完成作业标准，图文并茂，成为能够按照作业指导书就能完成的实训标准； ② 同时记录同学们在实训过程的活动和最后的成果以及存在的问题； ③ 把现有的实训指导书进一步完善，成为更加标准的文本； ④ 艺术和科学地完成 PPT 的制作，至少 50 张片子	—
9	涂装相关的名词术语汇编	陈同学\ 卢同学、洪同学、潘同学、何同学	① 查阅与涂料相关的标准，把凡是有名词术语的标准，按照一定的分类和设计的格式，汇总起来，并注清楚每部分内容来自什么标准，注意使用最新的标准； ② 艺术和科学地完成 PPT 的制作，至少 50 张片子	—
10	涂料企业介绍	欧阳同学\ 郭同学、梁同学、萧同学、李同学	① 介绍国际和国内各五个最优秀的企业，采用统一、新颖的格式来介绍，图文并茂，要有故事性，不要流于泛泛的空洞介绍； ② 艺术和科学地完成 PPT 的制作，至少 50 张片子	—

作业报告会：

（1）10个小组分别汇报课程作业情况，包括计划、作业设计、文本、幻灯片、每个人的任务和完成情况等。

作业内容包括两部分：

① 打印稿：整个小组的文稿，还包括心得汇总、前期的方案和分工、参考文献、实训的过程和成果等；

② 电子版作业汇总：每个小组建立一个文件包，写明小组课题的名称。文件包里面包括制作的PPT、文稿、整个工作计划、查询的资料等。由学习委员负责按照小组编号，把每个组的文件包拷到一张光盘上，贴好标签（标签上注明：专业、班级、课程名称、交盘的日期）交给老师；

（2）评分根据每个小组作业过程、组织、控制和最后的作业结果以及答辩等综合评定，每个人依据个人表现和集体表现进行打分，也包括考勤和平时的成绩综合评定；

（3）文字要求：正文宋体，5号字，段间距上下段之间0行；

一级标题，四号，宋体，加黑，序号用数字1　×××表示。

二级标题，小四号，宋体，加黑，序号用1.1　×××表示。

三级标题，小四号，宋体，不加黑，序号用1.1.1　×××表示。

四级标题，小四号，宋体，不加黑，序号用1.1.1.1　×××表示。

（4）表格、图表都用小五号体，宋体，三线表。第*章的图编号就用图*-1　×××，表也一样，如表*-1　×××。表头、图标题与表、图之间的行间距保持上下段之间0.5行，标题放到文本框里。

附录3　涂装实训安全及具体的实训项目要求

（一）涂装车间安全要求

为了确保在实训上课期间的安全，在上实训课前，熟悉车间工作环境、学习相关的安全知识是非常必要的。

（1）严禁在涂装车间内吸烟、点火。

（2）禁止在涂装车间内追赶打闹。

（3）严禁在涂装施工现场饮食。

（4）严禁油漆涂料进入口中、眼中，出现问题必须用清水冲洗后送医院治疗。

（5）在涂装过程中，如不小心出现洒、滴油漆时，应及时清理现场。

（6）在涂装过程中，养成良好的习惯，应随时保持好工作场地的清洁，对于一些无法再使用的耗材应及时清理，如砂纸、废弃的油桶、碎布应随手放入垃圾桶内。

（7）在涂装过程中，应确保设备正常运行，保证空气流通，防止溶剂蒸汽聚集。

（8）在涂装结束后，应及时清理现场，将没有调配的原料放回备料室。工具如刮刀、小墨试刀、羊毛刷等应清洁干净（这里需要每小组轮流值日）。

（二）实训教学目标

家具涂料种类繁多、性质各异，因此，通过本次实践操作训练，加强学生对涂料性能、选择搭配、施工工艺、质量评价等专业知识的理解，了解目前在家具企业中常用涂料的种类及其特性，掌握家具涂装的几种典型的工艺过程及学会分析涂饰质量的影响因素，制定优化工艺，提高分析问题、运用技术手段解决家具生产过程中有关涂饰问题的能力，并进一步掌握相关涂料及涂装工艺的安全防护和保健环保的基础知识，了解家具涂料的发展趋势。

（三）4个涂装实训项目具体要求及其操作指导书

实训1　裂纹效果漆涂装工艺

材种：中纤板　温度：25℃　湿度：75%

表3　**裂纹效果漆涂装工艺的具体要求**

序号	工序	材料及配比（质量比）	施工方法	摘要
1	白坯处理	320#水砂纸	手磨	白坯打磨平整，去污痕
2	封闭	漆∶固化剂＝1∶0.2	刷涂	对底材进行封闭，3～4h后打磨
3	打磨	320#砂纸	手磨	轻磨，清除木毛、木刺
4	底漆	PU实色底漆∶固化剂∶稀释剂＝1∶0.3∶0.7	喷涂	可根据裂纹底漆选择底漆的颜色，采用湿碰湿工艺
5	打磨	320#砂纸	手磨	彻底打磨平整
6	底漆	裂纹底漆∶稀释剂＝1∶0.7	喷涂	可根据最终效果选择裂纹底漆的颜色
7	打磨	320#、600#砂纸	手磨	先用320#砂纸砂磨，再用600#砂纸磨去砂痕，以去表面颗粒为主
8	面漆	裂纹面漆∶稀释剂＝1∶（1～1.5）	喷涂	注意底、面漆的颜色搭配
9	罩光	NC亮光清面漆∶稀释剂＝1∶（1～1.5）	喷涂	面漆用200#过滤网过滤后再喷

裂纹效果漆涂装工艺作业指导书

步骤一：

（1）作业内容　白坯处理：320#水砂纸；手磨；白坯打磨平整，去污痕。

（2）注意事项

① 顺着一个方向打磨；

② 打磨至平整，用手摸无明显凹凸感；

③ 打磨完后用布条或其他工具清理产品表面的灰尘和其他异物。

（3）用到的工具　320#水砂纸

（4）图片示意　如图附－1所示。

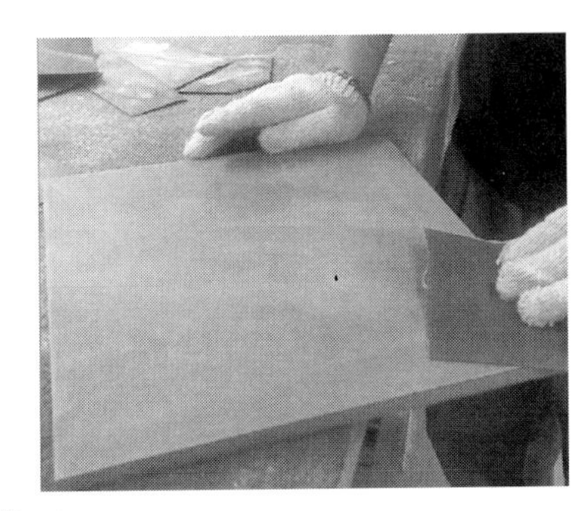

图　附－1

步骤二：

（1）作业内容　封闭：刷涂；对底材进行封闭，3～4h 后打磨。

（2）注意事项

① 刷涂之前必须彻底清除产品表面的灰尘和其他异物；

② 刷涂之前配备好封闭底漆；

③ 相邻刷涂行程的重叠量保持一致；

④ 工件表面应全部为湿润的漆所覆盖。

（3）用到的工具　刷子、桶。

（4）材料配比（质量比）　漆∶固化剂 = 1∶0.2

（5）图片示意　如图附 - 2 所示。

图　附 - 2

步骤三：

（1）作业内容　打磨：320#砂纸；手磨；轻磨；清除木毛、木刺。

（2）注意事项

① 最好顺着一个方向轻轻打磨，不可把封闭底漆打磨穿；

② 打磨至平整，用手摸无明显凹凸感和木毛刺手感；

③ 打磨完后用布条或其他工具清理产品表面的灰尘和其他异物。

（3）用到的工具　320#水砂纸、布条或者喷枪。

（4）图片示意　如图附 - 3 所示。

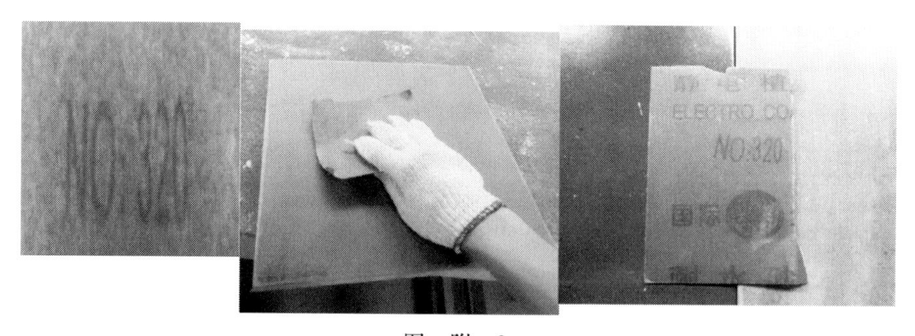

图　附 - 3

步骤四：

（1）作业内容　底漆：喷涂；可根据裂纹底漆选择底漆的颜色，采用湿碰湿工艺。

（2）注意事项

① 喷涂之前必须彻底清除产品表面的灰尘和其他异物；

② 喷涂之前检查喷枪是否可以正常工作；

③ 保持喷枪与工件之间距离的恒定，不得时远时近；

④ 喷枪在喷涂时应匀速运动；

⑤ 喷枪的移动轨迹与工件表面保持平行；

⑥ 相邻喷涂行程的重叠量保持一致；

⑦ 对于相同的工件，喷涂行程次数应保持一致；

⑧ 工件表面应全部为湿润的漆所覆盖。

（3）用到的工具　喷枪。

（4）材料配比（质量比）　PU 实色底漆: 固化剂: 稀释剂 = 1: 0. 3: 0. 7

（5）图片示意　如图附 – 4 所示。

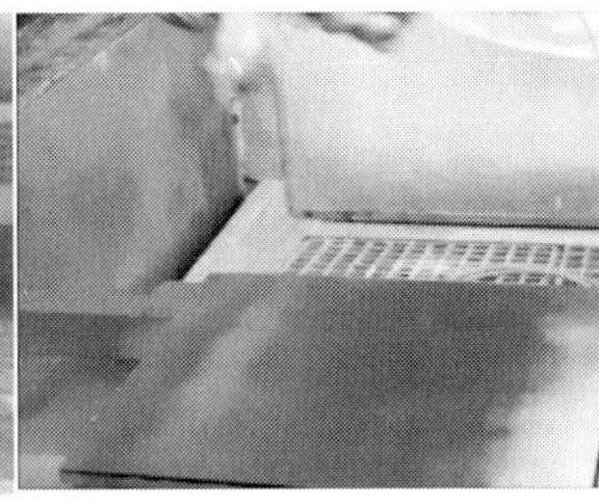

图　附 – 4

步骤五：

（1）作业内容　打磨：320#砂纸；手磨；彻底打磨平整。

（2）注意事项

① 打磨至平整，用手摸无明显凹凸感；

② 打磨完后用布条或其他工具清理产品表面的灰尘和其他异物。

（3）用到的工具　320#水砂纸、布条。

（4）图片示意　如图附 – 5 所示。

图　附 – 5

步骤六：

（1）作业内容　底漆：喷涂；可根据最终效果选择裂纹底漆的颜色。

（2）注意事项

① 喷涂之前必须彻底清除产品表面的灰尘和其他异物；

② 喷涂之前检查喷枪是否可以正常工作；

③ 保持喷枪与工件之间距离的恒定，不得时远时近；

④ 喷枪在喷涂时应匀速运动；

⑤ 喷枪的移动轨迹与工件表面保持平行；

⑥ 相邻喷涂行程的重叠量保持一致；

⑦ 对于相同的工件，喷涂行程次数应保持一致；

⑧ 工件表面应全部为湿润的漆所覆盖。

（3）用到的工具　喷枪。

（4）材料配比（质量比）　裂纹底漆：稀释剂 = 1∶0.7

（5）图片示意　如图附 -6 所示。

图　附 -6

步骤七：

（1）作业内容　打磨：320#、600#砂纸；手磨；选用 320#砂纸砂磨，再用 600#砂纸磨去沙痕，以去表面颗粒为主。

（2）注意事项

① 打磨至平整，用手摸无明显凹凸感和木毛刺手感；

② 打磨完后用布条或其他工具清理产品表面的灰尘和其他异物。

（3）用到的工具　320#、600#砂纸，布条或者喷枪。

（4）图片示意　如图附 -7 所示。

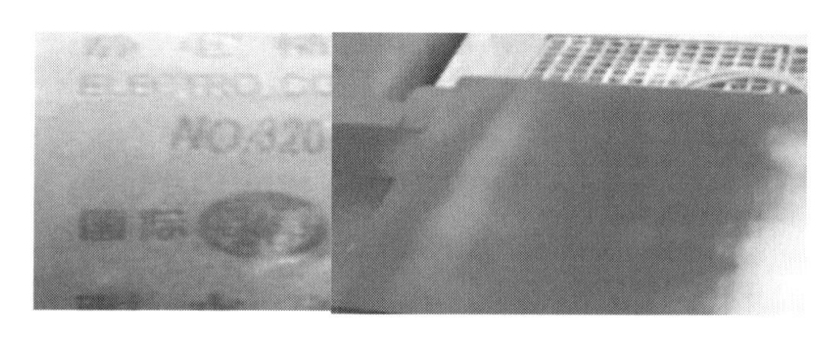

图　附 -7

步骤八：

（1）作业内容　面漆：喷涂；注意底、面漆的颜色搭配。

（2）注意事项

① 喷涂之前必须彻底清除产品表面的灰尘和其他异物；

② 喷涂之前检查喷枪是否可以正常工作；

③ 保持喷枪与工件之间距离的恒定，不得时远时近；

④ 喷枪在喷涂时应匀速运动；

⑤ 喷枪的移动轨迹与工件表面保持平行；

⑥ 相邻喷涂行程的重叠量保持一致；

⑦ 对于相同的工件，喷涂行程次数应保持一致；

⑧ 工件表面应全部为湿润的漆所覆盖。

（3）用到的工具　喷枪。

（4）材料配比（质量比）　裂纹面漆: 稀释剂 =1:（1～1.5）

（5）图片示意　如图附－8所示。

图　附－8

步骤九：

（1）作业内容　罩光；喷涂；面漆用200#过滤网过滤后再喷。

（2）注意事项

① 保持喷枪与工件之间距离的恒定，不得时远时近；

② 喷枪在喷涂时应匀速运动；

③ 喷枪的移动轨迹与工件表面保持平行；

④ 相邻喷涂行程的重叠量保持一致；

⑤ 对于相同的工件，喷涂行程次数应保持一致；

⑥ 工件表面应全部为湿润的漆所覆盖。

（3）用到的工具　喷枪、200#过滤网。

（4）材料配比（质量比）　NC亮光墙面漆: 稀释剂 =1:（1～1.5）

实训2　全封闭面着色亮光涂装工艺

材种：水曲柳　温度：25℃　湿度：75%

工艺要求：

① 填充较深的木眼，注意填充用的腻子和被涂物表面颜色一致；

② 此工艺可用刷涂、喷涂等方法完成。

表4　全封闭面着色亮光涂装工艺的具体要求

序号	工序	材料及配比（质量比）	施工方法	摘要
1	白坯处理	0#木砂纸或320#水砂纸	手磨	白坯顺木纹打磨平整，去污痕
2	封闭	漆: 固化剂 =1:0.2	刷涂	对底材进行封闭，3～4h后打磨
3	打磨	320#砂纸	手磨	轻磨，清除木毛、木刺
4	刮腻子	—	刮涂	需分多次刮涂，每次间隔都要打磨平整后再刮涂，最终填平、填实木眼
5	打磨	320#砂纸	手磨	磨净木径上的腻子，只留木眼里的
6	PU透明底漆	漆: 固化剂: 稀释剂 =1:0.5:（0.6～1）	喷涂湿碰湿	5～8h后打磨
7	打磨	320#砂纸	手磨	顺木纹打磨平整，表面呈毛玻璃状

续表

序号	工序	材料及配比（质量比）	施工方法	摘要
8	PU透明底漆	同6	喷涂湿碰湿	5～8h后打磨
9	打磨	400#、600#砂纸	手磨	先用320#打磨，再用600#磨去砂痕
10	PU有色面漆	主漆:固化剂:稀释剂=1:0.5:(0.5～0.8)	喷涂	5～8h后打磨

说明：

① 本工艺是在实验室条件下取得，仅供用户参考；

② 油漆按重量比配好后，搅拌均匀，底漆用80目滤网，面漆用120目滤网过滤静置15～20min，然后使用；

③ 基材含水率要求干燥至与当地木材的平衡含水率相当；

④ 在无PU有色面漆的情况下，可根据实训课的安排，在PU清面漆里加入色精进行喷涂。

全封闭面着色亮光涂装工艺作业指导书

步骤一：

（1）作业内容　白坯处理：0#木砂纸或320#水砂纸；手磨；白坯顺木纹打磨平整，去污痕。

（2）注意事项

① 必须顺着木纹方向打磨；

② 打磨至平整，用手摸无明显凹凸感；

③ 打磨完后用布条或其他工具清理产品表面的灰尘和其他异物。

（3）用到的工具　0#木砂纸或320#水砂纸。

（4）图片示意　如图附-9所示。

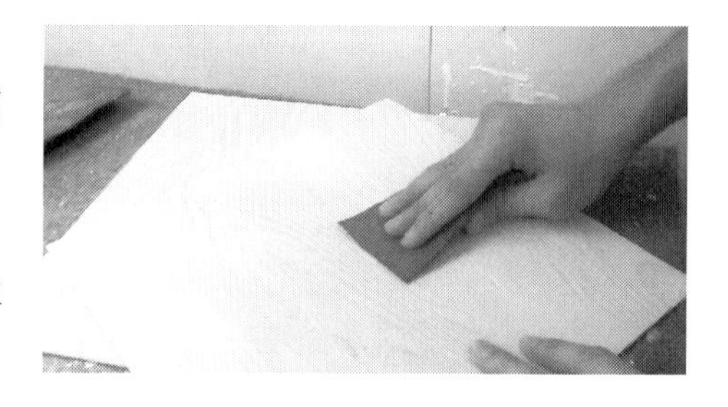

图　附-9

步骤二：

（1）作业内容　封闭：刷涂；对底材进行封闭3～4h后打磨。

（2）注意事项

① 刷涂之前必须彻底清除产品表面的灰尘和其他异物；

② 刷涂之前配备好封闭底漆；

③ 刷的时候要注意沿着木纹方向刷，而且同一方向或平行方向切忌胡乱交叉刷；

④ 相邻刷涂行程的重叠量保持一致；

⑤ 工件表面应全部为湿润的漆所覆盖。

（3）用到的工具　刷子、桶。

（4）材料配比（质量比）　封闭底漆:固化剂=1:0.2

（5）图片示意　如图附-10所示。

步骤三：

（1）作业内容　打磨：320#砂纸；手磨；轻磨；清除木毛、木刺；切忌磨穿。

（2）注意事项

① 必须顺着木纹方向轻轻打磨，不可把封闭底漆打磨穿；

② 打磨至平整，用手摸无明显凹凸感和木毛刺手感；

③ 打磨完后用布条或其他工具清理产品表面的灰尘和其他异物。

（3）用到的工具　320#水砂纸、布条。

（4）图片示意　如图附－11 所示。

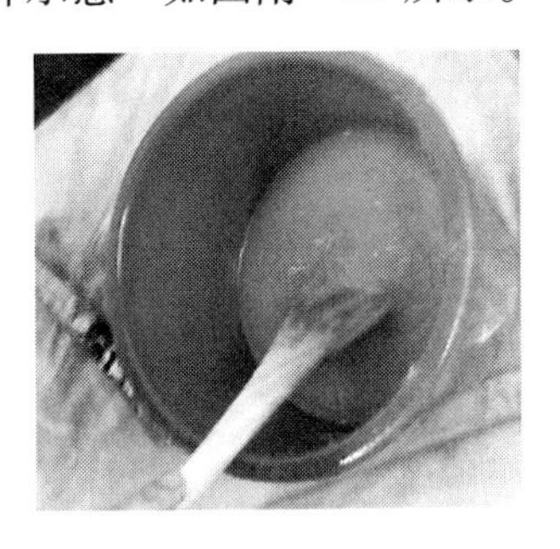

图　附－10

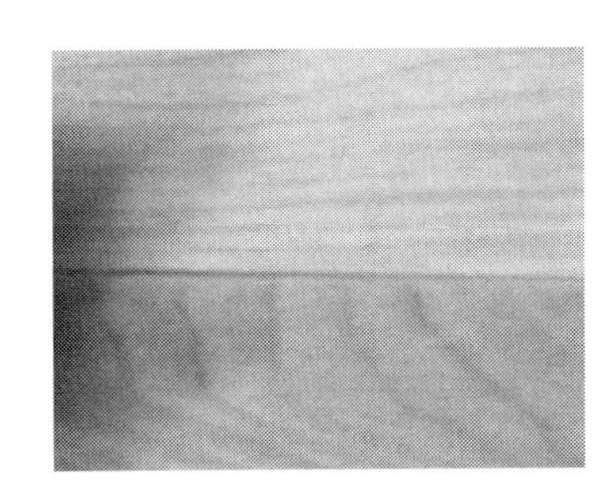

图　附－11

步骤四：

（1）作业内容　刮腻子：刮涂。

（2）注意事项　需分多次刮涂，每次间隔都要打磨平整后再刮涂，最终填平、填实木眼。

（3）用到的工具　刮刀。

（4）图片示意　如图附－12 所示。

步骤五：

（1）作业内容　打磨：手磨；320#水砂纸。

（2）注意事项　磨净木材上的腻子，只留木眼里的。

（3）用到的工具　320#水砂纸。

（4）图片示意　如图附－13 所示。

图　附－12

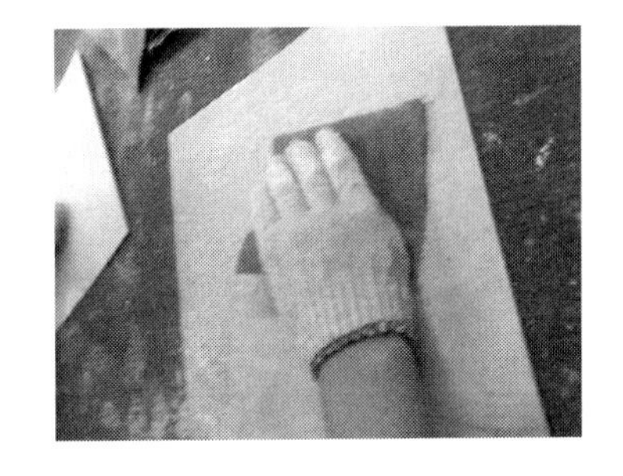

图　附－13

步骤六：

（1）作业内容　PU 透明底漆：喷涂湿碰湿；5～8h 后打磨。

（2）注意事项

① 喷涂之前必须彻底清除产品表面的灰尘和其他异物；

② 喷涂之前检查喷枪是否可以正常工作；

③ 保持喷枪与工件之间距离的恒定，不得时远时近；

④ 喷枪在喷涂时应匀速运动；

⑤ 喷枪的移动轨迹与工件表面保持平行；

⑥ 相邻喷涂行程的重叠量保持一致；

⑦ 对于相同的工件，喷涂行程次数应保持一致；

⑧ 工件表面应全部为湿润的漆所覆盖。

（3）用到的工具　喷枪。

（4）材料配比（质量比）　漆∶固化剂∶稀释剂＝1∶0.5∶（0.6～1）

（5）图片示意　如图附－14所示。

步骤七：

（1）作业内容　打磨：手磨；320#水砂纸；顺木纹打磨平整，表面呈毛玻璃状。

（2）注意事项

① 必须顺着木纹方向轻轻打磨，不可把封闭底漆打磨穿；

② 打磨至平整，用手摸无明显凹凸感和木毛刺手感；

③ 打磨完后用布条或其他工具清理产品表面的灰尘和其他异物。

（3）用到的工具　320#水砂纸；布条。

（4）图片示意　如图附－15所示。

图　附－14

图　附－15

步骤八：

（1）作业内容　PU透明底漆：喷涂湿碰湿；5～8h后打磨。

（2）注意事项

① 喷涂之前必须彻底清除产品表面的灰尘和其他异物；

② 喷涂之前检查喷枪是否可以正常工作；

③ 保持喷枪与工件之间距离的恒定，不得时远时近；

④ 喷枪在喷涂时应匀速运动；

⑤ 喷枪的移动轨迹与工件表面保持平行；

⑥ 相邻喷涂行程的重叠量保持一致；

⑦ 对于相同的工件，喷涂行程次数应保持一致；

⑧ 工件表面应全部为湿润的漆所覆盖。

（3）用到的工具　喷枪。

（4）材料配比（质量比）　漆∶固化剂∶稀释剂＝1∶0.5∶（0.6～1）

（5）图片示意　如图附－16所示。

步骤九：

（1）作业内容　打磨：手磨；320#、600#水砂纸。

（2）注意事项　先用320#打磨，再用600#磨去砂痕。

（3）用到的工具　320#、600#水砂纸；布条。

（4）图片示意　如图附－17所示。

图 附-16

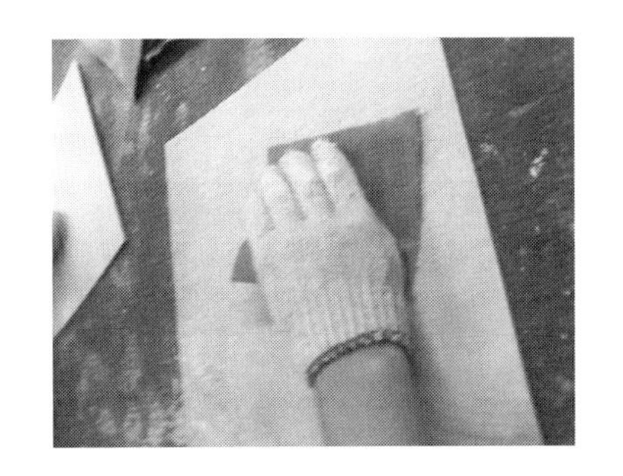

图 附-17

步骤十：

（1）作业内容 PU有色面漆：喷涂；5~8h后打磨。

（2）注意事项

① 喷涂之前必须彻底清除产品表面的灰尘和其他异物；

② 喷涂之前检查喷枪是否可以正常工作；

③ 保持喷枪与工件之间距离的恒定，不得时远时近；

④ 喷枪在喷涂时应匀速运动；

⑤ 喷枪的移动轨迹与工件表面保持平行；

⑥ 相邻喷涂行程的重叠量保持一致；

⑦ 对于相同的工件，喷涂行程次数应保持一致；

⑧ 工件表面应全部为湿润的漆所覆盖。

（3）用到的工具 喷枪。

（4）材料配比（质量比） 主漆∶固化剂∶稀释剂=1∶0.5∶(0.5~0.8)

（5）图片示意 如图附-18所示。

图 附-18

实训3 半开放（半封闭）水性涂装工艺

材种：水曲柳 温度：25℃ 湿度：75%

工艺要求：

① 打磨时，须有灰尘出现不沾砂纸，方可打磨；若有未干沾砂纸现象，须等干燥充分后再打磨；

② 本产品为水性产品，严禁混入油性物质，严禁与其他油漆混用。

表5 半开放（半封闭）水性涂装工艺的具体要求

序号	工序	材料及配比（质量比）	施工方法	摘要
1	白坯处理	240#水砂纸	手磨	白坯顺木纹打磨平整，去污痕、去毛刺
2	水性底漆	底漆+（20%~30%）水稀释	喷涂	搅拌均匀后，静置3~5min，待气泡完全消失后再施工

续表

序号	工序	材料及配比（质量比）	施工方法	摘要
3	打磨	240#砂纸	手磨	光滑、平整，顺木纹打磨
4	第二底漆	底漆＋（20%～30%）水稀释	喷涂	同上
5	打磨	320#～400#砂纸	手磨	同上
6	面漆	面漆＋（10%～15%）水稀释	喷涂	用200目滤布过滤，注意防灰尘

半开放（半封闭）水性涂装工艺作业指导书

步骤一：

（1）作业内容　白坯处理：240#砂纸；手磨；白坯打磨平整，去污痕。

（2）注意事项

① 必须顺着木纹方向打磨；

② 打磨至平整，用手摸无明显凹凸感；

③ 打磨完后用布条或其他工具清理产品表面的灰尘和其他异物。

（3）用到的工具　240#砂纸。

（4）示意图片　如图附－19所示。

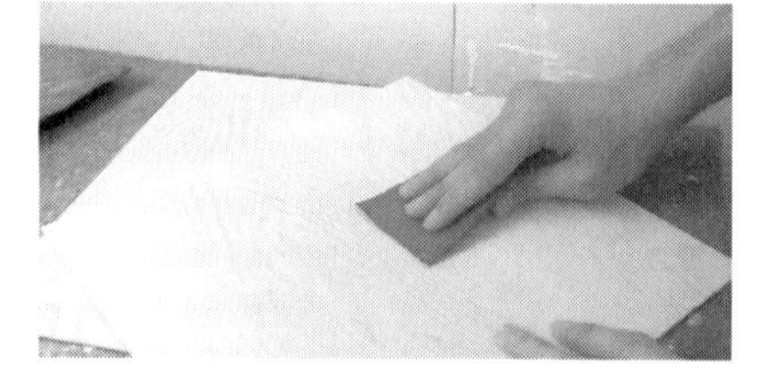

图　附－19

步骤二：

（1）作业内容　水性底漆：底漆＋（20%～30%）水稀释；喷涂；搅拌均匀后，静置3～5min，待气泡完全消失后再施工，薄刷，干燥时间（温度25℃，湿度50%）：表干<30min，实干<6h。

（2）注意事项

① 喷涂之前必须彻底清除产品表面的灰尘和其他异物；

② 喷涂之前配备好封闭底漆；

③ 喷的时候注意要沿着木纹方向刷，而且同一方向或平行方向，切忌胡乱交叉刷；

④ 相邻喷涂行程的重叠量保持一致；

⑤ 工件表面应全部为湿润的漆所覆盖。

（3）用到的工具　喷枪。

（4）示意图片　如图附－20所示。

步骤三：

（1）作业内容　打磨：320#砂纸；手磨；清除木毛；切忌磨穿。

（2）注意事项

① 必须顺着木纹方向轻轻打磨，不可把封闭底漆打磨穿；

② 打磨至平整，用手摸无明显凹凸感和木毛刺手感；

③ 打磨完后用布条或其他工具清理产品表面的灰尘和其他异物。

（3）用的工具　320#砂纸。

（4）示意图片　如图附－21所示。

图　附 – 20

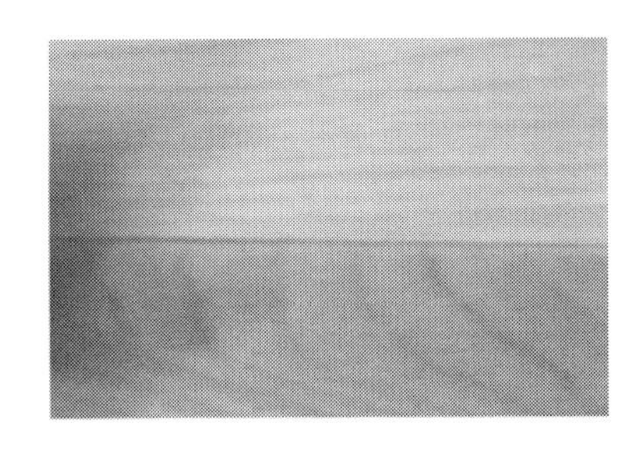

图　附 – 21

步骤四：

（1）作业内容　二度底漆：底漆 +（20% ~ 30%）水稀释；喷涂；干燥时间（温度25℃，湿度50%）：表干 <30min，实干 <6h。

（2）注意事项

① 喷涂之前必须彻底清除产品表面的灰尘和其他异物；

② 喷涂之前检查喷枪是否可以正常工作；

③ 保持喷枪与工件之间距离的恒定，不得时远时近；

④ 喷枪在喷涂时应匀速运动；

⑤ 喷枪的移动轨迹与工件表面保持平行；

⑥ 相邻喷涂行程的重叠量保持一致；

⑦ 对于相同的工件，喷涂行程次数应保持一致；

⑧ 工件表面应全部为湿润的漆所覆盖。

（3）用到的工具　320#砂纸。

（4）示意图片　如图附 – 22 所示。

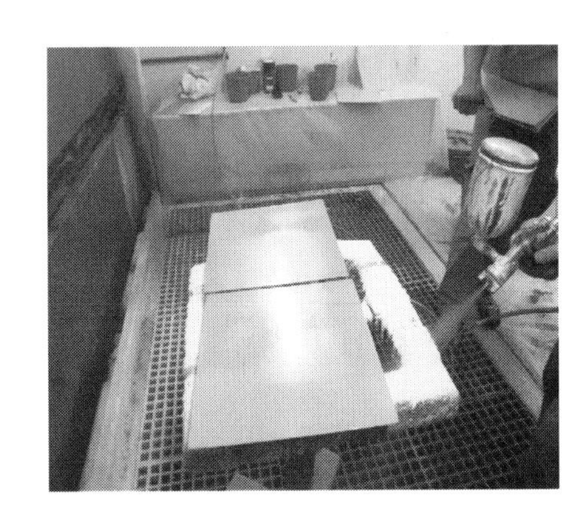

图　附 – 22

步骤五：

（1）作业内容　打磨：320# ~ 600#砂纸；手磨；清除木毛；切忌磨穿。

（2）注意事项

① 必须顺着木纹方向轻轻打磨，不可把封闭底漆打磨穿；

② 打磨至平整，用手摸无明显凹凸感和木毛刺手感；

③ 打磨完后用布条或其他工具清理产品表面的灰尘和其他异物。

(3) 使用工具　320#砂纸。

(4) 示意图片　如图附－23 所示。

步骤六：

(1) 作业内容　面漆：面漆＋（10%～15%）水稀释；喷涂；干燥时间（温度 25℃，湿度 50%）：表干＜30min，实干＜6h。

(2) 注意事项

① 喷涂之前必须彻底清除产品表面的灰尘和其他异物，用 200 目滤布过滤；

② 喷涂之前检查喷枪是否可以正常工作；

③ 保持喷枪与工件之间距离的恒定，不得时远时近；

④ 喷枪在喷涂时应匀速运动；

⑤ 喷枪的移动轨迹与工件表面保持平行；

⑥ 相邻喷涂行程的重叠量保持一致；

⑦ 对于相同的工件，喷涂行程次数应保持一致；

⑧ 工件表面应全部为湿润的漆所覆盖。

(3) 使用工具　喷枪。

(4) 示意图片　如图附－24 所示。

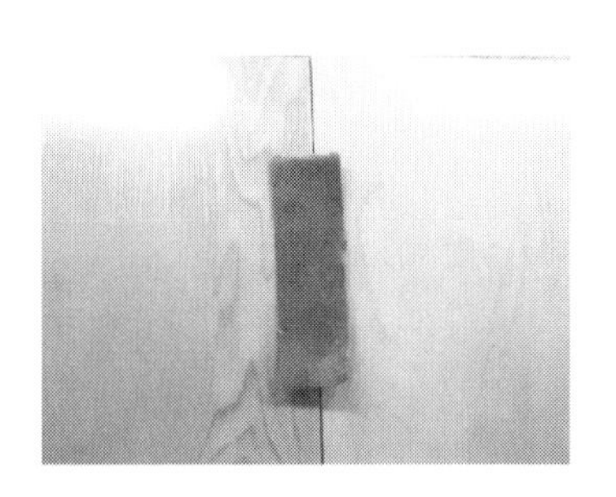

图　附－23

图　附－24

步骤七：

(1) 作业内容　干燥：自然干燥、热空气干燥、微波干燥、紫外线干燥、红外线干燥、太阳能干燥、高频干燥、联合干燥等（由于条件有限，在这里采用的是自然干燥法）。

(2) 注意事项　温度 10～30℃；相对湿度 50%～80%（最佳条件是 23℃左右，湿度不超过 70%）。

① 如果在高温、高湿或湿度比较大的情况下，涂层容易发白，干燥速度较慢；

② 在低温下，干燥速度很慢；特别是在 5℃下，水性涂料难以成膜。

(3) 使用工具　自然干燥室。

(4) 示意图片　如图附－25 所示。

图　附－25

实训 4　NC 实色全显孔开放涂装工艺

材种：水曲柳　温度：25℃　湿度：75%

工艺要求：

全开放涂饰工艺要求涂膜尽量薄，切忌填充木材管孔。

表 6　　**NC 实色全显孔开放涂装工艺的具体要求**

序号	工序	材料及配比（质量比）	施工方法	摘要
1	白坯处理	320#水砂纸	手磨	白坯打磨平整，去污痕
2	封闭	封闭底漆: 固化剂 = 1∶0.2	刷涂	选择与面漆同色的底漆，薄刷
3	打磨	320#砂纸	手磨	轻磨，清除木毛，切忌磨穿
4	底漆	NC 实色底漆: 稀释剂 = 1∶0.7	喷涂	选择与面漆同色的底漆，薄喷
5	打磨	320#砂纸，600#砂纸	手磨	轻磨，切忌磨穿
6	面漆	NC 实色面漆: 稀释剂 = 1∶(1～1.5)	喷涂	注意底、面漆的颜色搭配

NC 全显孔开放涂装工艺作业指导书

步骤一：

（1）作业内容　白坯处理：320#水砂纸；手磨；白坯打磨平整，去污痕。

（2）注意事项

① 顺着一个方向打磨；

② 打磨至平整，用手摸无明显凹凸感；

③ 打磨完后用布条或其他工具清理产品表面的灰尘和其他异物。

（3）用到的工具　320#水砂纸。

（4）图片示意　如图附 - 26 所示。

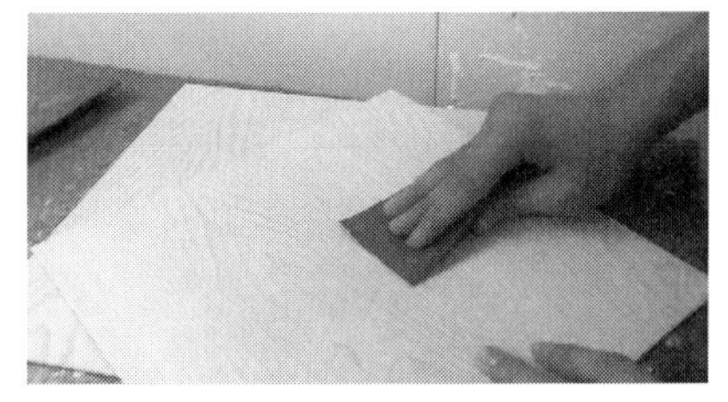

图　附 - 26

步骤二：

（1）作业内容　封闭：刷涂；对底材进行封闭，3～4h 后打磨。

（2）注意事项

① 刷涂之前必须彻底清除产品表面的灰尘和其他异物；

② 刷涂之前配备好封闭底漆；

③ 刷的时候注意要沿着木纹方向刷，而且同一方向或平行方向，切忌胡乱交叉刷；

④ 相邻刷涂行程的重叠量保持一致；

⑤ 工件表面应全部为湿润的漆所覆盖。

（3）用到的工具　刷子、桶。

（4）材料配比（质量比）　封闭底漆: 固化剂 = 1∶0.2

（5）图片示意　如图附 - 27 所示。

图　附 - 27

步骤三：

（1）作业内容　打磨：320#砂纸；手磨；轻磨；清除木毛；切忌磨穿。

（2）注意事项

① 必须顺着木纹方向轻轻打磨，不可把封闭底漆打磨穿；

② 打磨至平整，用手摸无明显凹凸感和木毛刺手感；

③ 打磨完后用布条或其他工具清理产品表面的灰尘和其他异物；

（3）用到的工具　320#水砂纸、布条。

（4）图片示意　如图附－28 所示。

图　附－28

步骤四：

（1）作业内容　底漆：喷涂；选择与面漆同色的底漆；薄喷。

（2）注意事项

① 喷涂之前必须彻底清除产品表面的灰尘和其他异物；

② 喷涂之前检查喷枪是否可以正常工作；

③ 保持喷枪与工件之间距离的恒定，不得时远时近；

④ 喷枪在喷涂时应匀速运动；

⑤ 喷枪的移动轨迹与工件表面保持平行；

⑥ 相邻喷涂行程的重叠量保持一致；

⑦ 对于相同的工件，喷涂行程次数应保持一致；

⑧ 工件表面应全部为湿润的漆所覆盖。

（3）用到的工具　喷枪。

（4）材料配比（质量比）　NC 实色底漆:稀释剂＝1:0.7

（5）图片示意　如图附－29 所示。

图　附－29

步骤五：

（1）作业内容　打磨：320#或 600#砂纸；手磨；轻磨；切忌磨穿。

（2）注意事项

① 必须顺着木纹方向打磨；

② 打磨至平整，用手摸无明显凹凸感；

③ 打磨完后用布条或其他工具清理产品表面的灰尘和其他异物。

（3）用到的工具　320#水砂纸、布条。

（4）图片示意　如图附－30 所示。

步骤六：

（1）作业内容　面漆：喷涂；注意底、面漆的颜色搭配。

（2）注意事项

① 喷涂之前必须彻底清除产品表面的灰尘和其他异物；
② 喷涂之前检查喷枪是否可以正常工作；
③ 保持喷枪与工件之间距离的恒定，不得时远时近；
④ 喷枪在喷涂时应匀速运动；
⑤ 喷枪的移动轨迹与工件表面保持平行；
⑥ 相邻喷涂行程的重叠量保持一致；
⑦ 对于相同的工件，喷涂行程次数应保持一致；
⑧ 工件表面应全部为湿润的漆所覆盖。

（3）用到的工具　喷枪。

（4）材料配比（质量比）　NC 实色面漆∶稀释剂 = 1∶（1 ~ 1.5）

（5）图片示意　如图附 - 31 所示。

图　附 - 30

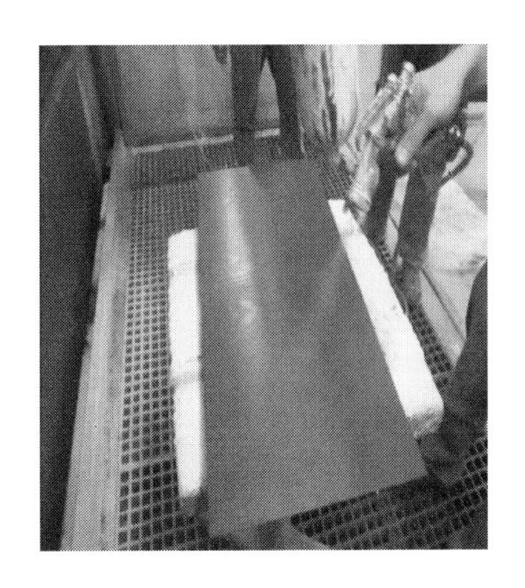

图　附 - 31

附录 4　顺德职业技术学院设计学院耗材、低值耐用品采购申请表

申请人（任课教师）：刘晓红　班级：10 家具工艺　使用时间：第 8 周至第 11 周

主要用途（注明课程名称、安排的作业内容及数量等内容）：家具涂料与涂装工艺，共 40 个学生，每个学生做 4 个工艺色板。具体实训项目是：（1）裂纹效果漆涂装工艺；（2）全封闭面着色亮光涂装工艺；（3）半开放（半封闭）水性涂装工艺；（4）NC 实色全显孔开放涂装工艺。需要的材料清单见表 7。

表 7　　采购明细表

序号	名称	型号规格	单位	数量	市场价格（元）	拟成交价格（元）
					单价	总价
1	水曲柳	标板 6 块 3mm	张	4	66	264
2	中纤板	（可以用车间以前用过的展板）	—	—	—	—
3	PU 封闭底漆	—	kg	4	20	80
4	PU 透明底漆	三组分/5 kg 套	套	3	150	450
5	水性透明底漆	（车间有库存）	kg	6	25	—

续表

序号	名称	型号规格	单位	数量	市场价格（元）	拟成交价格（元）
					单价	总价
6	水性半哑面漆	（车间有库存）	kg	4	30	—
7	NC 黄色面漆	（车间有库存）	kg	3	21	—
8	NC 白色面漆	（车间有库存）	kg	3	21	—
9	白色裂纹面漆	—	kg	2	90	180
10	色精（水性、油性）	—	kg	1	60	60
11	透明腻子（圆罐装）	（车间有库存）	kg	5	—	—
12	固化剂	—	kg	1	65	65
13	天那水	—	kg	20	15	300
14	砂纸 240#	—	张	30	0. 5	15
15	砂纸 320#	—	张	50	0. 5	25
16	砂纸 400#	—	张	50	0. 5	25
17	砂纸 600#	—	张	60	0. 5	30
18	羊毛刷	—	把	10	3	30
19	白色大碎布	—	kg	5	6	30
20	胶桶	—	个	30	2	60
21	透明保护眼罩	—	个	20	6	120
22	运费、交通费	—	—	—	—	150

预算总计：1 924 元

教研室主任负责人（核对）：____________实训基地负责人（核对）__________

时间：______________________________ 时间：______________

主管教学设计学院领导（批复）：______ 设计学院领导（批复）：________________

时间：______________________________ 时间：______________

附录 5　涂装的相关术语及其解释

（一）涂装的相关术语及其解释（Finishing glossary with interpretation）

（1）涂装（油漆）程序［Finishing（painting ）process］　指产品在涂装过程中的每道工序，如作色、封闭、喷漆等。

（2）调漆室（Mixing room）　指油漆材料的调配场所。

（3）简单漆装（Simple finish）　指产品的涂装工序一般化，如自然色涂装（Nature color）等。

（4）作色涂装（Stain finish）　指经过多层作色处理的涂装，如底色（NGR stain）、擦色（Glaze）等。

（5）仿古涂装（Antique finish） 指经过多种手工艺术性处理以达到模仿古董外观的效果涂装。

（6）原始色板（Master color standard） 指客户提供的颜色标准。

（7）白身产品（White wood product） 指等待涂装的产品。

（8）破坏性处理（Distressing） 指根据要求，在涂装前对白身产品适当的破坏性敲打（Distressing）、锉边（Rasping）、虫孔（Worm hole）等处理。

（9）突显（High - lite） 在擦色（Glaze）后，用钢丝绒（Steel wool）、砂纸（Sandpaper）或丝瓜布（Scotchbrit）加强突出木材的纹理，以达到涂装层的立体感觉。

（10）头度底漆（Wash coat） 头度底漆介于底色和擦色之间，协助擦拭，防止木材吸色过多，加强涂饰清晰度。

（11）木填充剂（Wood filler） 木填充剂能有效地填充木材毛孔和纹理，突出木材纹理，使涂层更加光滑。

（12）红水（Sap stain） 指用于修饰材质浅白部位的红色液体。

（13）绿水（Equalizer） 指用于修饰材质偏红部位的黄绿色液体。

（14）修补（Touch up or repair） 指在涂装过程中，对各种质量问题的修饰弥补工序，如流油、砂白、碰伤等。

（15）常温干燥（Normal dry） 指日常温度下，不借助任何工具设备的自然性空气干燥。

（16）烤烘性干燥（Oven dry） 在涂装过程中，对制品进行高温（35～55℃）烤烘的干燥法。

（17）完全干燥（Through dry） 指物品涂装后，经长时间的干燥，已达到可包装状态。

（18）重涂（Re - coat） 指物品因质量问题所进行的二次反修性喷涂。

（19）湿喷（Wet spray） 指物品在加工过程中所进行的一次性润湿喷涂法。

（20）涂膜厚度（Film thickness） 指涂料在物品上干燥后的膜质厚度，一般用 mil 单位来表示。

（21）涂膜硬度（Hardness） 指涂料成膜后的硬度，不同的涂料其硬度也不一样，它们的相对坚硬度有助于说明其耐刮擦性。

（22）黏(稠)度（Viscosity） 指涂料本身的流速阻力，通常用定制的黏度杯和秒表来测试，以秒（s）为单位表示。

（23）固体含量（Solid content） 涂料中两大部分组成，挥发性物质（溶剂）和非挥发性物质（固体），固体也就是涂料的成膜部分，它含量的多少是用百分比来计算的。

（24）溶剂（Solvent） 溶剂又名释剂，是用来溶解和稀释涂料及颜料的一种添加剂。

（25）干刷（Dry brush） 干刷又名脏刷，是仿古涂装中的一种手工技术工序。

（26）牛尾巴（Cowtail） 是仿古涂装中，用手工画出像牛尾巴的一种工序。

（27）喷点（Spatter） 指仿古涂装中，在物品上喷一些污点作为仿古效应的工序。

（28）木材含水率（Wood moisture content） 指木材中所含的水分质量占绝干木材质量的百分比。

（29）涂装成本（Finishing cost） 指物品在涂装加工过程中所耗用的材料和人工等。

（30）涂料配方（Formulation） 指多种涂料调配时的占用比例。

（31）间隔时间（Setting time） 指多层喷涂时中间所需要间隔的时间。

（32）光泽度（Gloss） 指物体经过涂装后表面反映的亮度。

（33）布印（Padding） 是仿古涂装中的表面修色和脏印效果的手工工艺。

（34）修色（Shading） 用喷枪对产品修加颜色，以达到标准色度。

（35）加色底漆（Tinted sealer） 在透明底漆中添加少许色料而调成的色漆。

（36）面漆（Top coat、Clear lacquer） 涂装最后喷的透明罩面涂料，根据标准要求，选择不同性能和光泽的涂料。

（37）透明涂装（Clarity finish） 产品在涂装后，还能清晰地显示木材纹理的一种效果涂装。

（38）半透明涂装（Misty finish） 产品在涂装后，隐约地显露出木材纹理的一种效果涂装。

（39）全遮盖涂装（Painting） 产品在涂装后，完全不显露木材的一种效果涂装。

（40）桌边拉花（Graining） 是指 MDF 桌面边部，在色漆封边后，用手工拉出类似木材纹理的一种技术工序。

（41）灰蜡（Dusty wax） 是一种经过加色处理的灰色含蜡液体，在仿古涂装中作为仿古效应的一种辅助材料。

（42）可使用时间（Potlife） 指双（多）组分涂料经过配合后可使用的时间，如 AC、PU、PE 等涂料。

（43）补土（Putty） 用来填补木材缺陷的一种材料，如虫孔、钉孔、木材撕裂及拼缝等。

（44）底漆（Sanding sealer） 底漆是使用于颜色涂层和面漆之间的一种涂料，它含有研磨剂，能使研磨更容易，而且起着保护色层的作用，使终涂更光滑。

（45）储存限期（Shelf life） 指货物出产后的可使用期。

（46）亚光漆（Flat lacquer） 指经过消光以后的底亮度面漆，一般 30% 或以下光泽度的面漆统称亚光漆。

（47）抛光打蜡（Rubbing or polishing） 指产品涂装后，为了能达到镜面般效果而设计的加工流程。

（48）水砂（Wet sanding） 物品在抛光之前，须用水或油和砂纸一起湿砂加工，以达到细腻平滑的效果。

（二）常用木材及其英文名称（English name of lumbers）

（1）菩提树——base wood
（2）七叶树——buckeye
（3）榆木——elm
（4）枫木——maple
（5）柞木——oak
（6）核桃木——walnut
（7）松木——pine
（8）薄片——veneer
（9）赤杨木——alder
（10）板材——board
（11）刨花板——flake board
（12）指接板——finger joint wood
（13）桦木——birch
（14）水曲柳——ash
（15）山毛榉——beech
（16）白胡桃——butternut
（17）樱桃木——cherry
（18）胡桃木——pecan
（19）红木——mahogany
（20）白杨树——poplar
（21）柳木——willow
（22）楸木——chu
（23）实木——solid wood
（24）胶合板——plywood
（25）中纤板——MDF（middle density fiber）
（26）木料——timber；lumber

附录6　常见涂装病态及处理方法

表8　　常见涂装病态及排除方法

序号	种类	产生原因	排除方法
1	流挂	① 涂料黏度低，涂层过厚； ② 喷涂距离太近，喷枪移动速度太慢； ③ 喷枪口径太大； ④ 喷涂空气压力不均； ⑤ 涂料中含有密度大的颜料，搅拌不均； ⑥ 被涂物表面过于光滑	① 调配好涂料黏度，涂层厚度一次不能超过 30μm； ② 喷涂距离为 150～300mm，并适当控制枪移动速度； ③ 根据实际情况选用适当的口径喷枪，一般为 1.5～2mm； ④ 施工中保持稳定的空气压力； ⑤ 施工中涂料要多次充分搅拌均匀； ⑥ 应保证被涂物表面适当的粗糙度，各层之间应仔细打磨
2	渗色	① 底层未干即涂面层涂料； ② 有色硝基底上涂聚酯漆； ③ 底层涂料中含有有机颜料，上层涂料将底层涂料颜料溶解	① 底层充分干燥后再涂面漆； ② 底层漆料和面层涂料配套使用； ③ 应对底层涂料进行有效封闭
3	发白	① 施工湿度大，温度高，溶剂挥发快； ② 涂料或稀料含有水分； ③ 施工中油水分离器出现故障，水分带入涂料中； ④ 稀料溶解能力不足，使涂料的树脂析出变白； ⑤ 手汗沾污工件	① 调整施工环境中的温度或湿度，并加入防潮剂或慢干水； ② 注意选用正牌产品涂料； ③ 修复油水分离器，避免水分进入涂层； ④ 选用配套稀料； ⑤ 戴布手套作业，将手汗沾污处打磨干净
4	橘皮	① 溶剂挥发快，涂料流平不好； ② 涂料自身流平差； ③ 喷枪嘴口径大，涂料黏度高； ④ 喷涂距离不当，空气压力不足，涂料雾化不好； ⑤ 被涂物表面处理不平整，影响涂料流平性； ⑥ 涂料或稀料中吸收有水分	① 合理选用稀料； ② 调配好涂料黏度； ③ 选择合适口径的喷枪； ④ 空气压力及雾化效果适中，调整好喷涂距离； ⑤ 保证被涂物表面平整； ⑥ 剩余涂料或稀料注意密封
5	咬底	① 底层与面层不配套，如硝基底漆，聚酯面层； ② 底层未干就涂面层涂料； ③ 底漆层过厚	① 底层与面层涂料注意配套使用； ② 同一类型的涂料，底层实干后再涂面层涂料； ③ 不宜过厚，一次涂层不超过 30μm
6	针孔	① 涂料黏度过高，搅拌时间过长，空气进入涂料中放不出来； ② 被涂工件表面有油污、水分； ③ 喷涂空气压力大、口径小，喷涂距离太远； ④ 涂层太厚，溶剂挥发困难； ⑤ 施工场地温度高，湿度大	① 涂料黏度调配适当，并放置一段时间后再使用； ② 工件表面处理干净后再施工； ③ 调整空气压力，一般为 0.6MPa，掌握好喷涂距离； ④ 一次涂层不能太厚，不超过 30μm； ⑤ 适当加防潮剂、慢干水

续表

序号	种类	产生原因	排除方法
7	起泡	① 被涂物表面有油污、水分； ② 涂料本身耐水性差； ③ 木材含水率高，不经干燥处理就施工； ④ 稀释剂选用不合理，挥发太快； ⑤ 干燥后放在高温、高湿中太久； ⑥ 涂层过厚，溶剂挥发困难	① 被涂物表面保持干爽洁净； ② 选用耐水、耐潮涂料； ③ 要求木材含水率与当地平衡含水率相当（如北京 10%）； ④ 添加慢干水，调整挥发速度； ⑤ 避免干燥后的涂层放在高温、高湿的位置； ⑥ 不宜过厚，一次涂层不超过 30μm
8	失光	① 被涂物表面潮湿或有酸、盐、碱等物质； ② 涂料和稀科中混有水分； ③ 被涂物表面过于粗糙，对涂料吸收量大，涂层太薄； ④ 现场环境湿度大，大于 90%，涂层极易发白失光； ⑤ 现场温度太低，干燥太慢，水聚在表层造成失光； ⑥ 空压机中的水分清除不净，混入涂层中产生病变； ⑦ 稀释剂用量过多	① 清理好被涂物表面的杂质； ② 妥善保管好涂料，防止混入水分； ③ 注意打磨砂纸的粗细，保证被涂物表面平整； ④ 调整室内温度或停止施工； ⑤ 施工环境温度一般在 10℃以上； ⑥ 清除空压机气体中的水分，保养油水分离器； ⑦ 调整施工配比
9	跑油	① 涂料和稀释剂中有水或有油滴落在涂层表面； ② 被涂物表面有油、蜡、皂类、酸、碱等其他杂质； ③ 空气压力太大，喷枪与工件距离太近； ④ 涂料的黏度过高或过低； ⑤ 被涂物表面粗糙不平，打磨不完整； ⑥ 环境被污染或喷涂设备被污染	① 处理好油水分离器，防止水分混入其中或避免油、蜡落在涂层表面； ② 清理被涂物表面； ③ 调整空气压力以及喷枪与工件之间的距离； ④ 调配好涂料的黏度； ⑤ 涂装前检查工件打磨是否平整、细致； ⑥ 切断污染源
10	起粒	① 作业环境较差； ② 固化剂加入量太多或搅拌不均； ③ 涂料中夹杂着果粒状的物品，未经过滤即使用； ④ 超出涂料有效使用期限或涂料分散不均； ⑤ 涂装不规范； ⑥ 排尘系统不好； ⑦ 稀料使用不配套	① 改善环境，避开污染源； ② 按要求配比，充分搅拌均匀； ③ 有关容器须清洗好，使用前要选用合适滤网过滤； ④ 先检查后使用； ⑤ 工作架、喷台、排尘设备、输送带要清洁干净； ⑥ 改善排尘系统； ⑦ 配套使用稀释剂

附录 7　2012 年世界十大涂料品牌排名

排序	公司名称	公司中文名称	年销售额/亿美元
1	AKZONOBEL（N. L.）	阿克苏诺贝尔（荷兰）	182.9
2	PPG Industries（U. S.）	PPG 工业（美国）	148.3
3	SHERWIN – WILLIAMS（U. S.）	宣伟威廉（美国）	79.4
4	DUPONT（U. S.）	杜邦（美国）	53.5
5	BASF（D. E.）	巴斯夫（德国）	49.9
6	RPM Inc（U. S.）	RPM 国际（美国）	40.8
7	DIAMOND Paints（U. S.）	钻石涂料（美国）	37.3
8	VALSPAR（U. S.）	威士伯（美国）	35.7
9	SACAL（U. K.）	三彩国际（英国）	35.5
10	NIPPON Paint（J. P.）	日本涂料（日本）	29.8

（来源：世界油漆与涂料工业协会　　时间：2013. 01. 07）

参 考 文 献

［1］刘晓红．家具涂料与涂料工艺［M］．顺德：顺德职业技术学院，2011.4.

［2］刘安华．涂料技术导论［M］．北京：化学工业出版社，2005.4.

［3］叶汉慈．木用涂料与涂装工［M］．北京：化学工业出版社，2008.10.

［4］耻耀宗．现代水性涂料（工艺配方应用）［M］．北京：中国石化出版社，2003.

［5］徐秉凯，海一峰．国内外涂料使用手册［M］．南京：江苏科学技术出版社，2005.11.

［6］陈士杰．涂料工艺［M］．北京：化学工艺出版社，1994.

［7］俞磊，周永祥．油漆涂装技术 1000 问［M］．2 版．浙江：浙江科学技术出版社，1995.12.

［8］周新模．涂料技师手册［M］．北京：机械工业出版社，2005.3.

［9］仓理．涂料工艺（第二版）［M］．北京：化学工业出版社，2009.2.

［10］王双科，邓背阶．家具涂料与涂饰工艺［M］．北京：中国林业出版社，2005.1.

［11］王恺．木材工业实用大全（涂饰卷）［M］．北京：中国林业出版社，1998.9.

［12］屠永宁．美式家具的现代化生产运营研究［D］．南京：南京林业大学，2006.

［13］戴雷波．浅谈美式仿古涂装［J］．上海涂料，2005，(09).

［14］欧阳德财．美式家具涂装［J］．涂料工业，2005，(07).

［15］童学平，熊桂蓉，胡爱琼，等．美式涂装的分类及工艺［J］．现代涂料与涂装，2009，(04).

［16］林正荣．木质家具涂装的色调处理［J］．中国家具，2004，(5).

［17］许美琪．美国家具风格简介［J］．家具与室内装饰，2004，(2).

［18］汪平华．家具的美式涂装工艺［J］．涂料工业，2004，(3) .

［19］GB/T 2705—2003，涂料产品分类和命名［S］．北京：中国标准出版社，2003.

［20］GB 5206.1—1985，色漆和清漆 词汇 第一部分 通用术语［S］．北京：中国标准出版社，1985.

［21］GB 5206.2—1986，色漆和清漆 词汇 第二部分 树脂术语［S］．北京；中国标准出版社，1986.

［22］GB 5206.3—1986，色漆和清漆 词汇 第三部分 颜料术语［S］．北京：中国标准出版社，1986.

［23］GB 5206.4—1989，色漆和清漆 词汇 第四部分 涂料及涂膜物化性能术语［S］．北京：中国标准出版社，1989.

［24］GB 5206.5—1991，色漆和清漆 词汇 第五部分 涂料及涂膜病态术语［S］．北京：中国标准出版社，1991.

［25］GB/T 14703—2008，生漆［S］．北京：中国标准出版社，2008.

［26］GB/T 1723—1993，涂料粘度测定法［S］．北京：中国标准出版社，1993.